21世纪高等学校计算机教育实用规划教材

办公软件高级应用与多媒体案例教程

叶苗群　编著

清华大学出版社
北京

内容简介

本书各章选用具有代表性的案例，图文并茂地描述了完成案例的详细操作步骤。案例中每一个任务的设置都能体现出一个主要的知识点，且具有针对性。各个案例之间循序渐进、由易到难，具有层次性。

本书共分为两部分：第一部分为办公软件高级应用，包含 Word 2010 高级应用、Excel 2010 高级应用、PowerPoint 2010 高级应用；第二部分为多媒体技术应用，包含多媒体技术基础、Photoshop CS5 图像编辑与处理、Flash CS5.5 动画设计与制作、Audition CS6 音频编辑与处理和 Premiere Pro CS6 视频编辑与集成。

本书可作为高等院校的“办公软件高级应用”、“多媒体应用”、“计算机应用高级教程”等课程的教材，也可以作为其他技术人员的参考书。

图书在版编目(CIP)数据

办公软件高级应用与多媒体案例教程/叶苗群编著．—北京：清华大学出版社，2015(2018.11重印)
(21世纪高等学校计算机教育实用规划教材)
ISBN 978-7-302-39005-3

Ⅰ．①办… Ⅱ．①叶… Ⅲ．①办公自动化－应用软件－高等学校－教材 ②多媒体技术－高等学校－教材 Ⅳ．①TP317.1 ②TP37

中国版本图书馆 CIP 数据核字(2015)第 013573 号

责任编辑：闫红梅　李　晔
封面设计：常雪影
责任校对：时翠兰
责任印制：董　瑾

出版发行：清华大学出版社
　　网　　址：http://www.tup.com.cn，http://www.wqbook.com
　　地　　址：北京清华大学学研大厦 A 座　　**邮　　编**：100084
　　社 总 机：010-62770175　　**邮　　购**：010-62786544
　　投稿与读者服务：010-62776969，c-service@tup.tsinghua.edu.cn
　　质量反馈：010-62772015，zhiliang@tup.tsinghua.edu.cn
　　课件下载：http://www.tup.com.cn，010-62795954
印 装 者：北京国马印刷厂
经　　销：全国新华书店
开　　本：185mm×260mm　　**印　　张**：16.25　　**字　　数**：393 千字
版　　次：2015 年 1 月第 1 版　　**印　　次**：2018 年 11 月第 7 次印刷
印　　数：8801～10300
定　　价：39.00 元

产品编号：062262-02

出版说明

随着我国高等教育规模的扩大以及产业结构调整的进一步完善，社会对高层次应用型人才的需求将更加迫切。各地高校紧密结合地方经济建设发展需要，科学运用市场调节机制，合理调整和配置教育资源，在改革和改造传统学科专业的基础上，加强工程型和应用型学科专业建设，积极设置主要面向地方支柱产业、高新技术产业、服务业的工程型和应用型学科专业，积极为地方经济建设输送各类应用型人才。各高校加大了使用信息科学等现代科学技术提升、改造传统学科专业的力度，从而实现传统学科专业向工程型和应用型学科专业的发展与转变。在发挥传统学科专业师资力量强、办学经验丰富、教学资源充裕等优势的同时，不断更新教学内容、改革课程体系，使工程型和应用型学科专业教育与经济建设相适应。计算机课程教学在从传统学科向工程型和应用型学科转变中起着至关重要的作用，工程型和应用型学科专业中的计算机课程设置、内容体系和教学手段及方法等也具有不同于传统学科的鲜明特点。

为了配合高校工程型和应用型学科专业的建设和发展，急需出版一批内容新、体系新、方法新、手段新的高水平计算机课程教材。目前，工程型和应用型学科专业计算机课程教材的建设工作仍滞后于教学改革的实践，如现有的计算机教材中有不少内容陈旧(依然用传统专业计算机教材代替工程型和应用型学科专业教材)，重理论、轻实践，不能满足新的教学计划、课程设置的需要；一些课程的教材可供选择的品种太少；一些基础课的教材虽然品种较多，但低水平重复严重；有些教材内容庞杂，书越编越厚；专业课教材、教学辅助教材及教学参考书短缺，等等，都不利于学生能力的提高和素质的培养。为此，在教育部相关教学指导委员会专家的指导和建议下，清华大学出版社组织出版本系列教材，以满足工程型和应用型学科专业计算机课程教学的需要。本系列教材在规划过程中体现了如下一些基本原则和特点。

(1) 面向工程型与应用型学科专业，强调计算机在各专业中的应用。教材内容坚持基本理论适度，反映基本理论和原理的综合应用，强调实践和应用环节。

(2) 反映教学需要，促进教学发展。教材规划以新的工程型和应用型专业目录为依据。教材要适应多样化的教学需要，正确把握教学内容和课程体系的改革方向，在选择教材内容和编写体系时注意体现素质教育、创新能力与实践能力的培养，为学生知识、能力、素质协调发展创造条件。

(3) 实施精品战略，突出重点，保证质量。规划教材建设仍然把重点放在公共基础课和专业基础课的教材建设上；特别注意选择并安排一部分原来基础比较好的优秀教材或讲义修订再版，逐步形成精品教材；提倡并鼓励编写体现工程型和应用型专业教学内容和课程体系改革成果的教材。

（4）主张一纲多本，合理配套。基础课和专业基础课教材要配套，同一门课程可以有多本具有不同内容特点的教材。处理好教材统一性与多样化，基本教材与辅助教材，教学参考书，文字教材与软件教材的关系，实现教材系列资源配套。

（5）依靠专家，择优选用。在制订教材规划时要依靠各课程专家在调查研究本课程教材建设现状的基础上提出规划选题。在落实主编人选时，要引入竞争机制，通过申报、评审确定主编。书稿完成后要认真实行审稿程序，确保出书质量。

繁荣教材出版事业，提高教材质量的关键是教师。建立一支高水平的以老带新的教材编写队伍才能保证教材的编写质量和建设力度，希望有志于教材建设的教师能够加入到我们的编写队伍中来。

21世纪高等学校计算机教育实用规划教材编委会

联系人：魏江江 weijj@tup.tsinghua.edu.cn

前　言

微软公司的Office系列软件是目前世界上最流行的办公自动化软件之一，在社会各行各业中的应用非常广泛。提高办公自动化软件的应用能力，特别是Office系列软件的应用能力成为各类办公人员的迫切需求。多媒体技术的发展日新月异，多媒体计算机已经不再局限于能够播放声音，多媒体技术的应用已经渗入日常生活的各个领域，如视频点播、视频会议、远程教育和游戏娱乐等。

本书用于“计算机应用基础（一级）”的后续课程教学，用于第二学期，是对前一学期计算机基础课程的拓展和延续，旨在帮助学生进一步提高和扩展计算机知识和应用能力。

本书以案例及实际应用为主线，把办公软件高级应用与计算机多媒体知识有机地融入实际应用中，并结合日常办公软件应用的典型案例进行讲解，举一反三，有助于学生提高办公软件高级应用水平，从而提高工作效率，也有助于学生发挥创意，灵活有效地处理工作中的问题。遵循“计算机以用为本”的理念，帮助学生迅速提升使用计算机的水平，使学生能将计算机应用技巧更快地融入工作、学习、生活和娱乐中。

本书借鉴CDIO（构思（Conceive）、设计（Design）、实现（Implement）和运作（Operate））的相关理念，采用“做中学”、“学中做”的教学方法，以学生为主、教师为辅。让学生在体验中主动掌握技术应用，而非教师“满堂灌”的强行灌输方式。注重理论与实践相结合，以练为主线，尽量通过一些具体的可操作的案例来说明或示范，也给出了具体的教学方法，使学生在“做中学”，教师在“做中教”。

本书共分为两部分。第一部分为办公软件高级应用，包含前3章内容。其中：第1章以5个案例为基础，介绍Word 2010软件制作长文档和特殊文档的方法和技巧；第2章以5个案例为基础，介绍Excel 2010软件对数据进行管理和分析的方法和技巧；第3章以2个案例为基础，介绍PowerPoint 2010软件制作演示文稿的方法和技巧。第二部分为多媒体技术应用，包含后5章内容。其中：第4章多媒体技术基础，介绍多媒体技术的基本概念等；第5章以9个案例为基础，介绍Photoshop CS5图像编辑与处理的方法；第6章以7个案例为基础，介绍Flash CS5.5动画设计与制作；第7章以1个案例为基础，介绍Audition CS6音频编辑与处理；第8章以2个案例为基础，介绍Premiere Pro CS6视频编辑与集成。

通过本书的学习，学生能运用Office办公软件处理软件编辑各种文档，掌握文本编辑与美化的基本方法与高级技巧；能使用Photoshop软件进行平面设计，并根据任务需要进行处理与修改，掌握图像制作的基本方法与技巧；能运用Flash软件绘制矢量图形、制作二维动画，并能运用动画制作方法与技巧进行简单动画作品的创作；能使用 Audition 声音编辑软件，根据任务需要进行音频裁剪、合成等后期编辑等；能运用 Premiere 软件编辑视频，制作特技效果和字幕，合成和发布主题视频作品等。

这里要感谢有关专家、教师长期以来对本书的关心、支持与帮助。本书得到了宁波大学教材建设项目资助。

由于编者水平有限，虽经反复修改，书中难免存在错误与不足之处，恳请专家和广大读者批评指正。本书的案例和素材资料，可供教师与学生参考使用，有需要者请与作者（宁波大学信息学院，邮编 315211，E-mail：yemiaoqun@nbu.edu.cn）联系。

编　者

2014 年 12 月

第一部分　办公软件高级应用

第二部分 多媒体技术应用

第一部分 办公软件高级应用

办公自动化(Office Automation,OA)是指将计算机技术、通信技术、信息技术和软件科学等先进技术及设备运用于各类办公人员的各种办公活动中,从而实现办公活动的科学化、自动化,尽可能充分利用信息资源,最大限度地提高工作质量、工作效率、辅助决策和改善工作环境。

随着计算机技术的发展,办公自动化系统从最初的汉字输入、文字处理、排版编辑、查询检索等应用软件逐渐发展成为现代化的网络办公系统。通过联网将单项办公业务系统连成一个办公系统,再通过远程网络将多个系统连成更大范围的办公自动化系统。建立Intranet/Extranet已经成为办公自动化发展的必然趋势。OA系统可分为组织机构、办公制度、办公人员、办公环境、办公信息和办公活动的技术手段6个基本要素。各部分有机结合、相互作用,构成有效的OA系统。

办公软件是针对办公环境设计的软件,中文办公软件将向智能化、集成化、网络化的方向发展。办公软件是可以进行文字处理、表格制作、幻灯片制作、简单数据库处理等方面工作的软件。目前办公软件的应用范围很广,大到社会统计,小到会议记录,在数字化高速发展的今天,各项工作都离不开办公软件的鼎力协助。

目前,在所有办公软件中,最为常用的办公软件即为微软公司的Office办公软件,利用Office可以方便地进行日常办公处理。该软件不仅在功能上进行了优化,还增添了许多实用的功能,且安全性和稳定性更得到了巩固。Office 2010软件包含了可应用于不同领域的多个组件,如字处理组件Word、电子表格处理组件Excel、创建精美演示文稿的组件PowerPoint等。

Word 2010是Office中的字处理程序,主要用来进行文本的编辑、排版、打印等工作。Excel 2010是Office中的电子表格处理程序,主要用来进行烦琐计算任务的预算、财务、数据汇总、图表、透视表和透视图等的制作。PowerPoint 2010是Office中的演示文稿程序,可用于创建动感美观的幻灯片、投影片和演示文稿等。

第1章 Word 2010 高级应用

1.1 Word 2010 相关知识

1.1.1 视图

Word 是一套“所见即所得”的文字处理软件，用户从屏幕上所看到的文档效果，就和最终打印出来的效果完全一样，因而深受广大用户的青睐。为了满足用户在不同情况下编辑、查看文档效果的需要，Word 向用户提供了多种不同的页面视图方式(如草稿视图、Web 版式视图、页面视图、阅读版式视图、大纲视图)，它们各具特色，各有千秋，分别使用于不同的情况。

1. 页面视图

页面视图方式即直接按照用户设置的页面大小进行显示，此时的显示效果与打印效果完全一致，用户可从中看到各种对象(包括文字、页眉、页脚、水印和图形图片等元素)在页面中的实际打印位置，这对于编辑页眉和页脚，调整页边距，以及处理边框、图形对象及分栏等都是很有用的。

切换到页面视图的方法是，单击“视图”菜单中的“页面视图”命令，或按 Alt＋Ctrl＋P 组合键可切换到页面视图。

2. Web 版式视图

Web 版式视图方式是 Word 几种视图方式中唯一的一种按照窗口大小进行折行显示的视图方式(其他几种视图方式均是按页面大小进行显示)，这样就避免了 Word 窗口比文字宽度要窄，用户必须左右移动光标才能看到整排文字的尴尬局面，并且 Web 版式视图方式显示字体较大，方便了用户的联机阅读。Web 版式视图方式的排版效果与打印结果并不一致，Web 页预览显示了文档在 Web 浏览器中的外观。

切换到该视图的方法是，单击“视图”菜单中的“Web 版式视图”命令可切换到 Web 版式视图。

3. 草稿视图

草稿视图显示速度相对较快，因而非常适合于文字的录入阶段。用户可在该视图方式下进行文字的录入及编辑工作，并对文字格式进行编排。草稿视图可以显示文本格式，但简化了页面的布局，所以可便捷地进行输入和编辑。在草稿视图中，不显示页边距、页眉和页脚、背景、图形图片。

单击“视图”菜单中的“草稿”命令，或按 Alt＋Ctrl＋N 组合键均可切换到草稿视图方式。

4. 大纲视图

对于一个具有多重标题的文档而言，用户往往需要按照文档中标题的层次来查看文档（如只查看某种标题或查看所有文档等），大纲视图方式则正好可解决这一问题。大纲视图方式按照文档中标题的层次来显示文档，用户可以折叠文档，只查看主标题，或者扩展文档，查看整个文档的内容，从而使得用户查看文档的结构变得十分容易。大纲视图能够显示文档的结构。大纲视图中的缩进和符号并不影响文档在普通视图中的外观，而且也不会打印出来。大纲视图中不显示页边距、页眉和页脚、图片和背景。

采用大纲视图方式显示文档的办法为：执行"视图"菜单中的"大纲"命令，或按下 Alt+Ctrl+O 组合键，在大纲视图中能查看文档的结构（如图 1.1 所示），还可以通过拖动标题来移动、复制和重新组织文本，也可以通过折叠文档来查看主要标题，或者展开文档以查看所有标题，以至正文内容。大纲视图还使得主控文档的处理更为方便。主控文档有助于使较长文档（如有很多部分的报告或多章节的书）的组织和维护更为简单易行。

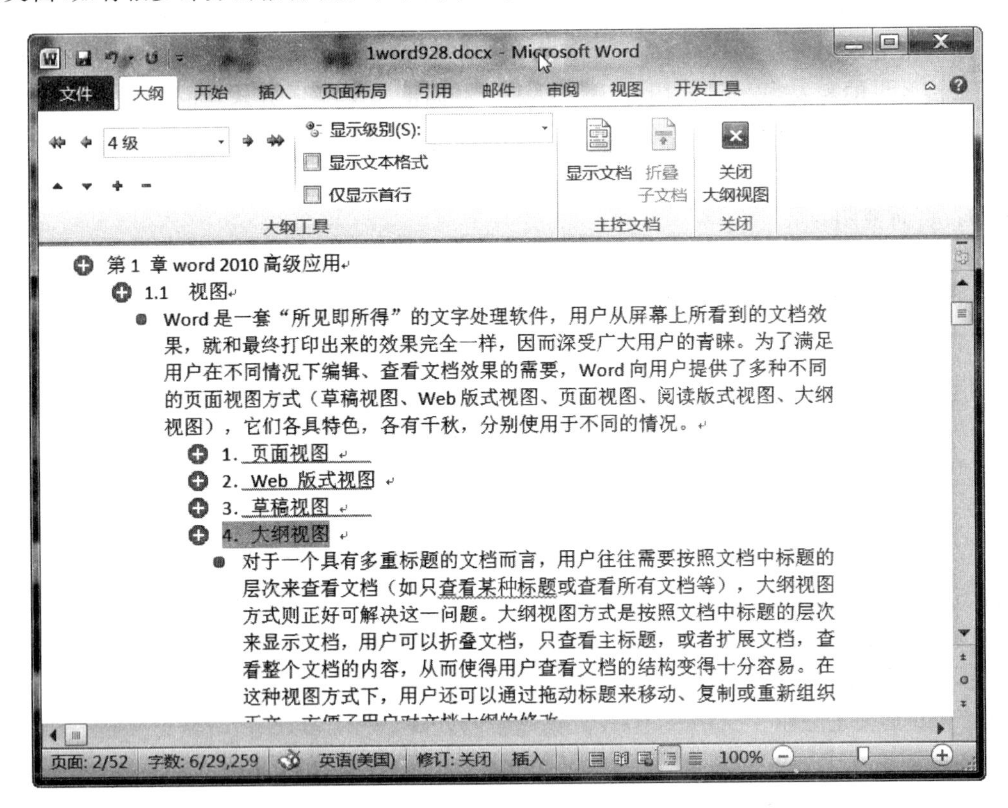

图 1.1　大纲视图

使用大纲视图，可以方便地重新调整文档的结构。用户可以在大纲视图中上下移动标题和文本，从而调整它们的顺序。此外，用户还可以将正文或标题"提升"到更高的级别或"降低"到更低的级别。要在大纲中提升或降低大纲级别，可以使用大纲视图中"大纲工具"栏上的各个按钮。

5. 阅读版式视图

阅读版式视图是 Office Word 的一种视图显示方式，阅读版式视图以图书的分栏样式显示 Word 文档,“文件”按钮、功能区等窗口元素被隐藏起来。在阅读版式视图中,用户还可以单击“工具”按钮选择各种阅读工具。

6. 导航窗格

“导航窗格”是一个独立的窗格,能够显示文档的标题列表。使用“导航窗格”可以对整个文档进行浏览,同时还能够跟踪在文档中的位置。使用导航窗格不但可以方便地了解文档的层次结构,还可以快速定位长文档,大大加快阅读和排版的时间。

单击“导航窗格”中的标题后,Word 就会跳转到文档中的相应标题,并将其显示在窗口的顶部,同时在“导航窗格”中突出显示该标题。在“导航窗格”显示时,可看到两类格式的标题,即内置标题样式(标题 1 至标题 9)或大纲级别段落格式(级别 1 到级别 9)。

切换到导航窗格方法是单击“视图”→“导航窗格”命令。“导航窗格”将在一个单独的窗格中显示文档标题,可在整个文档中快速漫游并追踪特定位置。在“导航窗格”中,可只显示所需标题。例如,要看到文档结构的高级别标题,可折叠(即隐藏)低级标题。在需要查看详细内容时,可再显示低级标题。如果要折叠某一标题下的次级标题,则单击标题旁的符号(◢)。如果要显示某一标题下的次级标题(每次一个级别),则单击标题旁的符号(▷)。当然也可以右击导航窗格,在出现的快捷菜单中选择所需要显示的标题级别,如图 1.2 所示。

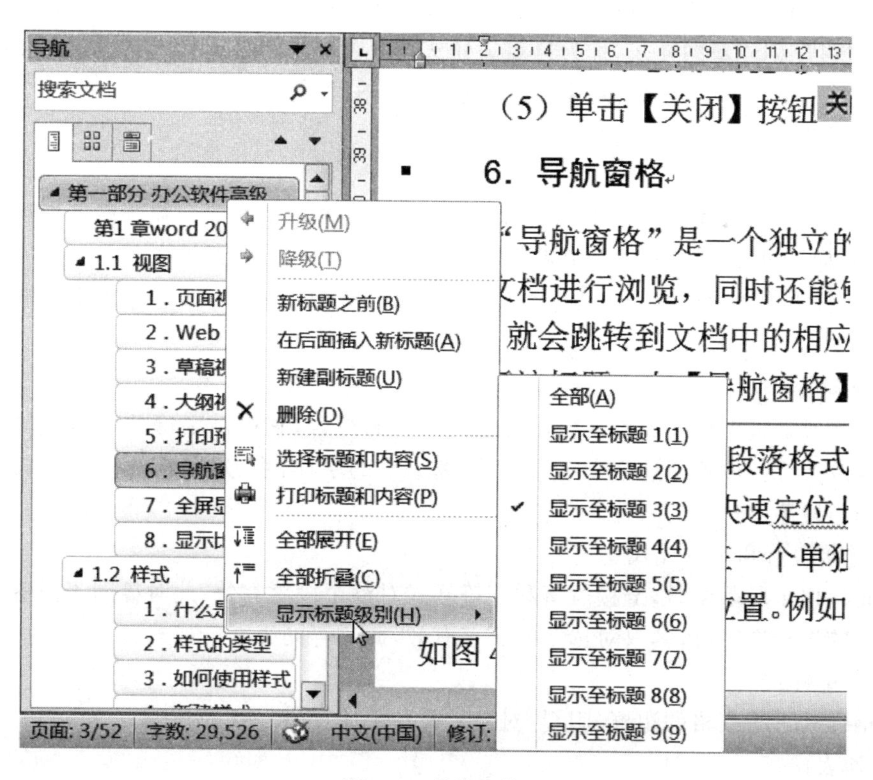

图 1.2 导航窗格

如果要调整“导航窗格”的大小,先将鼠标指针指向窗格右边,当指针变为 形状时,向左或向右拖动即可。如果标题太长,超出了“导航窗格”宽度,请不必调整窗格大小,只需将指针在标题上稍作停留，即可看到整个标题。

1.1.2 样式

在编排一篇长文档或是一本书时，需要对许多的文字和段落进行相同的排版工作，如果只是利用字体格式编排和段落格式编排功能，不但很费时间，让人厌烦，更重要的是，很难使文档格式保持一致。这时，就需要使用样式来实现这些功能。

1. 什么是样式

样式是应用于文档中的文本、表格和列表的一套格式特征，它是指一组已经命名的字符和段落格式。它规定了文档中标题、题注以及正文等各个文本元素的格式。用户可以将一种样式应用于某个段落或者段落中选定的字符上。使用样式定义文档中的各级标题，如标题 1、标题 2、标题 3、……、标题 9，就可以智能化地制作出文档的标题目录。

使用样式能减少许多重复的操作，在短时间内排出高质量的文档。如，用户要一次改变使用某个样式的所有文字的格式时，只需修改该样式即可。如，标题 2 样式最初为“四号、宋体、两端对齐、加粗”，如果用户希望标题 2 样式为“三号、隶书、居中、常规”，此时不必重新修改已经应用标题 2 的每一个实例，只需改变标题 2 样式的属性就可以了。

2. 样式的类型

Word 本身自带了许多样式，称为内置样式。但有时候这些样式不能满足用户的全部要求，这时可以创建新的样式，称为自定义样式。内置样式和自定义样式在使用和修改时没有任何区别。用户可以删除自定义样式，不能删除内置样式。

用户可以创建或应用下列类型的样式。

1）段落样式

段落样式是指由样式名称来标识的一套字符格式和段落格式。控制段落外观的所有方面，如文本对齐、制表位、边框、行间距和段落格式等，也可以包括字符格式。光标位于段落任意位置中，或者选中任意文本或整个段落时，此时应用段落样式，会将其段落格式和字符格式同时作用于该段落。

2）字符样式

字符样式是指由样式名称来标识的字符格式的组合，它提供字符的字体、字号、字符间距和特殊效果等。段落内选定文字的外观，如文字的字体、字号、加粗及倾斜格式。字符样式仅作用于段落中选定的字符。

3）链接段落和字符样式

将光标位于段落中时，链接段落和字符样式对整个段落有效，此时等同于段落样式。选定段落中的部分文字时，其只对选定的文字有效，此时等同于字符样式。

4）表格样式

表格样式可为表格的边框、阴影、对齐方式和字体提供一致的外观。

5）列表样式

列表样式可为列表应用相似的对齐方式、编号或项目符号字符以及字体。

3. 如何使用样式

如果要在文档中使用样式，可以把光标定位在要使用样式的段落中任一位置，如果要应用多个段落，可以用鼠标选中多个段落，然后使用下面的办法可进行应用样式的操作。

(1) 用鼠标单击“开始”→“样式”启动器按钮，打开“样式”窗口，然后在打开的下拉列表框中选取一种样式名，所选择段落就会应用该样式而重排文字和段落的版式。要列出Word的所有内置样式可使用的方法是：单击“样式”窗口右下角的“选项”链接，打开“样式窗格选项”对话框，将“选择要显示的样式”设置为“所有样式”。

(2) 默认的情况下，可以使用快捷键来应用其相应的样式名：按Ctrl+Alt+1组合键，应用标题1；按Ctrl+Alt+2组合键，应用标题2；按Ctrl+Alt+3组合键，应用标题3。

1.1.3 目录

目录是通常位于文章之前，由文档中的各级标题及页码构成。目录通常是文档不可缺少的部分，有了目录，用户就能很容易地知道文档中有什么内容，及如何查找内容等。

Word提供了自动创建目录的功能，使目录的制作变得非常简便，既不用费力地去手工制作目录、核对页码，也不必担心目录与正文不符。而且在文档发生了改变以后，还可以利用更新目录的功能来适应文档的变化。自动生成的目录都带有灰色的域底纹，都是域。当标题和页号发生变化，与题注和交叉引用一样，目录可以用更新域的方式更新。即在生成的目录区或选中的目录区右击，在快捷菜单中选择“更新域”命令，在“更新目录”对话框中选择“只更新页码”或“更新整个目录”选项，单击“确定”按钮就可以完成目录的修改。

Word目录分为文档目录、图表目录、引文目录类型。除了文档目录外，图表目录是一种常用的目录，可以在其中列出图片、图表、图形、幻灯片或其他插图的说明，以及它们出现的页码。在建立图表目录时，用户可以根据图表的题注或者自定义样式的图表标签，并参考页序按排序级别排列，最后在文档中显示图表目录。要插入图表目录，首先确认要建立图表目录的图片、表格、图形都有题注。要创建引文目录，就要在文档中先标记引文。自动创建文档目录前一般需使用标题样式。下面通过实例介绍两种目录的自动创建方法。

1. 由标题样式创建目录

Word一般是利用标题或者大纲级别来创建目录的。因此，在创建目录之前，应确保希望出现在目录中的标题应用了内置的标题样式(标题1到标题9)。也可以应用包含大纲级别的样式或者自定义的样式，如将章一级标题定为“标题1”，节一级的标题定为“标题2”，小节一级定为“标题3”。

一个文档的结构性是否好，可以从文章的“导航窗格”或者是“大纲视图”中看到。如果文档的结构性比较好，创建出有条理的目录就会变得非常简单快速。

从标题样式创建目录的操作步骤是：

(1) 把光标移到要创建目录的位置。一般是创建在该文档的开头或者结尾。

(2) 单击“引用”→“目录”→“插入目录”选项，在弹出的“目录”对话框中完成。

一篇文章一般都是由多个文档组成的，可以把刚创建的目录复制到一个新文档中去，再把几个文档的目录都合成在一起之后，整篇文章的完整目录就自动创建完成了。但这样完成的目录是独立于文档的，是不能进行自动更新的。如果使用的是主控文档或把多个文档合并到一个文档中，就可以一次性把整篇文档的目录创建了。

2. 由目录域创建目录

如果文档中没有应用样式，全部是正文文字，此时如果插入目录，可以通过目录域的方法创建目录，此种方法适用于字符样式或文字检索的目录。可以使用"标记目录项"的方法将目录域插入文档。

下面假设有一篇文档《古诗》，要把每首诗名创建成目录，因为诗名没有使用样式，此时可以由目录域创建目录，操作方法如下：

(1) 在文档中选中包含目录的第一首诗名《登鹳雀楼》，按快捷键 Alt+Shift+O。

(2) 打开如图 1.3 所示的"标记目录项"对话框，在"级别"微调框中，选择目录的级别，如 1、2、3 等级别，单击"标记"按钮。

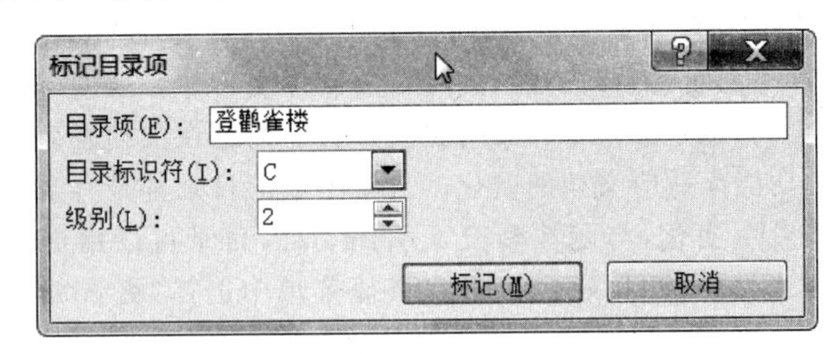

图 1.3 "标记目录项"对话框

(3) 用同样的方法继续标记其他诗名。

(4) 将光标移到要插入目录的位置(一般是文档的开头或结尾处)。单击"引用"→"目录"→"插入目录"选项，在弹出的"目录"对话框中单击"选项"按钮；在弹出的"目录选项"对话框中，选中"目录项域"复选框，并且取消选中"大纲级别"复选框，如图 1.4 所示。

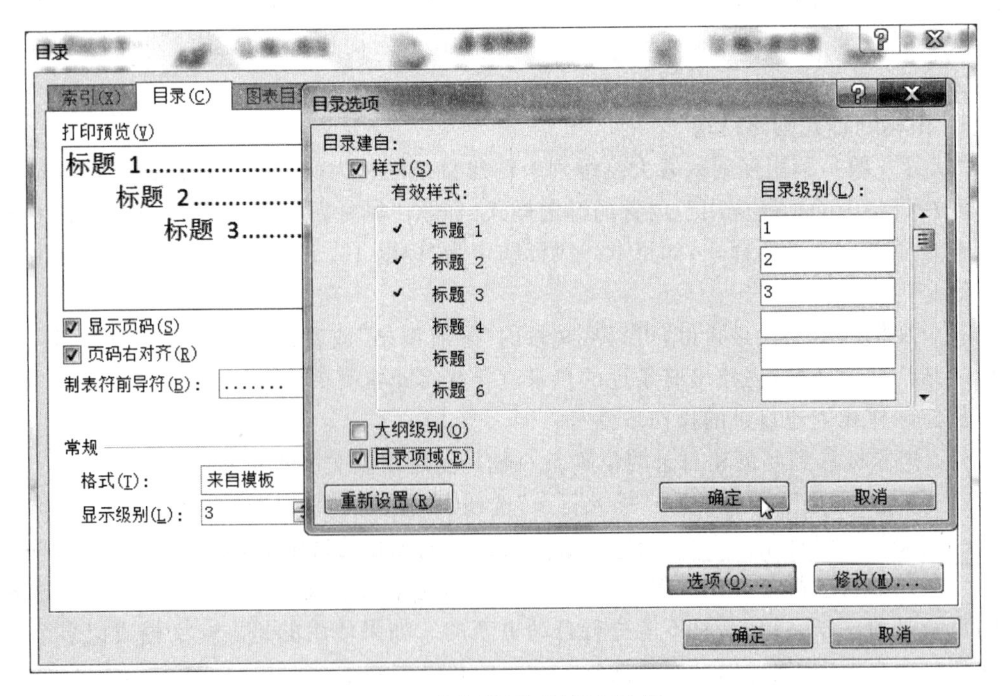

图 1.4 选中"目录项域"复选框

(5) 连续单击“确定”按钮即可使用目录域创建目录，即可在指定的地方插入由目录域创建的目录，如图 1.5 所示。

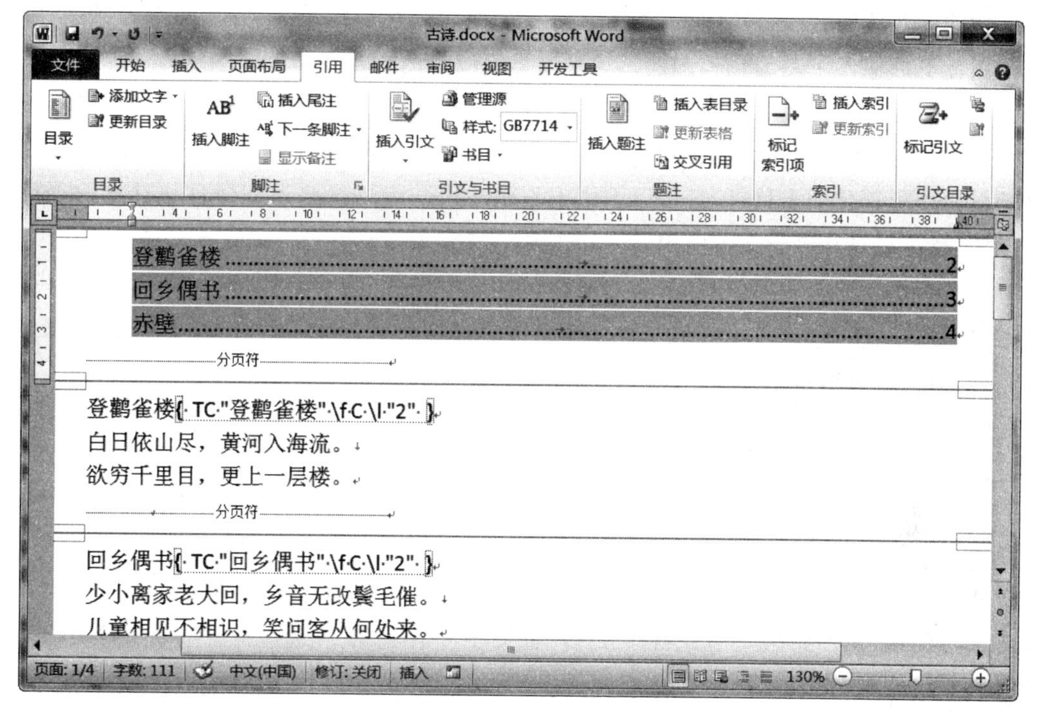

图 1.5　由目录域创建的目录

1.1.4　脚注和尾注

脚注和尾注是对文本的补充说明。用于在打印文档中为文档中的文本提供解释、批注以及相关的参考资料。可用脚注对文档内容进行注释说明，而用尾注说明引用的文献，脚注一般位于页面的底部，可以作为文档某处内容的注释；尾注一般位于文档的末尾，用户列出引文的出处等。

脚注和尾注由两个关联的部分组成，包括注释引用标记及其对应的注释文本。用户可让 Word 自动为标记编号或创建自定义的标记。在添加、删除或移动自动编号的注释时，Word 将对注释引用标记重新编号。

1.1.5　页眉和页脚

在文档每页上方会有章节标题或页码等，这就是页眉；在每页的下方会有日期、页码、作者姓名等，这就是页脚。在同一文档的不同节中可以设置不同的页眉和页脚、奇偶页页眉和页脚、不同章节中的不同页码形式等。

在页眉和页脚区域中可以输入文字、日期、时间、页码或图形等，也可以手工插入“域”，实现页眉页脚的自动化编辑，例如在文档的页眉右侧自动显示每章节名称等。要创建页眉或页脚，可使用“插入”→“页眉”或者“页脚”命令完成。

1.1.6 题注

题注就是给图片、表格、图表、公式等项目添加的名称和编号。例如，在本书的图片中，就在图片下面输入了图编号和图题。这可以方便读者的查找和阅读。

使用题注功能可以保证长文档中图片、表格或图表等项目能够按顺序自动编号。如果移动、插入或删除带题注的项目时，Word可以自动更新题注的编号。插入题注时既可以方便地在文档中创建图表目录，又可以不用担心题注编号会出现错误。而且一旦某一项目带有题注，还可以对其进行交叉引用。

交叉引用是将编号项、标题、脚注、尾注、题注、书签等项目与其相关正文或说明内容建立的对应关系，既方便阅读，又为编辑操作提供了自动更新手段。创建交叉引用前要先对项目作标记，然后将项目与交叉引用链接起来。

1.1.7 分节

"节"是文档版面设计的最小有效单位，可以以节为单位设置页边距、纸型和方向、页眉和页脚、页码、脚注和尾注等多种格式类型。

Word将新建整篇文档默认为一节，划分为多节主要是通过插入分节符实现。插入分节操作可使用"页面布局"→"分隔符"命令，如图1.6所示，然后选择所需的分节符类型。如果插入有误或者插入了多余的分节符，可切换至草稿视图方式下，用删除字符的方法删除分节符。

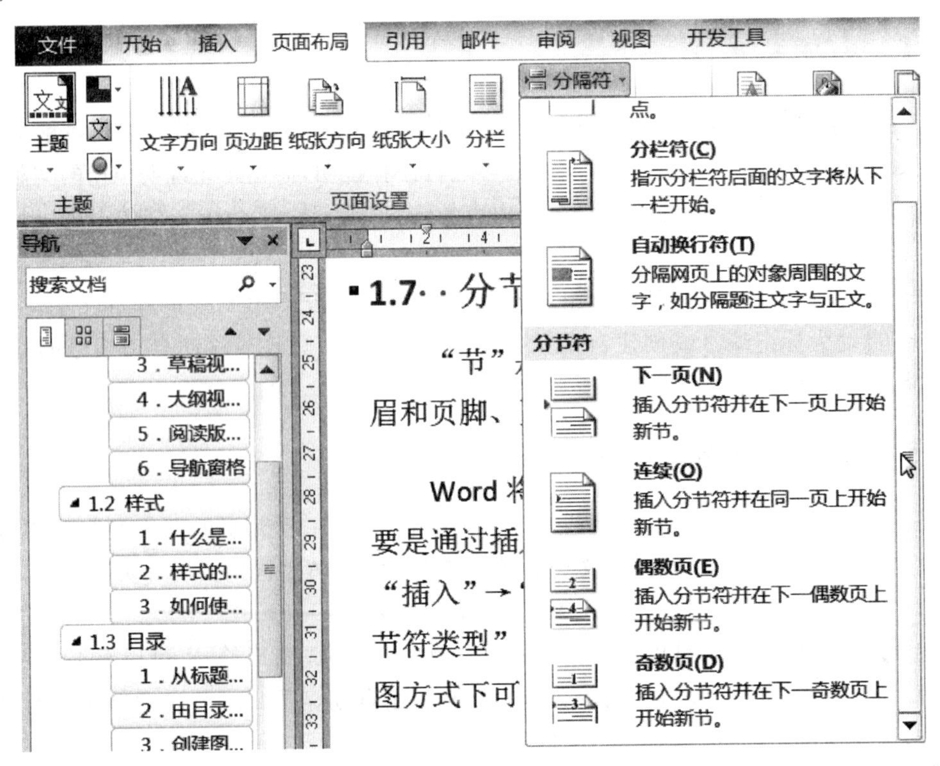

图1.6　分节符插入

分节符类型共有 4 种，如表 1.1 所示。

表 1.1　分节符类型

分节符类型	功　　能	草稿视图方式显示
下一页	新节从下一页开始	::::::::::分节符(下一页)::::::::::
连续	新节从同一页开始	::::::::::分节符(连续)::::::::::
偶数页	新节从下一个偶数页开始	::::::::::分节符(偶数页)::::::::::
奇数页	新节从下一个奇数页开始	::::::::::分节符(奇数页)::::::::::

1.1.8　域

1. 域定义

简单地讲，域就是引导 Word 在文档中自动插入文字、图形、页码或其他信息的一组代码。每个域都有一个唯一的名字，它具有的功能与 Excel 中的函数非常相似。

在前面的应用中多处出现了域，比如插入能自动更新的“时间和日期”，页眉和页脚中的“页码”、“页数”、自动添加的“章节编号和名称”，题注的引用、自动创建的目录等，这些在文档中可能发生变化的数据都是域。Word 提供了 9 大类 74 个域，我们不可能全部掌握，只需要对经常用到的域做一个简单了解就行了。

域由三部分组成：域名、域参数和域开关；域名是关键字；域参数是对域的进一步说明；域开关是特殊命令，用来引发特定操作。我们使用时不必直接书写域，可以用插入域的方式，在“域”对话框中选择插入即可。

2. 域的操作

1）插入域

使用“插入”→“文档部件”→“域”菜单命令，在弹出的“域”对话框中，设置“类别”、“域名”、“域属性”、“域选项”参数即可，如图 1.7 所示。不同的“域”，其属性、选项都不同。当选中某个时，在“域名”下方有说明，通过此说明可以了解“域”；单击“域代码”按钮，可以将域代码显示出来，如图 1.8 所示。

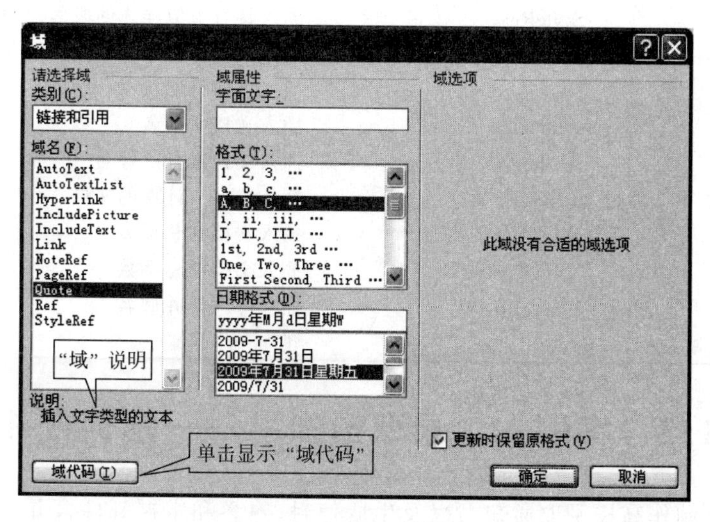

图 1.7　“域”对话框

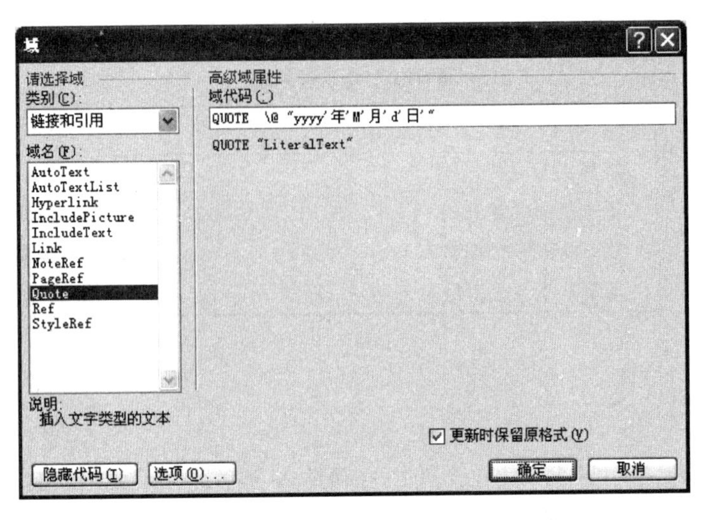

图 1.8　域代码

2）修改域

修改域和编辑域的方法是一样的，如果对域的结果不满意可以直接编辑域代码，从而改变域结果。按下 Alt＋F9(对整个文档生效)或 Shift＋F9(对所选中的域生效)组合键，可在显示域代码或显示域结果之间切换。当切换到显示域代码时，就可以直接对它进行编辑，完成后再次按下 Shift＋F9 组合键查看域结果。

3. 常用域

要想对“域”，有深入的了解，可以选择相应书籍作深入学习。这里希望大家了解下列几个常用域，如表 1.2 所示。

表 1.2　Word 2010 常用域

域　类　别	域　　名	作　　用
编号	Page	插入当前页的页码
链接和引用	StyleRef	插入具有类似样式的段落中的文本
日期和时间	CreateDate	插入文档的创建日期和时间
日期和时间	Date	插入当前日期
文档信息	FileName	插入文档文件名
文档信息	Author	插入文档作者的姓名
文档信息	FileSize	插入按字节计算的文档大小
文档信息	NumPages	插入文档的总页数
文档信息	NumWords	插入文档的总字数
邮件合并	MergeField	插入邮件合并域名
索引和目录	TOC	建立一个目录

1.2　案例一　录取通知书——邮件合并

要求：通过制作高校录取通知书以及生成信封，熟悉和掌握邮件合并、页面设置、书籍折页、图片域、合并域、页面边框、中文信封等的应用。

1. 页面设置

(1) 打开“录取通知书”原文件，单击“显示/隐藏编辑标记”按钮后，按 Ctrl 键的同时滚动鼠标，可显示原文件内容，如图 1.9 所示。

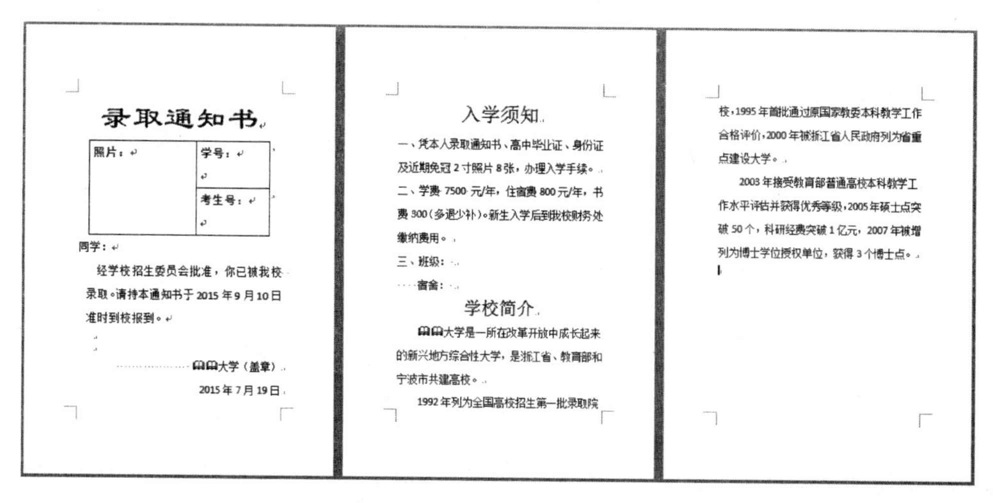

图 1.9 “录取通知书”原文件内容

(2) 选择“页面布局”选项卡，单击“页面设置”组右下角的对话框启动器按钮，打开“页面设置”对话框，在“纸张”选项卡中，设置纸张大小为 A4；在“页边距”选项卡中，单击“多页”下拉列表框，选择“书籍折页”选项，此时“纸张方向”自动设置为“横向”，并且出现“每册中页数”下拉列表框，将其设置为 4，如图 1.10 所示。

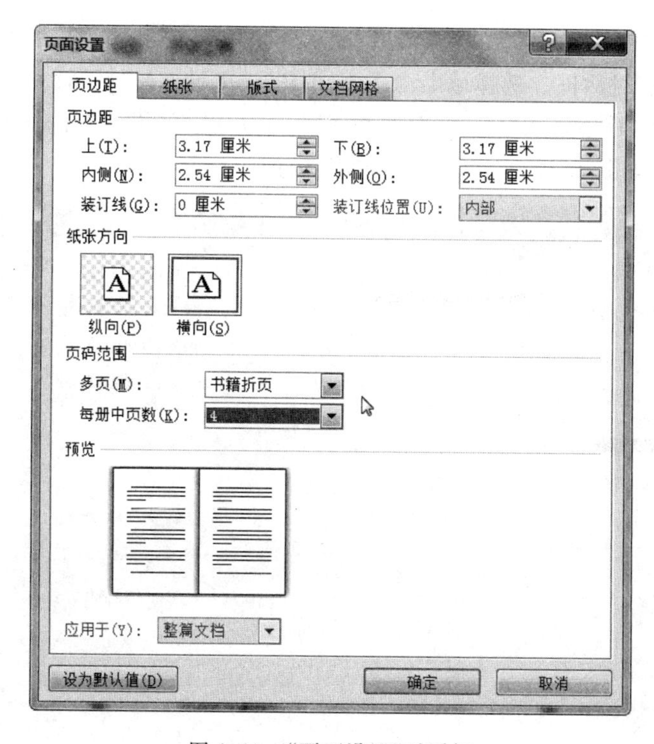

图 1.10 “页面设置”对话框

(3) 将光标定位在文本“照片”之前，选择“页面布局”选项卡，单击“页面设置”组中的“分隔符”→“下一页”选项，插入一个分节符。同样地，将光标定位在文本“入学须知”之前，插入一个分节符；将光标定位在文本“学校简介”之前，插入一个分节符，如图 1.11 所示。

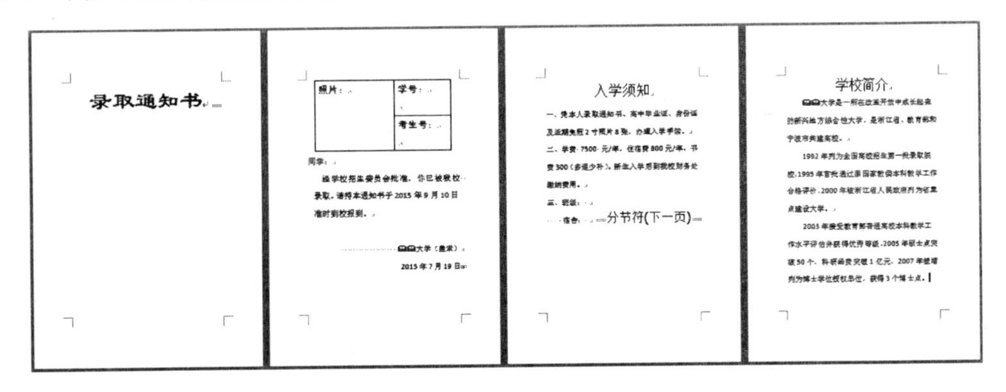

图 1.11　插入分节符后

(4) 将光标定位在第 1 页中，选择“页面布局”选项卡，单击“页面设置”组中的“文字方向”→“垂直”选项，此时纸张方向自动改成了“纵向”；选择“页面布局”选项卡，单击“页面设置”组中的“纸张方向”→“横向”选项，则将纸张方向改为“横向”。

(5) 打开“页面设置”对话框，在“版式”选项卡中，选择页面“垂直对齐方式”为“居中”，此时文字水平垂直方向均居中。

(6) 将光标定位在文本“录取通知书”之前，插入“学校图.jpg”图片。

2. 插入图片域

(1) 选中第 2 页中的文字“照片：”，选择“插入”选项卡，单击“文本”组中的“文档部件”→“域”选项，打开“域”对话框。选择域名为 IncludePicture 域；在“域属性”选项区域中，在“文件名或 URL：”文本框中输入“D:\录取通知书\picture\”(如果保存的图片路径有变化，则需要做相应修改)，如图 1.12 所示，单击“确定”按钮。

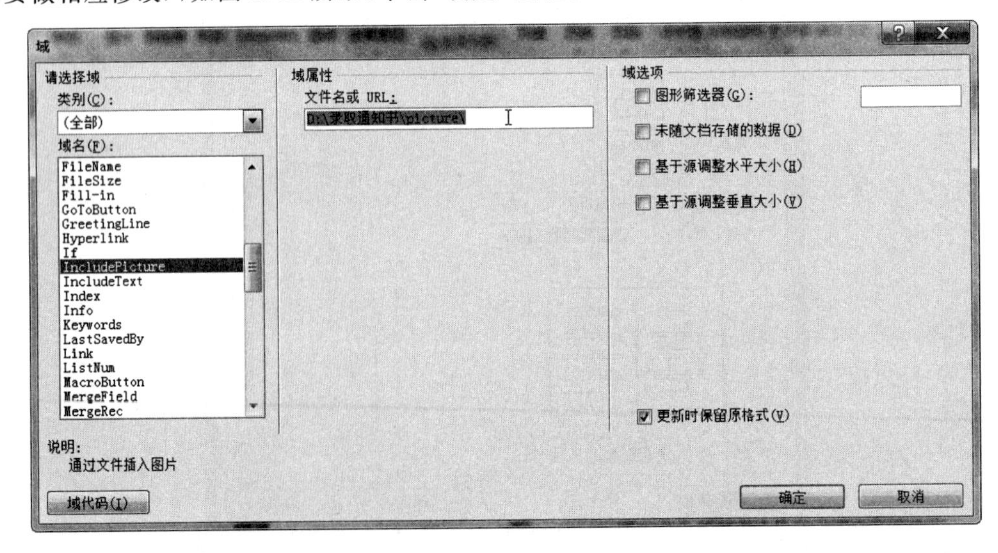

图 1.12　插入图片域

(2) 按 Alt+F9 组合键显示域代码,如图 1.13 所示。光标定位在“\\”与“""”中间。

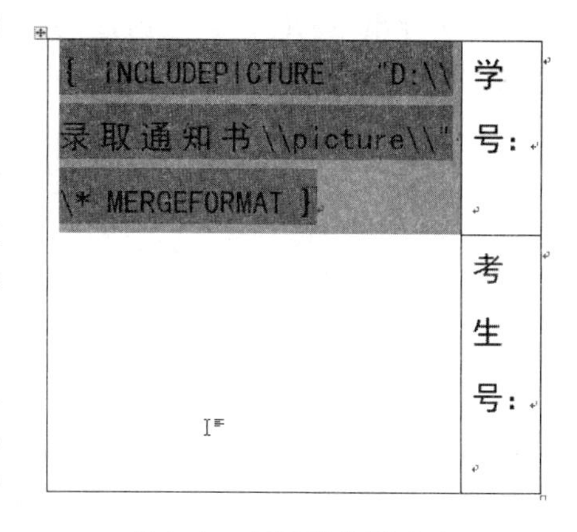

图 1.13 图片域代码显示

3. 邮件合并

(1) 先准备“学生名单”Excel 工作表,内容如图 1.14 所示,如果教师提供,只要直接下载到同一文件夹即可。接下来数据源选取等操作的时候,该文件不能打开,所以如果打开了该文件,务必先关闭它。

(2) 选择“邮件”选项卡,单击“开始邮件合并”组中的“开始邮件合并”→“信函”选项,选择“选择收件人”→“使用现有列表”菜单命令,弹出“选取数据源”对话框,如图 1.15 所示,选择“学生名单.xls”,单击“打开”按钮。

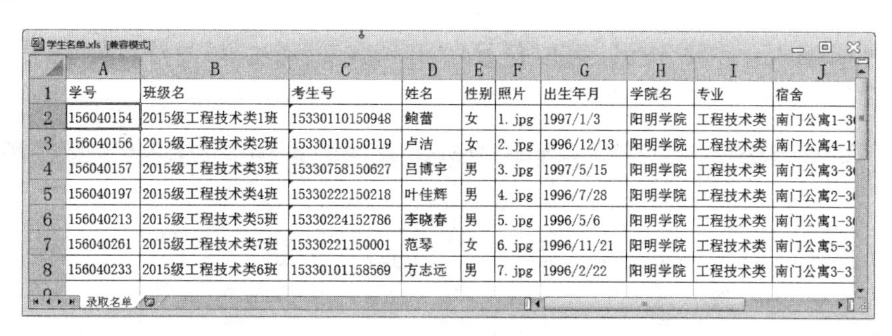

学号	班级名	考生号	姓名	性别	照片	出生年月	学院名	专业	宿舍
156040154	2015级工程技术类1班	15330110150948	鲍蕾	女	1. jpg	1997/1/3	阳明学院	工程技术类	南门公寓1-3
156040156	2015级工程技术类2班	15330110150119	卢洁	女	2. jpg	1996/12/13	阳明学院	工程技术类	南门公寓4-1
156040157	2015级工程技术类3班	15330758150627	吕博宇	男	3. jpg	1997/5/15	阳明学院	工程技术类	南门公寓3-3
156040197	2015级工程技术类4班	15330222150218	叶佳辉	男	4. jpg	1996/7/28	阳明学院	工程技术类	南门公寓2-3
156040213	2015级工程技术类5班	15330224152786	李晓春	男	5. jpg	1996/5/6	阳明学院	工程技术类	南门公寓1-3
156040261	2015级工程技术类7班	15330221150001	范琴	女	6. jpg	1996/11/21	阳明学院	工程技术类	南门公寓5-3
156040233	2015级工程技术类6班	15330101158569	方志远	男	7. jpg	1996/2/22	阳明学院	工程技术类	南门公寓3-3

图 1.14 学生名单

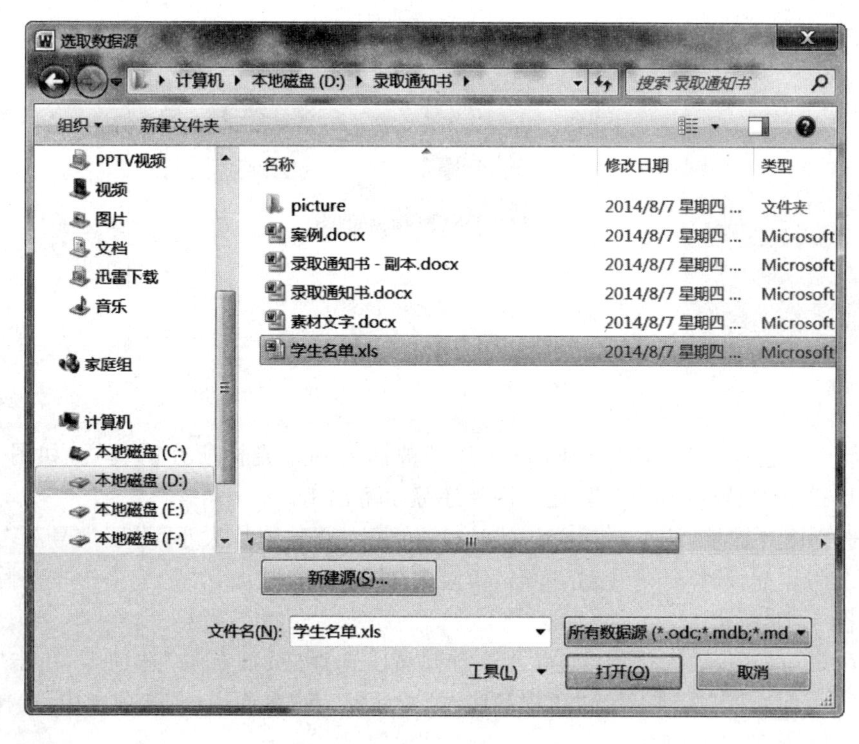

图 1.15 “选取数据源”对话框

(3) 弹出“选择表格”对话框，如图 1.16 所示，选中“录取名单$”工作表，单击“确定”按钮。

图 1.16 选择录取名单表

(4) 单击“插入合并域”按钮，弹出“学号”、“班级名”、“考生号”、“姓名”、“照片”等选项，选择“照片”选项，如图 1.17 所示。

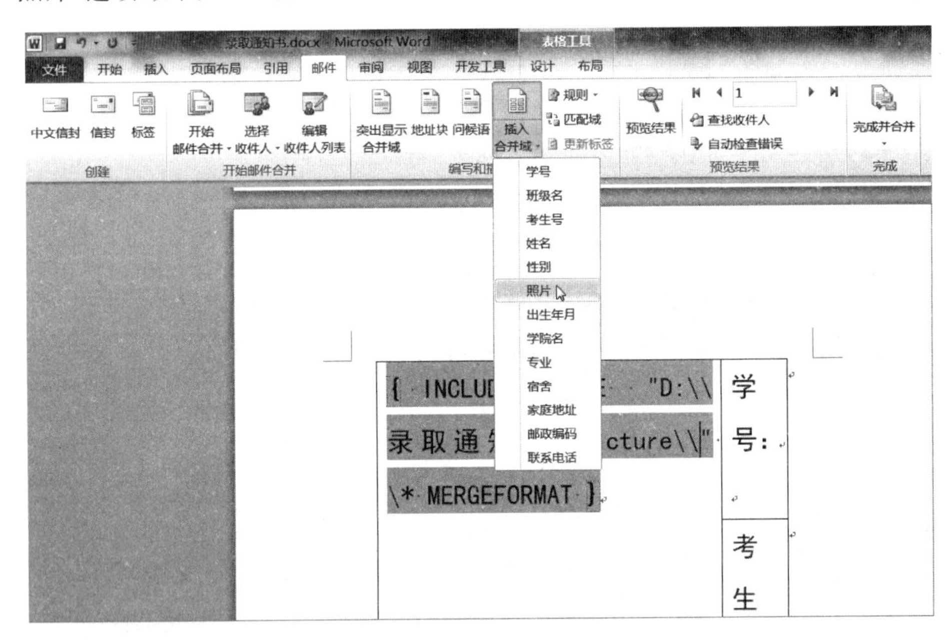

图 1.17 插入照片合并域

(5) 此时域代码“{MERGEFIELD 照片}”被插入到了光标所在的位置，如图 1.18 所示。按 Alt+F9 组合键隐藏代码，此时图片还显示不出来。

(6) 选中图片区域，按 F9 键更新，此时显示图片，调整图片大小，设置学号和考生号文字大小为三号。插入学号、考生号、姓名、学院名、专业等合并域，并把表格边框去除。此时第 2 页如图 1.19 所示。

(7) 在第 3 页中，插入班级名、宿舍等合并域。选择“页面布局”选项卡，单击“页面背景”组中的“页面边框”选项，弹出“边框和底纹”对话框，在“页面边框”选项卡中，选择艺术型边框，如图 1.20 所示。

```
{ INCLUDEPICTURE  "D:\\录取通知书\\picture\\{ MERGEFIELD 照片 }"  \* MERGEFORMAT }
```

	学号：
	考生号：

图 1.18　域代码显示

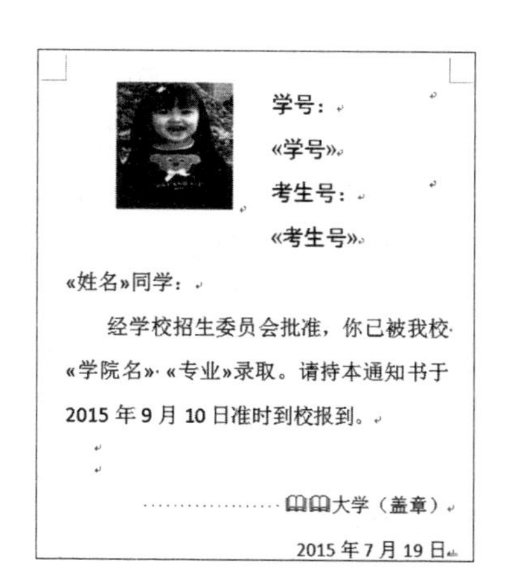

图 1.19　合并域插入后

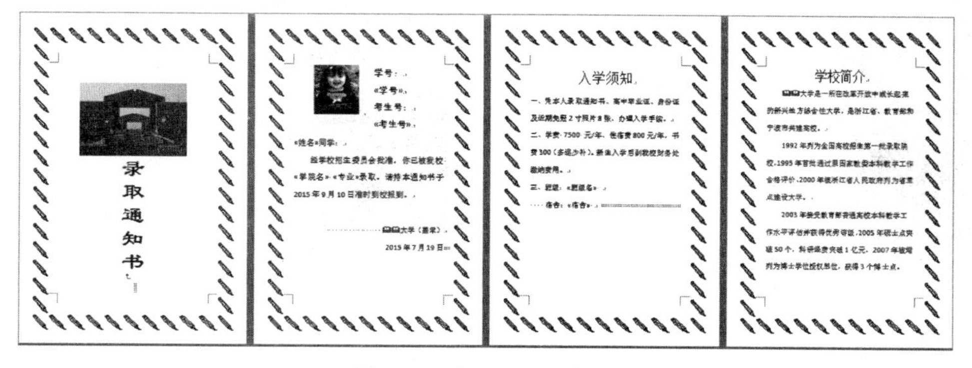

图 1.20　加入页面边框后

(8) 选择“邮件”选项卡，单击“完成”组中的“完成并合并”→“编辑单个文档”选项，弹出“合并到新文档”对话框，选择“全部”选项，单击“确定”按钮。

(9) 按 Ctrl+A 组合键选中所有文本，按 F9 键更新。录取通知书效果如图 1.21 所示，保存文件为“录取通知书(完成).docx”。

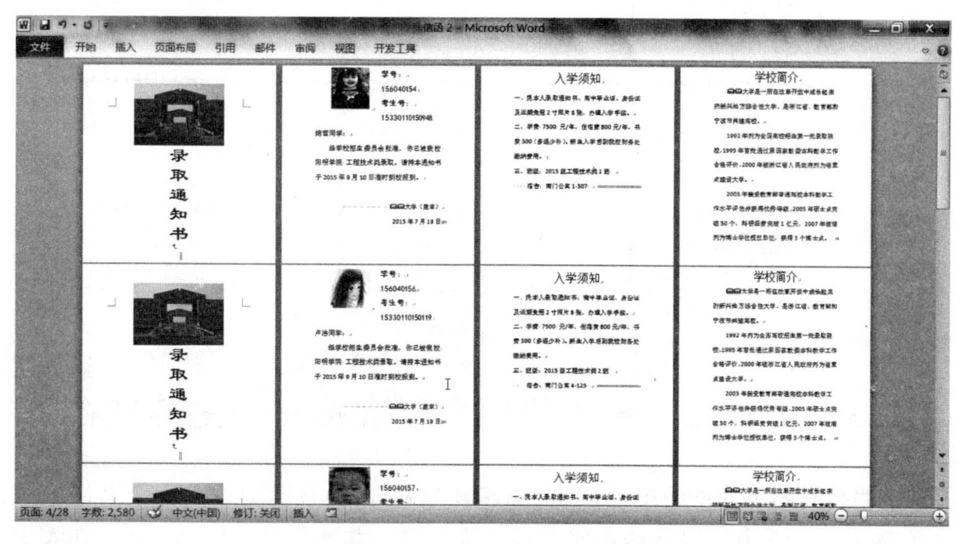

图 1.21　录取通知书效果

4. 生成信封

（1）选择“邮件”选项卡，单击“创建”组中的“中文信封”选项，弹出“信封制作向导”对话框，一般都选择“下一步”按钮，直接选择默认信息即可。其中“选择生成信封的方式和数量”选中“基于地址簿文件，生成批量信封”选项；单击“选择地址簿”选择“学生名单.xls”（注意文本类型），在“匹配收件人信息”中，“姓名”对应“姓名”、“称谓”对应“联系电话”、“地址”对应“家庭地址”、“邮编”对应“邮政编码”，如图1.22所示。

（2）接着输入寄信人信息，输入你自己的姓名、单位、地址及邮编等信息，如图1.23所示。

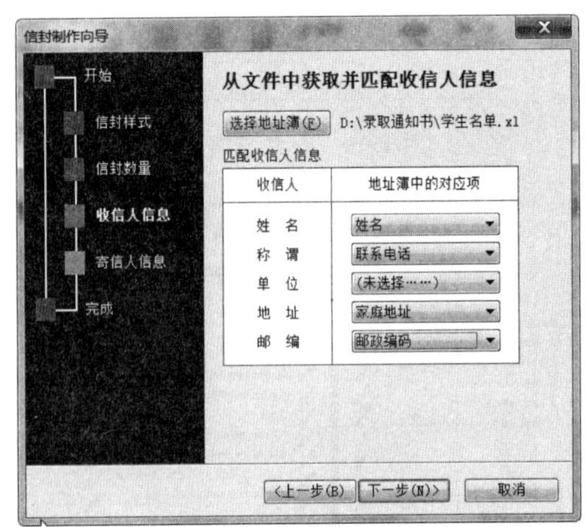

图1.22　选择地址簿

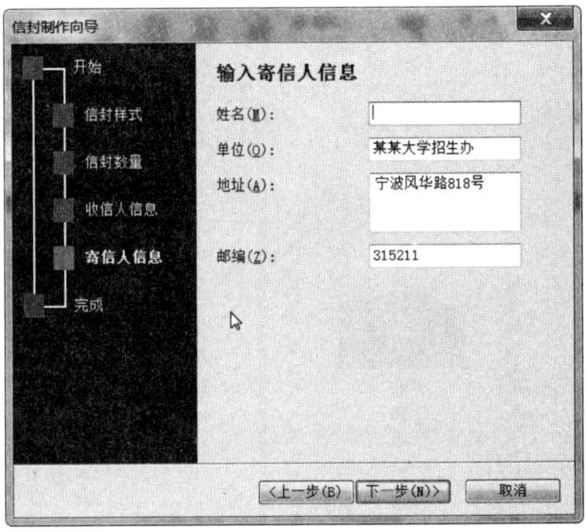

图1.23　选择寄信人信息

（3）单击“下一步”按钮完成后，生成信封效果如图1.24所示，生成的信封文件保存为“中文信封”。

图1.24　信封效果图

1.3　案例二　多人协同编辑文档——主控文档

对于篇幅较长的Word 2010文档，比如编写教材等，往往需要由几个人共同编写才能完成。在Word 2010中可以使用协同工作来进行多人共同编辑。Word 2010在大纲视图下的主控文档功能可以解决这个难题。

1. 建立主控文档、拆分子文档

(1) 启动 Word 2010,新建空白文档,输入如图 1.25 所示的教材分工目录。

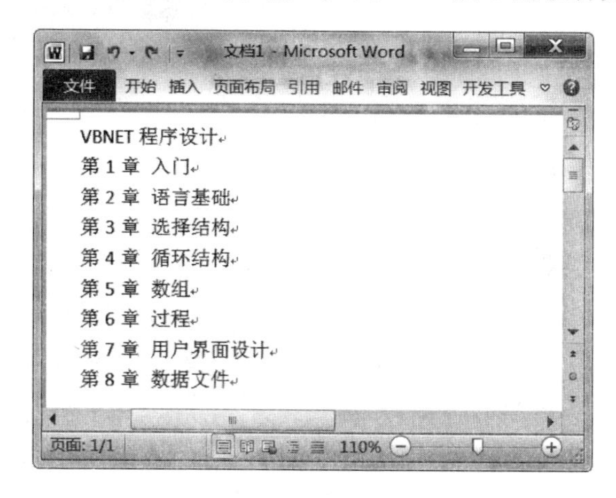

图 1.25 教材分工目录

(2) 选中"VBNET 程序设计"行,选择"开始"选项卡,单击"样式"组中的"其他"下拉列表框中的"标题"选项,把它设置为标题样式。拖动鼠标一起选中"第 1 章入门"、"第 2 章语言基础"……所有章,将其设置为"标题 1"样式。

(3) 选择"视图"选项卡,单击"文档视图"组中的"大纲视图"选项,切换到"大纲视图"。在"大纲"选项卡的"主控文档"组中单击"显示文档"选项展开"主控文档"组。拖动鼠标一起选中各章,单击"主控文档"组中的"创建"选项,系统会将拆分开的子文档内容分别用框线围起来,如图 1.26 所示。

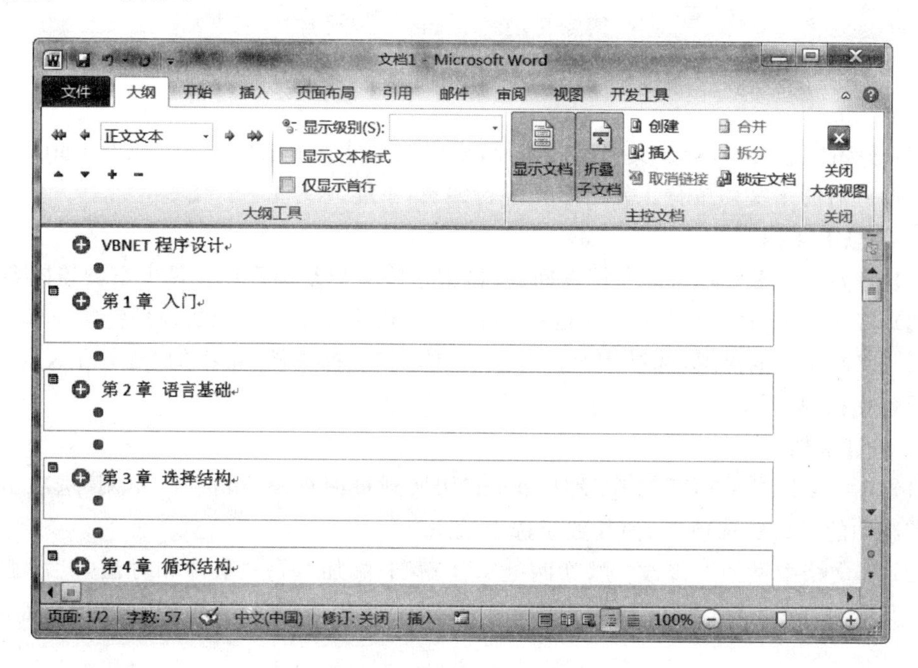

图 1.26 大纲视图开始时显示内容

（4）选择“大纲”选项卡，单击“主控文档”组中的“折叠子文档”选项，弹出 Microsoft Word 对话框，如图 1.27 所示，单击“确定”按钮，弹出“另存为”对话框，选择保存路径(假设 D:\\教材编写)，文件名以默认的“VBNET 程序设计”保存。

图 1.27　信息框

（5）单击“保存”按钮返回，此时大纲视图已经将子文档折叠起来，原来“折叠子文档”选项自动变成了“展开子文档”选项，如图 1.28 所示。

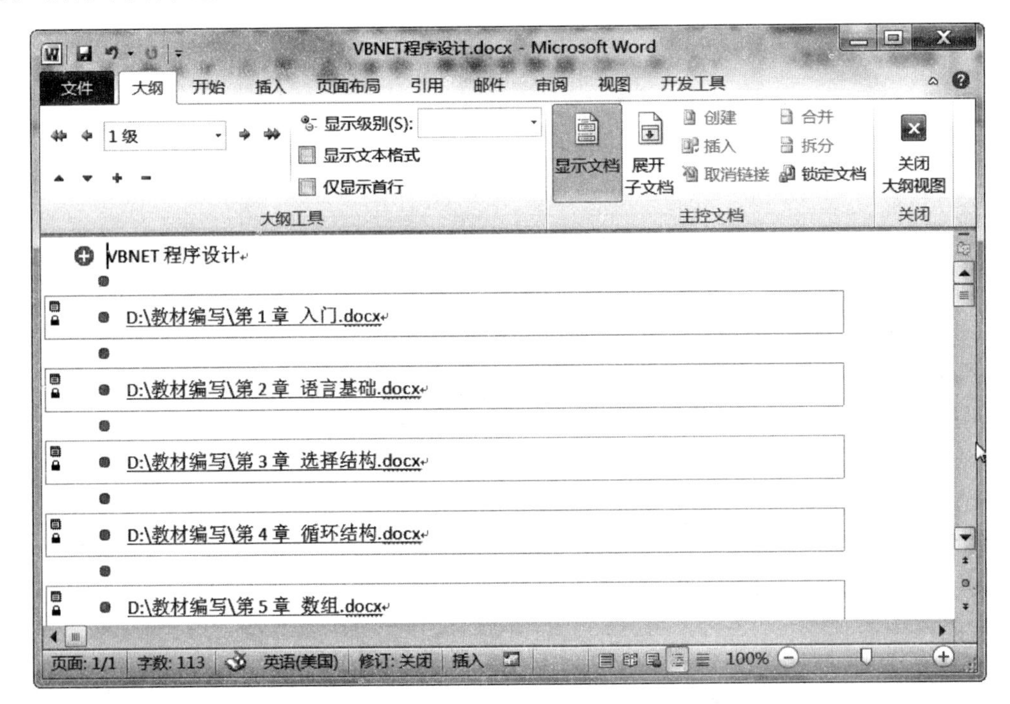

图 1.28　大纲视图展开子文档项

（6）关闭保存文档，打开文档保存路径，发现该文件夹下已生成 9 个文件，如图 1.29 所示。把拆分后的子文档按分工发给多人进行编辑，不能改文件名。

2. 汇总子文档

（1）等大家编辑好各自的文档发回后，再把这些文档复制到原文件夹下覆盖同名文件。

（2）打开主文档“VBNET 程序设计.docx”，文档中显示子文档的地址链接。

（3）切换到大纲视图，选择“大纲”选项卡，单击“主控文档”组中的“展开子文档”选项，可显示各文档内容，如图 1.30 所示。

3. 修订文档

（1）将主文档“VBNET 程序设计.docx”切换到页面视图，可选择“审阅”选项卡，单击“修订”组中的“修订”选项，使其处于选中状态。

（2）在文档中做如下修改：删除两处“，了解”；添加“、”；“事件和方法等”添加“等”；“1.1　引例：第一个 VB.NET 应用程序”一行居中；“【例 1-1】”插入批注“引例 1”，如图 1.31 所示。

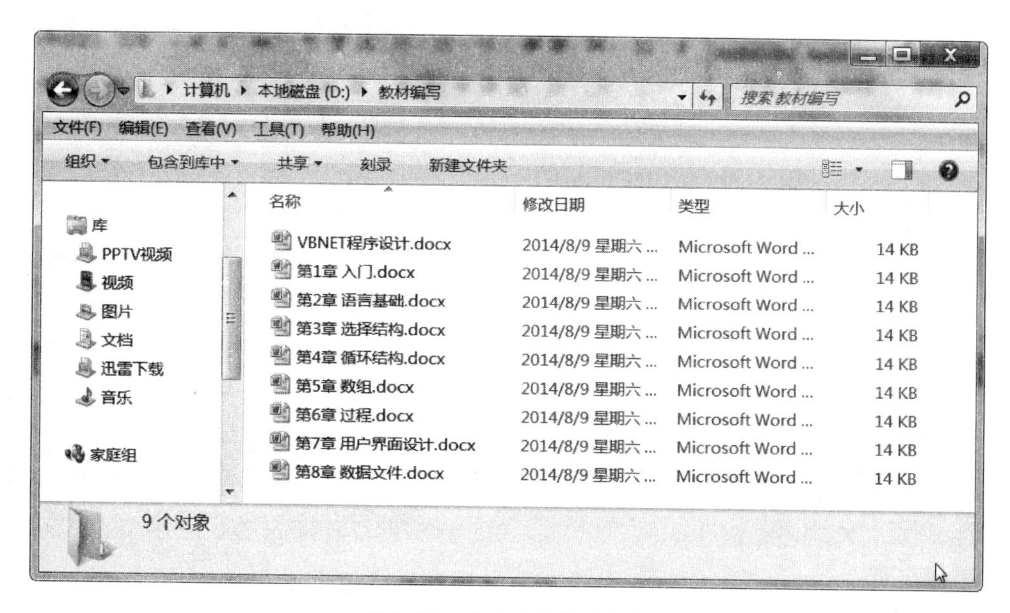

图 1.29 自动生成的子文档

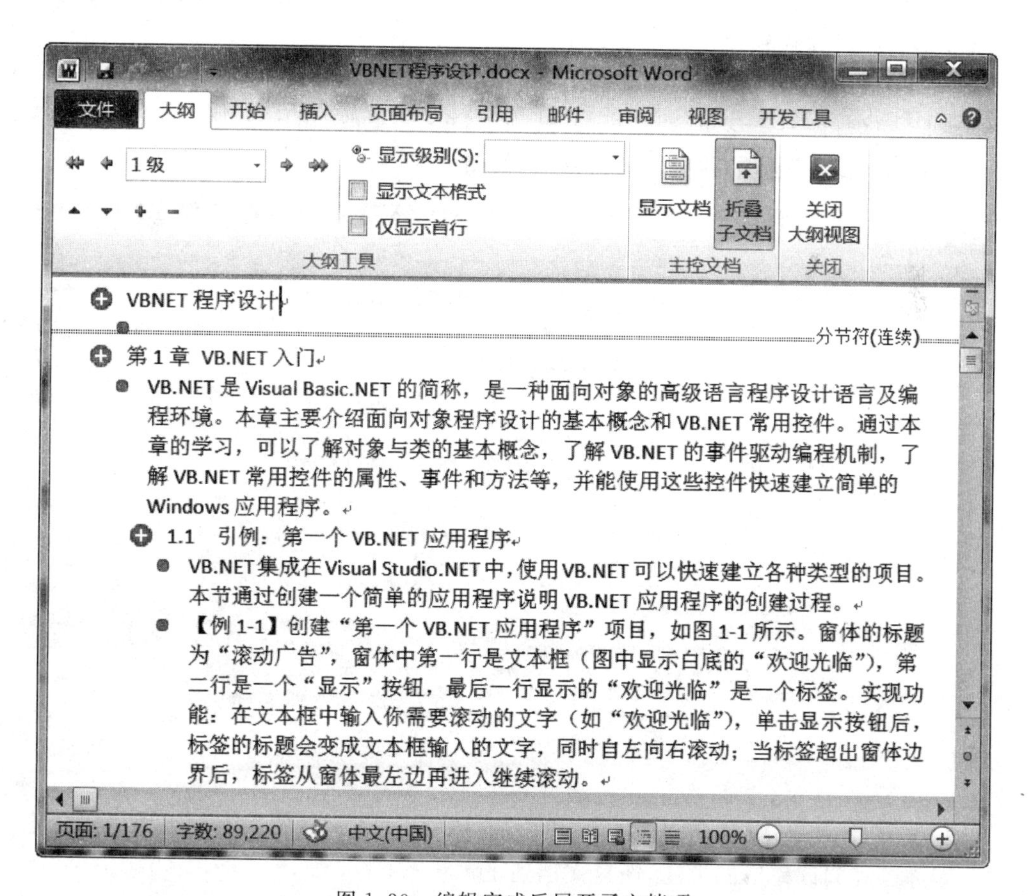

图 1.30 编辑完成后展开子文档项

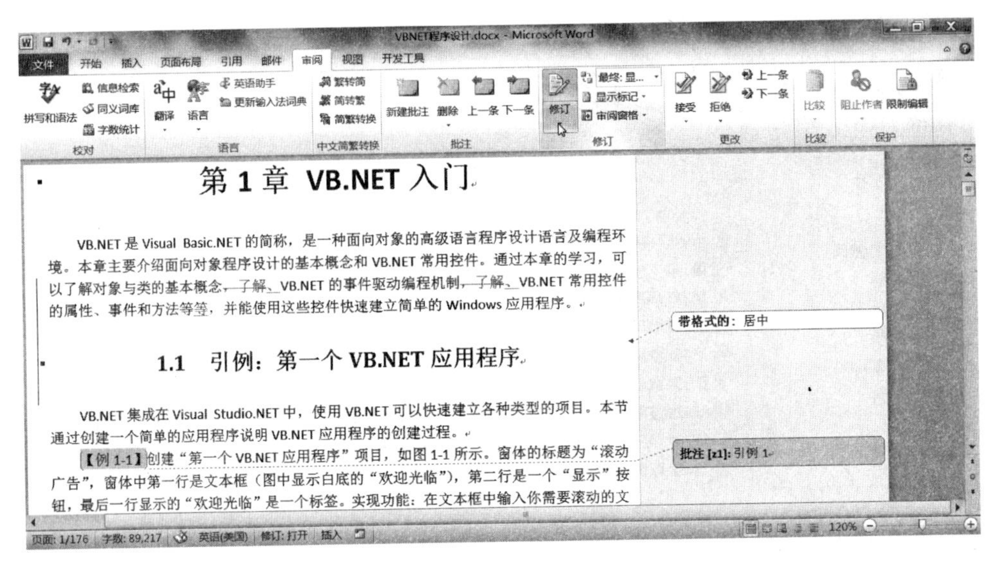

图 1.31　修订文档

(3) 将其他 Word 文档关闭后，再关闭并保存主文档。此时在主文档中修改的内容、添加的批注都会同时保存到相应的子文档中。

(4) 打开“第 1 章入门. docx”子文档，可发现内容被提示修改，可选择“接受”或“拒绝”选项决定是否修订内容。这里选择“审阅”选项卡，单击“更改”组中的“接受”选项，选择“接受对文档的所有修订”选项，接受内容的修改，如图 1.32 所示。

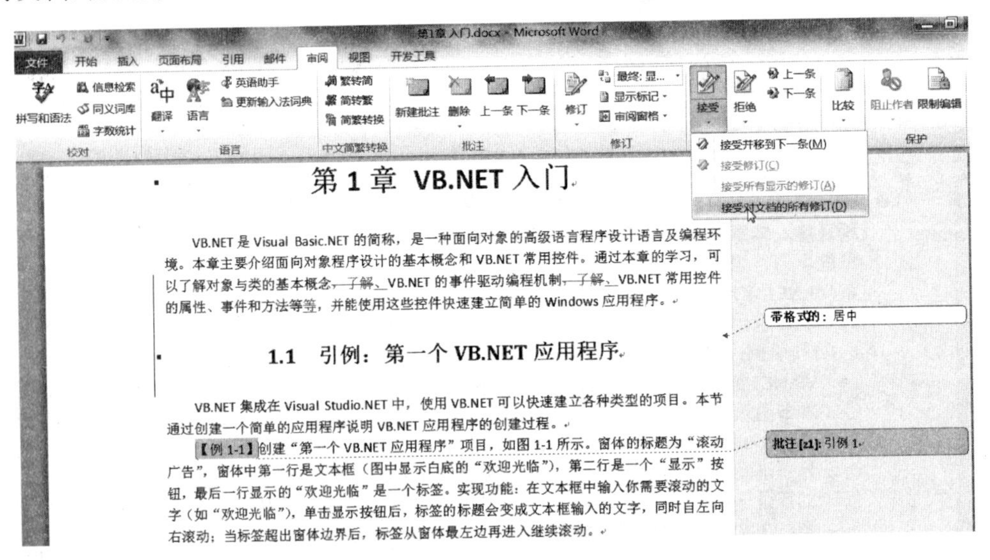

图 1.32　接受修订

(5) 选择“审阅”选项卡，单击“批注”组中的“删除”选项，选择“删除文档中的所有批注”选项。删除已经阅读完毕的批注，恢复文档到正常状态。

(6) 当然，以上的接受和删除操作也可以在主文档中完成操作。

4. 另存为普通文档

(1) 打开主文档"VBNET 程序设计.docx",切换到大纲视图,选择"大纲"选项卡,单击"主控文档"组中的"展开子文档"选项,以完整显示所有子文档内容。

(2) 选择"审阅"选项卡,单击"修订"组中的"修订"选项,取消选中"修订"选项。删除第1章前的"VBNET 程序设计"等所有内容,包括空行。按 Ctrl+A 组合键全选文档内容。

(3) 选择"大纲"选项卡,单击"主控文档"组中的"显示文档"选项,展开"主控文档"区,单击"取消链接"选项。

(4) 选择"文件"→"另存为"菜单命令,另存文档为"VBNET 程序设计(合).docx"文档。

1.4 案例三 文档细节编辑——索引与书签

现有"城市排名"文档,由两页组成,使用阅读版式视图观察其内容,如图 1.33 所示。

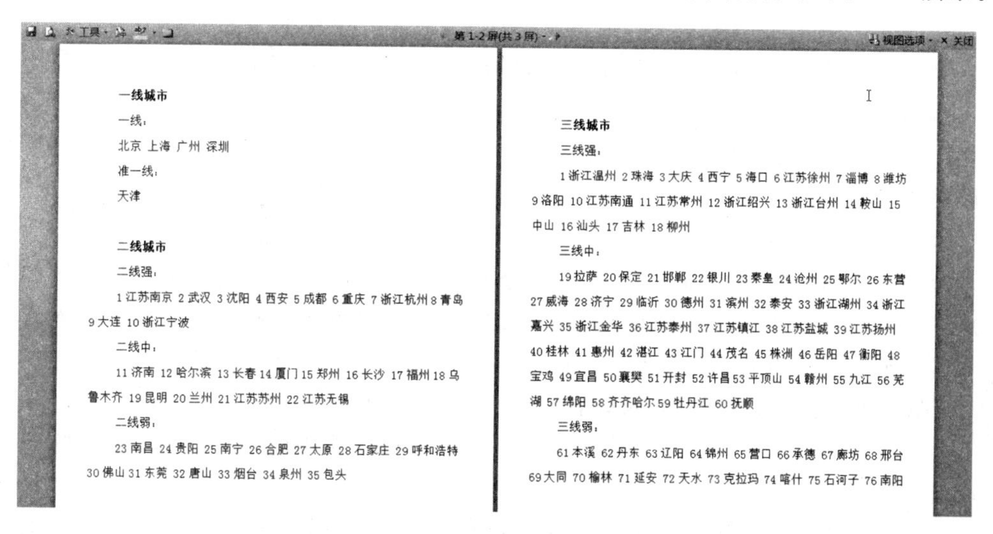

图 1.33 "城市排名"文档原内容

要求将文档重新分页页面设置、样式设置、添加索引、添加域、制作书签等,具体要求如下。

(1) 第一页中第一行内容为"一线城市",样式为"标题 1";"一线"和"准一线"样式为"标题 2";页面垂直对齐方式为"居中";页面方向为纵向、纸张大小为 16 开;仅第一页添加页眉为"城市排名"。

(2) 第二页中第一行内容为"二线城市",样式为"标题 2";"二线强"、"二线中"和"二线弱"样式为"标题 3";页面垂直对齐方式为"顶端对齐";页面方向为横向、纸张大小为 A4;对该页面添加行号,起始编号为 1。

(3) 第三页中第一行内容为"三线城市",样式为"标题 2";"三线强"、"三线中"和"三线弱"样式为"标题 3";页面垂直对齐方式为"底端对齐";页面方向为纵向、纸张大小为 B5。

(4) 第四页中第一行内容为"索引",样式为正文,页面垂直对齐方式为"顶端对齐";页面方向为纵向、纸张大小为 A4。

(5) 在文档页脚处插入页码，形式为“第 X 节　　第 Y 页共 Z 页”，X 是使用插入的域自动生成的当前节，并以中文数字(壹、贰、叁)的形式显示；Y 为当前页，Z 为总页数，以一般数字的形式显示，居中显示。

(6) 使用自动索引方式，建立索引自动标记文件“自动索引.docx”，其中：标记索引项的文字 1 为“上海”，主索引项 1 为“上海”，次索引项 1 为“shanghai”；标记索引项的文字 2 为“浙江”，主索引项 2 为“浙江”，次索引项 2 为“zhejiang”；标记索引项的文字 3 为“江苏”，主索引项 3 为“江苏”，次索引项 3 为“jiangsu”。使用自动标记文件，在文档“城市排名”第四页第二行中创建索引。

(7) 使用域在文档的最后插入该文档的文件名称和该文档创建日期(格式不限)。

(8) 第一页“一线城市”设置为书签(名为 Top)，文档最后加上一行插入书签 TOP 标记的文本。

1. 分节

建立新文档时，Word 将整篇文档默认为一节，在同一节中只能应用相同的版面设计。为了使版面设计多样化只有将文档分割成不同的节，才可以根据需要为每节设置不同的节格式。虽然在题目中并没有出现要求分节，但题中不同页要求不同的页面版式，实际必须将所需的页面置于不同的节中才能实现。

(1) 打开“城市排名”文档，将光标定位于“二线城市”前，选择“页面布局”选项卡，单击“页面设置”组中的“分隔符”→“下一页”分节符，插入一个分节符。

(2) 将光标定位于“三线城市”前，插入一个分节符。

(3) 将光标定位于文档最后，插入一个分节符，并输入“索引”。这样文档就被 3 个分节符分成了 4 节，共有 4 页。之所以提早插入分节符，可避免将本页的页面设置带入到下一页。设定分节符后，当前节所有的页面设置内容将默认为应用于“本节”。

2. 第一页设置页面设置、插入页眉

(1) 选中“一线城市”，选择“开始”选项卡，单击“样式”组中的“标题 1”；类似地，“一线”和“准一线”样式为“标题 2”。

(2) 选择“页面布局”选项卡，单击“页面设置”组中的“纸张方向”→“纵向”选项，设置同组的“纸张大小”为“16 开”。

(3) 单击“页面设置”组右边的对话框启动器，打开“页面设置”对话框，选择“版式”选项卡，“垂直对齐方式”选择“居中”。

(4) 将光标定位在“二线城市”一节，选择“插入”选项卡，单击“页眉和页脚”组中的“页眉”→“编辑页眉”选项，进入页眉编辑状态。在“页眉和页脚工具设计”选项卡的“导航”组中选择“链接到前一条页眉”选项，使其处于未选中状态，此时页脚右下角的“与上一节相同”文字消失。单击“导航”组的“上一节”选项，在页眉处输入“城市排名”。

3. 第二、三、四页页面设置等

(1) 选中“二线城市”，选择“开始”选项卡，单击“样式”组中的“标题 2”；类似地，“二线强”、“二线中”和“二线弱”样式为“标题 3”。如果默认不显示标题 3 样式，可使用快捷键 Ctrl+Alt+3。

(2) 页面垂直对齐方式为“顶端对齐”；页面方向为横向、纸张大小为 A4；参照之前方法。行号设置：在“页面设置”对话框的“版式”选项卡中，单击“行号”按钮，弹出“行号”对话框，如图 1.34 所示，选中“添加行号”复选框，起始编号选 1。

(3) 第三页和第四页样式和页面设置按前面要求参照第二页设置方法完成。

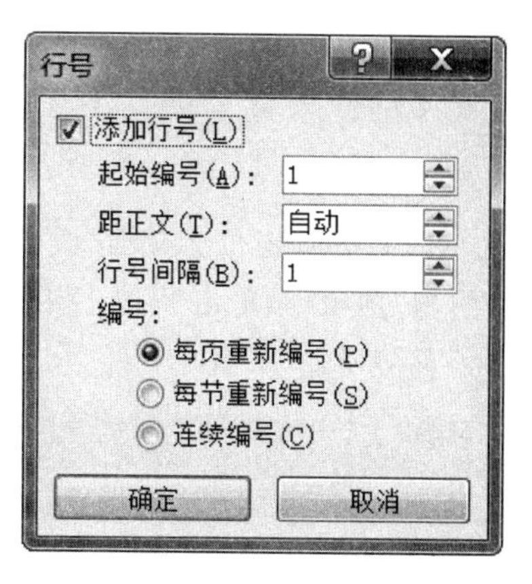

图 1.34　添加行号

4. 创建页脚

(1) 选择“插入”选项卡，单击“页眉和页脚”组中的“页脚”→“编辑页脚”选项，进入页脚编辑状态。先使用“居中”按钮使页脚居中，再在页脚中输入文字“第节 第页共页”。

(2) 将光标置于“第节”两个字中间。选择“插入”选项卡，单击“文本”组的“文档部件”→“域”选项，弹出“域”对话框，“类别”选择“编号”，“域名”选择 Section，“域属性”选择“壹，贰，叁，…”，如图 1.35 所示，单击“确定”按钮。

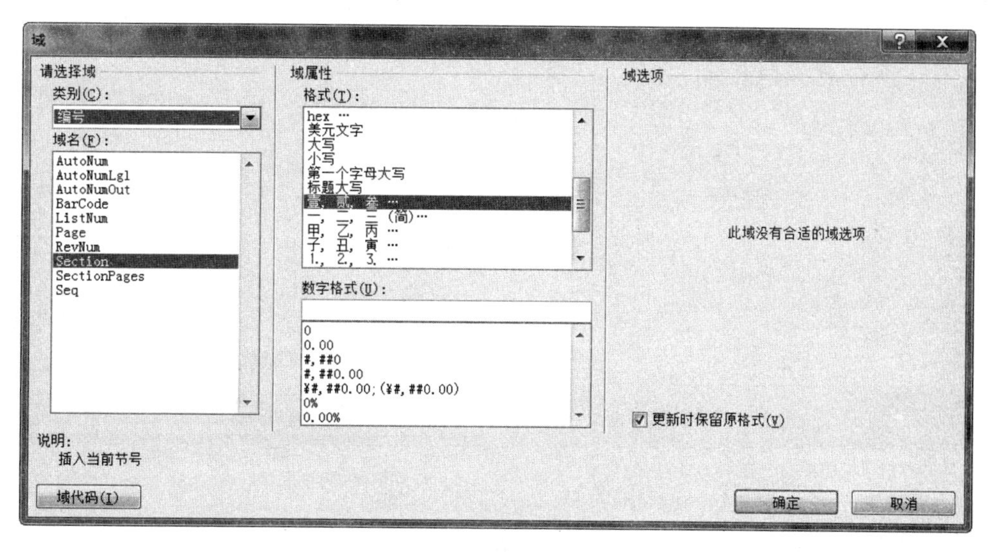

图 1.35　Section 域

(3) 将光标置于“第页”两个字中间，插入 Page 域，“域属性”选择“1，2，3，…”。将光标置于“共页”两个字中间，插入 NumPages 域，“域属性”选择“1，2，3，…”。插入页脚后，可以观察到所有页的页脚均已生成，其中第 2 页页脚如图 1.36 所示。

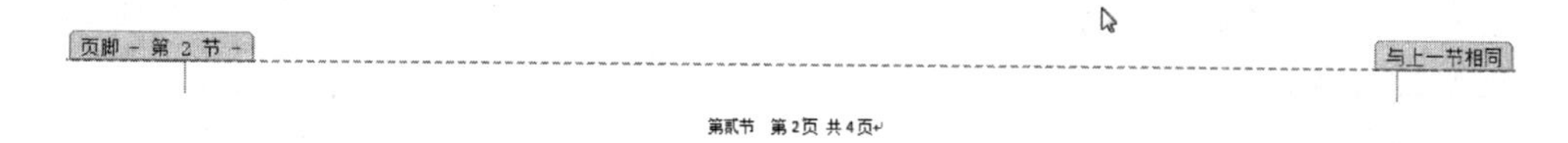

图 1.36　第 2 页页脚

5. 创建索引

(1) 新建一个 Word 空白文档“自动索引”，在该文档中，插入一张三行两列的表格，并输入如图 1.37 所示的内容。保存并关闭文档。

上海	上海:shanghai
浙江	浙江:zhejiang
江苏	江苏:jiangsu

图 1.37　自动索引表格

(2) 将光标定位于文档“城市排名”第四页第 2 行(也就是“索引”文字的下面一行),选择“引用”选项卡,单击“索引”组中的“插入索引”选项,弹出“索引”对话框,如图 1.38 所示,单击“自动标记”按钮。

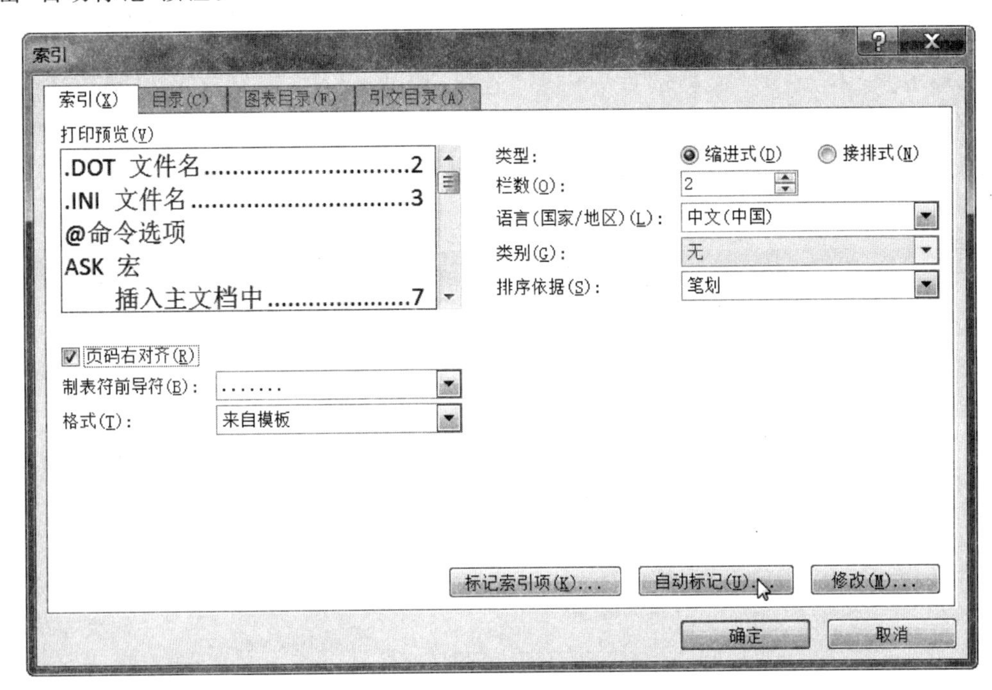

图 1.38　“索引”对话框

(3) 弹出“打开索引自动标记文件”对话框,如图 1.39 所示,选择刚创建完成的“自动索引.docx”文档,单击“打开”按钮。

(4) Word 会自动在整篇文档中搜索“自动索引.docx”文档中表格第一列中的文字的确切位置,并使用表格第二列中的文本作为索引项进行标记,文档中“上海、浙江、江苏”已经被自动标记索引项,其中第二页标记如图 1.40 所示,江苏标记{ XE "江苏:jiangsu" },浙江标记{ XE "浙江:zhejiang" },如果被索引文本在一个段落中重复出现多次,只对其在此段落中的首个匹配项进行标记。

(5) 将光标再次定位于文档“城市排名”第 4 页第 2 行,选择“引用”选项卡,单击“索引”组中的“插入索引”选项,弹出“索引”对话框,选中“页码右对齐”选项,单击“确定”按钮,即可完成索引的创建,如图 1.41 所示,可以发现索引也是域代码。

6. 插入域

(1) 将光标定位于文档最后一行,回车换行,选择“插入”选项卡,单击“文本”组中的“文档部件”→“域”选项,弹出“域”对话框,在“类别”下拉列表框中选择“文档信息”选项,在“域

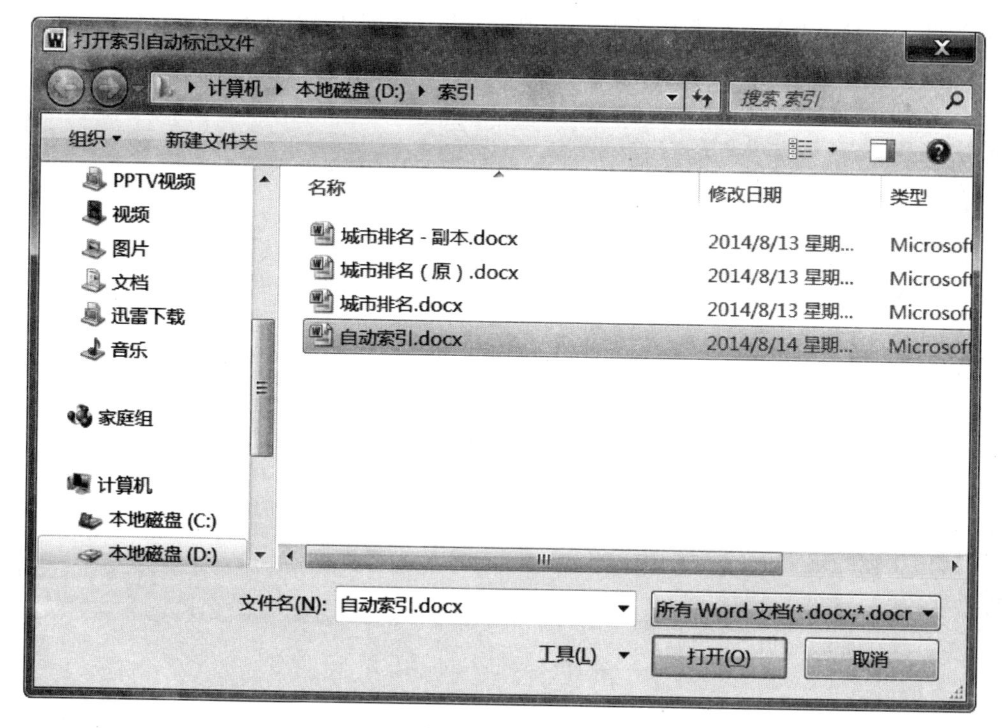

图 1.39 “打开索引自动标记文件”对话框

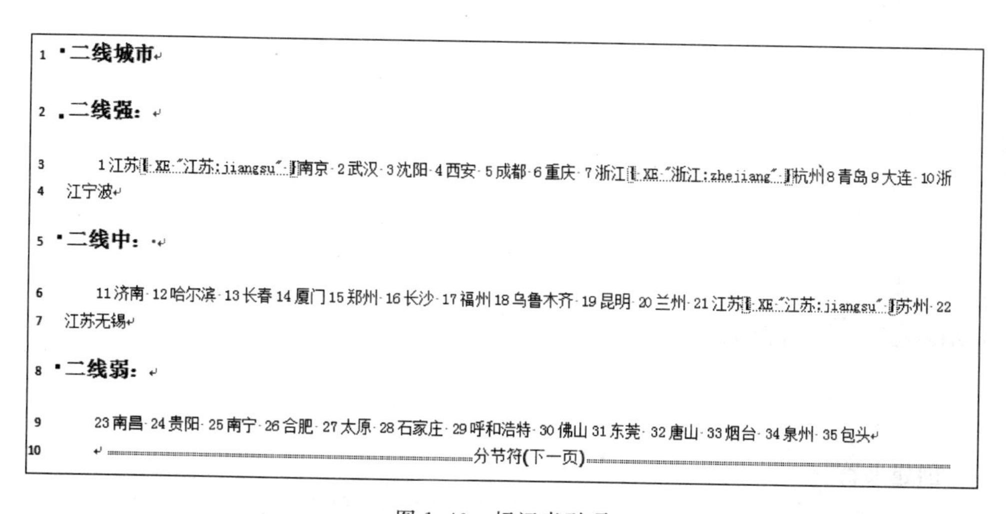
1 ·二线城市

2 ·二线强：

3 1江苏{ XE "江苏:jiangsu" }南京 2武汉 3沈阳 4西安 5成都 6重庆 7浙江{ XE "浙江:zhejiang" }杭州 8青岛 9大连 10浙
4 江宁波

5 ·二线中：

6 11济南 12哈尔滨 13长春 14厦门 15郑州 16长沙 17福州 18乌鲁木齐 19昆明 20兰州 21江苏{ XE "江苏:jiangsu" }苏州 22
7 江苏无锡

8 ·二线弱：

9 23南昌 24贵阳 25南宁 26合肥 27太原 28石家庄 29呼和浩特 30佛山 31东莞 32唐山 33烟台 34泉州 35包头
10 ......分节符(下一页)......

图 1.40 标记索引项

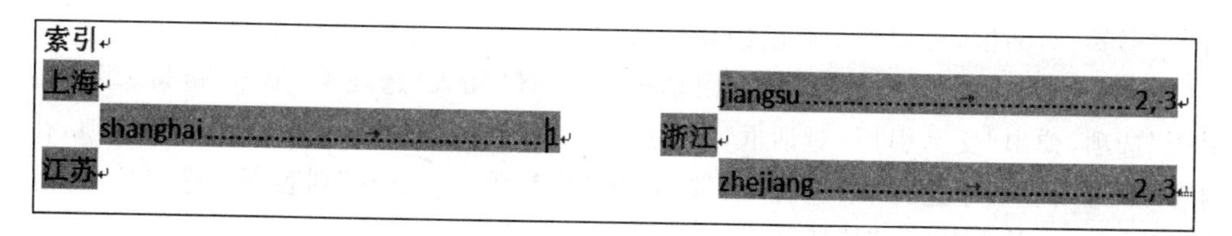
索引
上海
shanghai 1
江苏
jiangsu 2, 3
浙江
zhejiang 2, 3

图 1.41 完成索引创建

名”列表框中选择 FileName 选项,“域属性”选择“无”,如图 1.42 所示,单击“确定”按钮,插入该文档的文件名称。

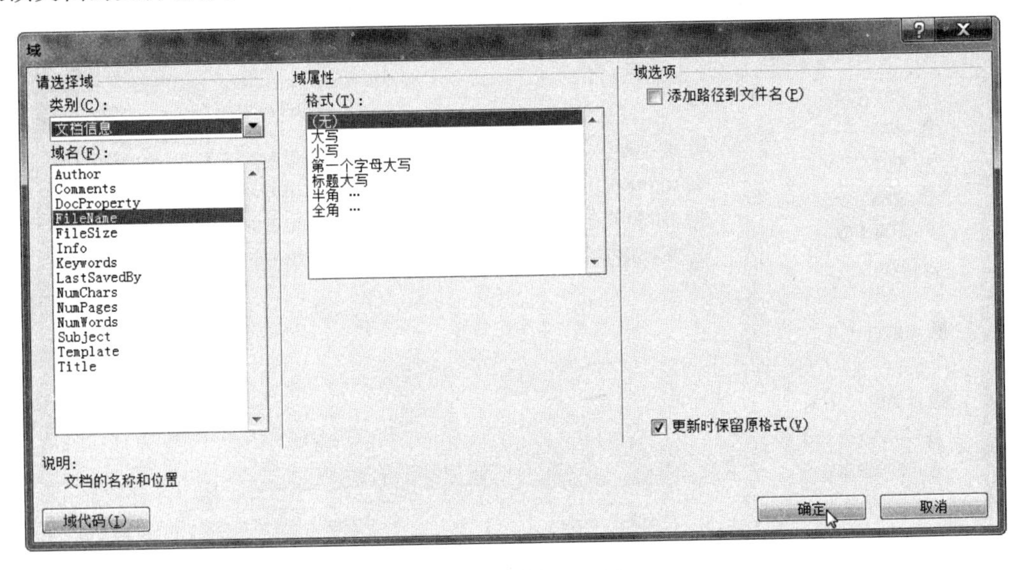

图 1.42　FileName 域

(2) 回车换行后,再次打开“域”对话框,在“类别”下拉列表框中选择“日期和时间”选项,在“域名”列表框中选择 CreateDate,“域属性”选择“yyyy 年 M 月 d 日星期 W”,单击“确定”按钮,插入文档创建的日期。插入域完成后的效果如图 1.43 所示。

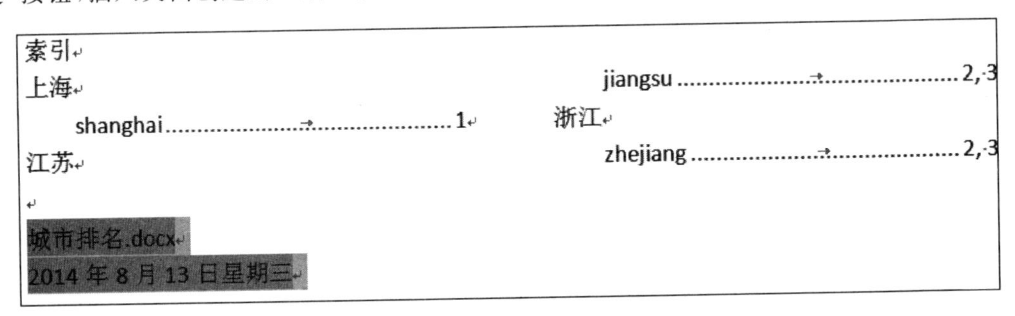

图 1.43　插入域完成后

7. 创建书签

(1) 选中第一页“一线城市”文字,选择“插入”选项卡,单击“链接”组中的“书签”选项,弹出“书签”对话框,在“书签名”列表框中输入 top 选项,单击“添加”按钮,即可加入书签,再次打开“书签”对话框,可看到 top 已经在列表中,表示已经创建,如图 1.44 所示。

(2) 将光标定位于文档最后一行,回车换行,选择“插入”选项卡,单击“链接”组中的“交叉引用”选项,弹出“交叉引用”对话框,在“引用类型”下拉列表框中选择“书签”选项,在“引用内容”下拉列表框中选择“书签文字”选项,在“引用哪一个书签”列表框中选择“top”选项,如图 1.45 所示,单击“插入”按钮。

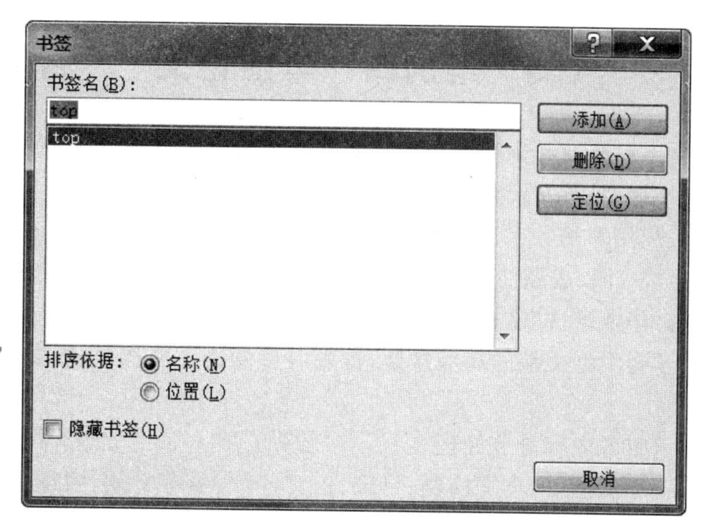

一线城市

一线：

北京 上海{ XE "上海：shanghai" } 广州 深圳

图 1.44　插入书签

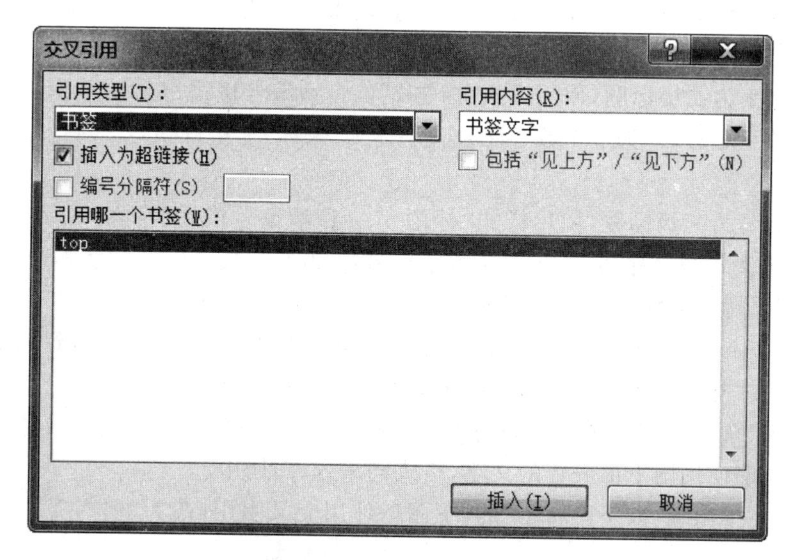

图 1.45　书签交叉引用插入

(3) 插入书签标记过的文本后，光标指向该文字，会出现“top，按住 Ctrl 并单击可访问链接”提示，表示可以超链接到第一页，如图 1.46 所示。

图 1.46　书签标记完成后

(4) 将文档编辑标记隐藏，保存文件。

1.5 案例四 毕业论文——综合排版

大学本科毕业必须完成毕业论文并答辩通过才能获得学位并毕业。毕业论文一般需有封面、中文摘要、英文摘要、目录、正文、参考文献、致谢等。封面没有页码；中文摘要至正文前部分页码用罗马数字连续表示；正文部分页码用阿拉伯数字连续表示。正文中的章节编号自动生成；图、表题注自动更新生成；参考文献用脚注的形式按引用次序给出。

现有“毕业论文”文档，通过本案例的任务完成，使学生对毕业论文的结构有一个整体的认识，并学会大型文稿的高级排版，排版以后的论文文档结构清晰，符合要求。具体任务要求如下。

第一，将各内容分节处理。

封面、中文摘要、英文摘要、目录、正文各章、参考文献、致谢等分别进行分节处理，每个内容单独一节。

第二，对正文排版。

(1) 使用多级列表对章名、小节名进行自动编号，代替原始的编号。要求：

- 章号为一级标题，使用样式“标题 1”。自动编号格式为：第×章(例：第 1 章)，其中×为自动序号，阿拉伯数字。字体为“宋体、加粗、小二号”。对应级别 1，居中显示。
- 小节名 1 为二级标题，使用样式“标题 2”。自动编号格式为：X. Y(例：1.1)，其中 X 为章数字序号，Y 为节 1 数字序号。字体为“宋体、加粗、四号”。对应级别 2，左对齐显示。
- 小节名 2 为三级标题，使用样式“标题 3”。自动编号格式为：X. Y. Z(例：1.1.1)，其中 X 为章数字序号，Y 为节 1 数字序号，Z 为节 2 数字序号。字体为“宋体、加粗、五号”。对应级别 3，左对齐显示。

(2) 摘要、Abstract、参考文献、致谢的标题使用样式“标题 1”，并居中，删除章编号。

(3) 对正文中的图添加题注“图”，位于图下方，居中。要求：

- 编号为“章序号”-“图在章中的序号”。例如，第 2 章第 1 幅图，题注编号为“2-1”。
- 图的说明使用图下面一行的文字，格式同编号，图居中。

(4) 对正文中出现“如下图所示”的“下图”，使用交叉引用，改为“图 X-Y”，其中 X-Y 为图题注的编号。

(5) 对正文中的表添加题注“表”，位于表上方，居中。要求：

- 编号为“章序号”-“表在章中的序号”。例如，第 2 章第 1 张表，题注编号为“2-1”。
- 表的说明使用表上面一行的文字，格式同编号，表居中，表内文字不要居中。

(6) 对正文中出现“如下表所示”的“下表”，使用交叉引用，改为“表 X-Y”，其中 X-Y 为表题注的编号。

(7) 对正文中出现的“1、2、3、…”或“(1)、(2)、…”等有编号文字处，进行自动编号，编号格式不变。

(8) 新建一个样式，样式名为你的学号，样式要求：字体为“楷体”，字号为“五号”，段落格式为首行缩进 2 字符，1.3 倍行距。将新建的样式应用到正文中无编号的文字，不包括章名、小节名、表文字、题注、脚注等。

第三，在正文前按序插入三节，使用 Word 提供的功能，自动生成如下内容。

(1) 第 1 节：目录。其中，“目录”使用样式“标题 1”，居中，“目录”下为目录项。

(2) 第 2 节：图索引。其中，“图索引”使用样式“标题 1”，居中，“图索引”下为图索引项。

(3) 第 3 节：表索引。其中，“表索引”使用样式“标题 1”，居中，“表索引”下为表索引项。

第四，添加论文的页脚。

(1) 封面不显示页码，摘要至正文前采用“i,ii,iii,…”格式，页码连续。

(2) 正文页码采用“1,2,3,…”格式，页码连续。

(3) 更新目录、图索引和表索引。

第五，添加论文的页眉。

(1) 封面不显示页眉，摘要至正文前部分的页眉显示“ ** 大学本科毕业论文”。

(2) 添加正文的页眉。

- 对于奇数页，页眉中的文字为“章序号”+“章名”。
- 对于偶数页，页眉中的文字为“节序号”+“节名”。

(3) 添加致谢、参考文献的页眉为各自的标题文字。

具体操作步骤如下。

1. 分节

(1) 打开素材“毕业论文.docx”文档，将光标定位于“摘要”前，选择“页面布局”选项卡，单击“页面设置”组中的“分隔符”→“下一页”选项，插入分节符。

(2) 将光标分别定位于“Abstract”、“第一章”、“第二章”、“第三章”、“第四章”、“第五章”、“参考文献”、“致谢”前，同样插入分节符。

(3) 选择“视图”选项卡，单击“文档视图”组中的“草稿”选项，可观察到分节符，如图 1.47 所示。单击“页面视图”图标返回页面视图。

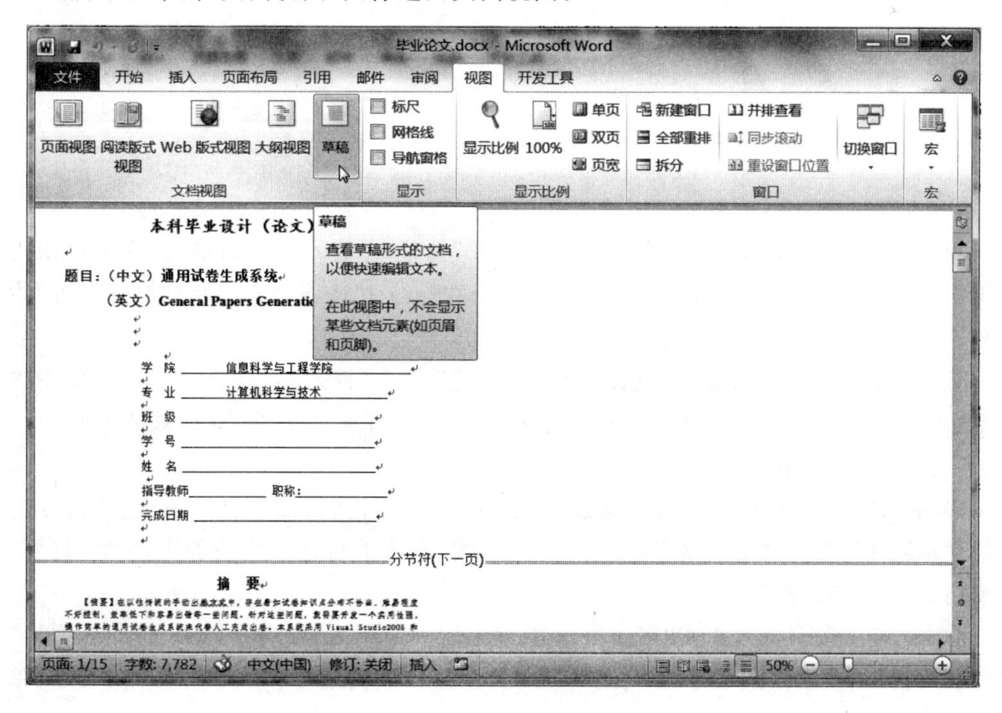

图 1.47 草稿视图

2. 章节自动编号

(1) 光标定位于“第一章绪论”行，选择“开始”选项卡，单击“段落”组中的“多级列表”选项，在下拉列表框中选择“定义新的多级列表”选项，打开“定义新多级列表”对话框。

(2) 单击左下角的“更多”按钮，展开对话框其他内容。在“单击要修改的级别”列表框中选择“1”选项；在“输入编号的格式”文本框中，在“1”的左右两侧分别输入文字“第”和“章”，构成“第1章”的形式；在“将级别链接到样式”下拉列表框中选择“标题 1”选项。如图 1.48 所示。此时不要单击“确定”按钮，接着设置其他级别内容。

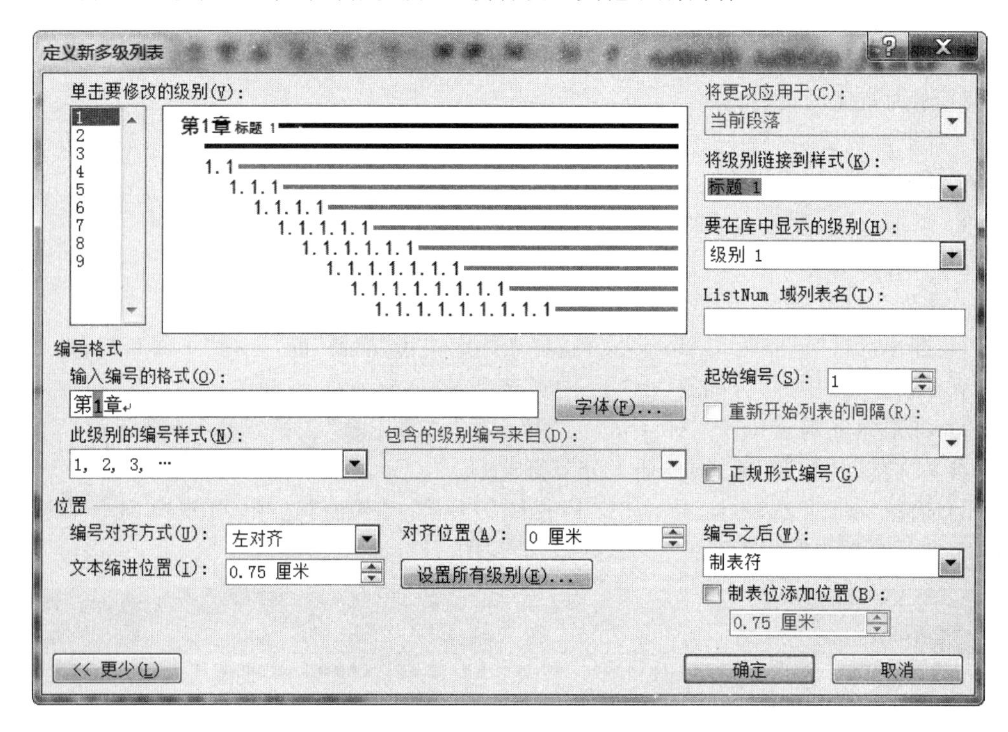

图 1.48　定义新多级列表标题 1 设置

(3) 在“单击要修改的级别”列表框中选择“2”选项；“输入编号的格式”文本框中内容为“1.1”；在“将级别链接到样式”下拉列表中选择“标题 2”选项，修改设置“对齐位置”为“0 厘米”、“文本缩进位置”为“1 厘米”，如图 1.49 所示。

(4) 在“单击要修改的级别”列表框中选择“3”选项；“输入编号的格式”文本框中内容为“1.1.1”；在“将级别链接到样式”下拉列表框中选择“标题 3”选项，修改设置“对齐位置”为“0 厘米”、“文本缩进位置”为“1 厘米”，如图 1.50 所示。

(5) 单击“确定”按钮后，此时光标所在的“第一章 绪论”行已经自动编号，并已经应用了样式“标题 1”，成“**第1章 绪论**”字样。单击“样式”右边的对话框启动器按钮，打开“样式”窗格，如图 1.51 所示。

(6) 在“样式”窗格中，单击“第 1 章标题 1”右边下拉列表框，选择“修改”选项，弹出“修改样式”对话框，设置格式大小为“小二”，加粗，段落格式为居中，如图 1.52 所示，单击“确定”按钮。

定义新多级列表
单击要修改的级别(V):
1
2
3
4
5
6
7
8
9
第1章 标题 1
1.1 标题 2
1.1.1
1.1.1.1
1.1.1.1.1
1.1.1.1.1.1
1.1.1.1.1.1.1
1.1.1.1.1.1.1.1
1.1.1.1.1.1.1.1.1
将更改应用于(C):
当前段落
将级别链接到样式(K):
标题 2
要在库中显示的级别(H):
级别 1
ListNum 域列表名(T):
编号格式
输入编号的格式(O):
1.1
字体(F)...
此级别的编号样式(N):
1, 2, 3, …
包含的级别编号来自(D):
起始编号(S): 1
重新开始列表的间隔(R):
级别 1
正规形式编号(G)
位置
编号对齐方式(U): 左对齐
对齐位置(A): 0 厘米
文本缩进位置(I): 1 厘米
设置所有级别(E)...
编号之后(W):
制表符
制表位添加位置(B):
5 厘米
<< 更少(L)
确定
取消

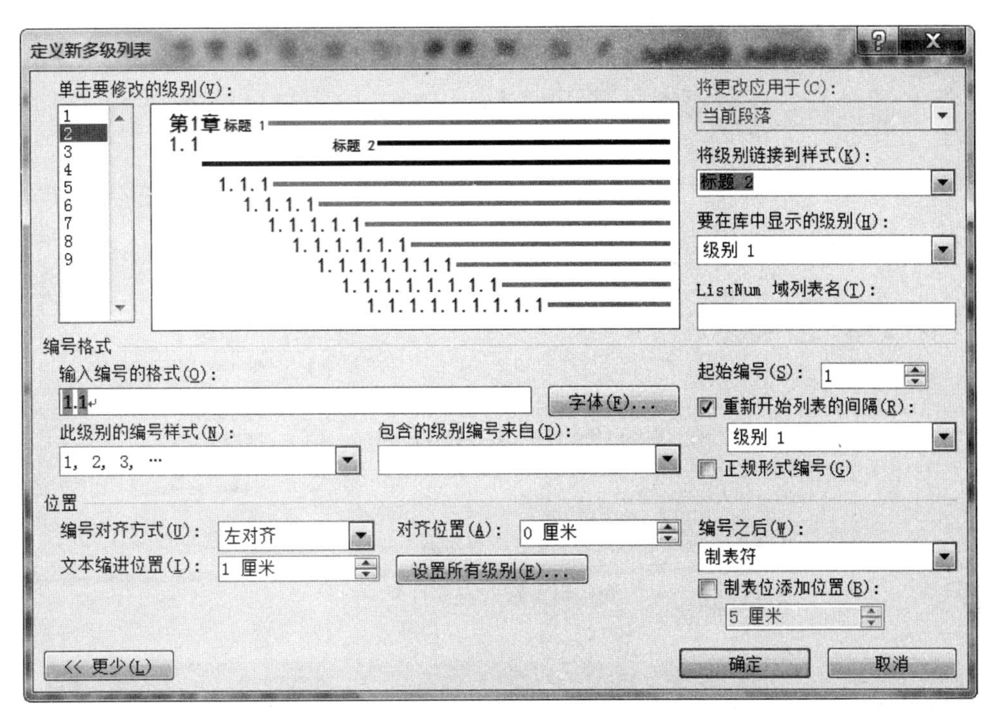

图 1.49 定义新多级列表标题 2 设置

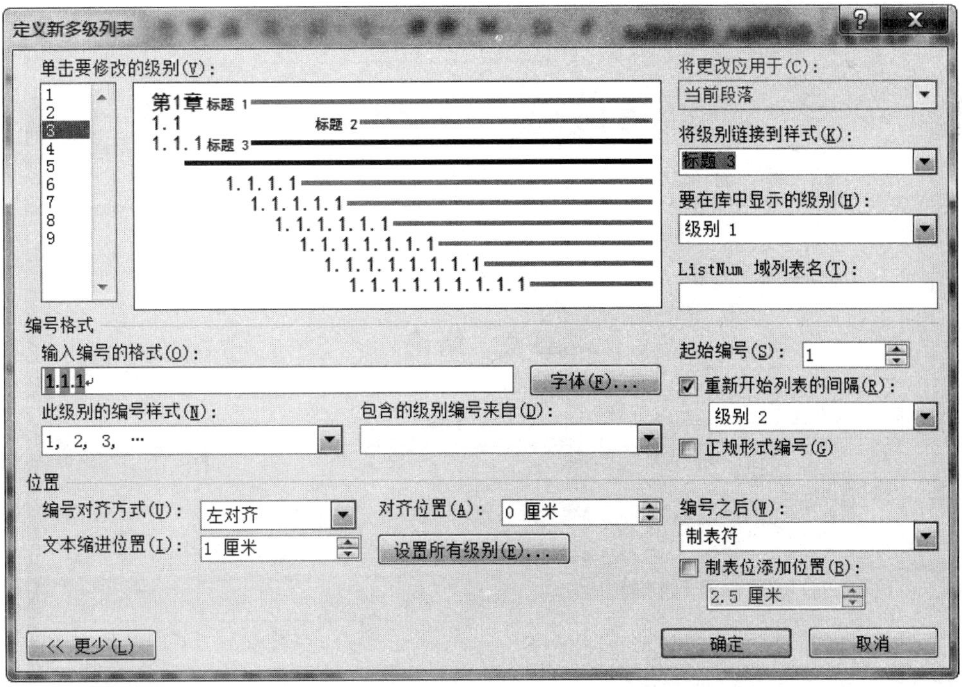

定义新多级列表
单击要修改的级别(V):
1
2
3
4
5
6
7
8
9
第1章 标题 1
1.1 标题 2
1.1.1 标题 3
1.1.1.1
1.1.1.1.1
1.1.1.1.1.1
1.1.1.1.1.1.1
1.1.1.1.1.1.1.1
1.1.1.1.1.1.1.1.1
将更改应用于(C):
当前段落
将级别链接到样式(K):
标题 3
要在库中显示的级别(H):
级别 1
ListNum 域列表名(T):
编号格式
输入编号的格式(O):
1.1.1
字体(F)...
此级别的编号样式(N):
1, 2, 3, …
包含的级别编号来自(D):
起始编号(S): 1
重新开始列表的间隔(R):
级别 2
正规形式编号(G)
位置
编号对齐方式(U): 左对齐
对齐位置(A): 0 厘米
文本缩进位置(I): 1 厘米
设置所有级别(E)...
编号之后(W):
制表符
制表位添加位置(B):
2.5 厘米
<< 更少(L)
确定
取消

图 1.50 定义新多级列表标题 3 设置

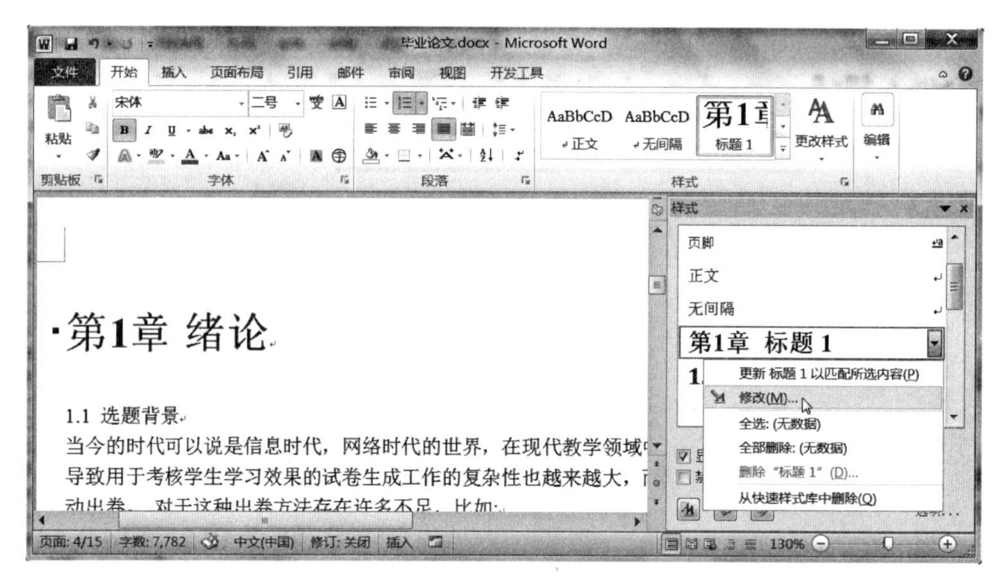

图 1.51　样式窗格打开

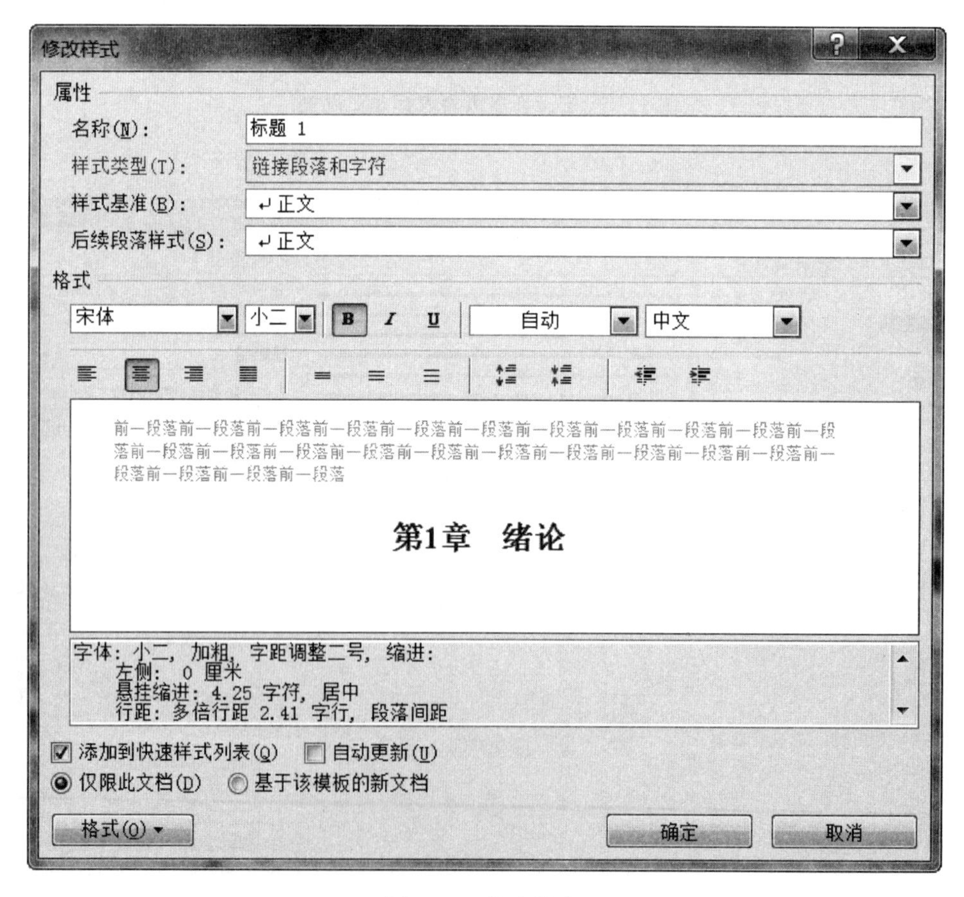

图 1.52　修改样式

(7) 光标定位于“1.1 选题背景”行，单击“样式”窗格“**1.1 标题 2**”，使该行应用标题 2 样式。修改“1.1 标题 2”样式，设置格式大小为“四号”，加粗，段落格式为左对齐。

(8) 光标定位于“2.3.1 公共语言运行库”行，单击“样式”窗格“**1.1.1 标题 3**”，使该行应用标题 3 样式。修改“1.1.1 标题 3”样式，设置格式大小为“五号”，加粗，段落格式为左对齐。

(9) 到此为止，标题 1～3 设置完毕，接下来分别使用格式刷复制格式，将所有的标题格式复制完成。具体方法为：将光标定位于“第 1 章 绪论”行，双击格式刷选中它，此时鼠标形状变成了一把刷子，表示可以开始复制格式。向下滚动窗口，将光标移动到“第二章”所在行左侧的空白区域(文本选定区)，单击，此时“第二章”所在行的格式与“第 1 章”所在行的格式相同，即复制了格式。再单击格式刷可以取消格式复制状态。

(10) 复制格式完成后，打开“导航”窗格，如图 1.53 所示。可以发现自动编号和非自动编号完全重复了，这里要删除多余的非自动编号(单击编号，如果没有灰色底纹即为非自动编号)。这里推荐便捷定位删除方法：单击导航窗格其中一项比如 1.1 1.1 选题背景，然后光标会自动定位到文档非自动编号(第二个 1.1)前，按 Delete 键将其删除即可。将所有多余原编号删除。

(11) 摘要、Abstract、参考文献、致谢等的标题使用样式“标题 1”，并居中，删除章编号。

图 1.53 导航窗格

3. 图和表题注的生成

(1) 将光标定位在第一张图下面一行的文字前，选择“引用”选项卡，单击“题注”组中的“插入题注”选项，打开“题注”对话框，单击“新建标签”按钮，弹出“新建标签”对话框，在“标签”文本框中输入“图”，如图 1.54 所示。

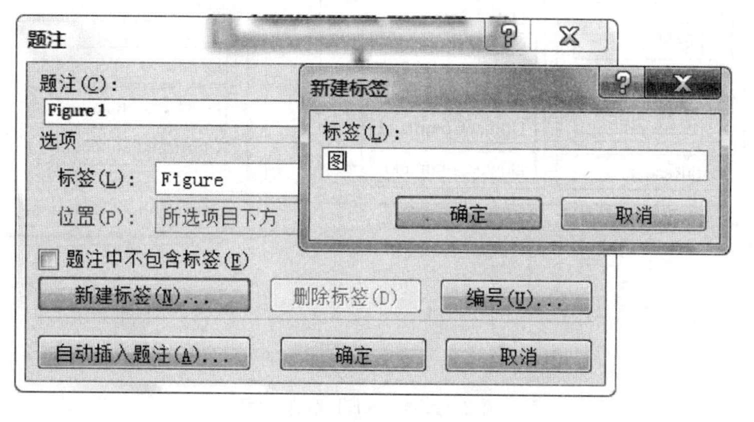

图 1.54 题注标签建立

(2) 单击“确定”按钮,返回“题注”对话框中,单击“编号”按钮,弹出“题注编号”对话框,选中“包含章节号”复选框,如图 1.55 所示,单击“确定”按钮返回。

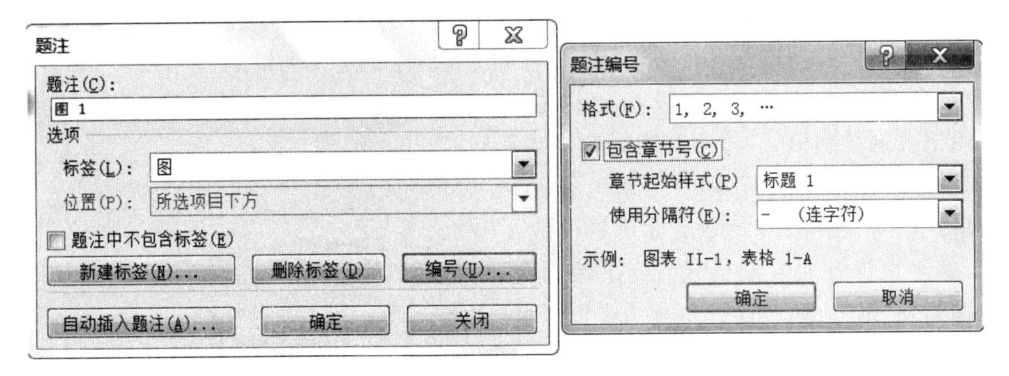

图 1.55　题注编号设置

(3) 返回“题注”对话框,“题注”文本框下方自动显示“图 2-1”,如图 1.56 所示,表示题注标签创建完毕。单击“确定”按钮,插入图题注,单击“居中”按钮将题注居中,将图也居中后,如图 1.57 所示。

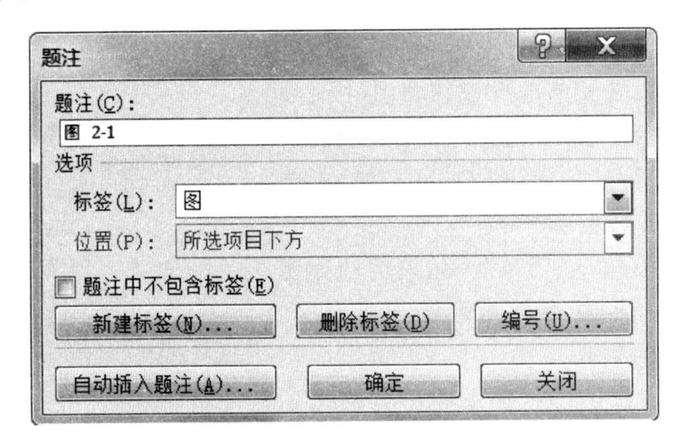

图 1.56　“题注”对话框

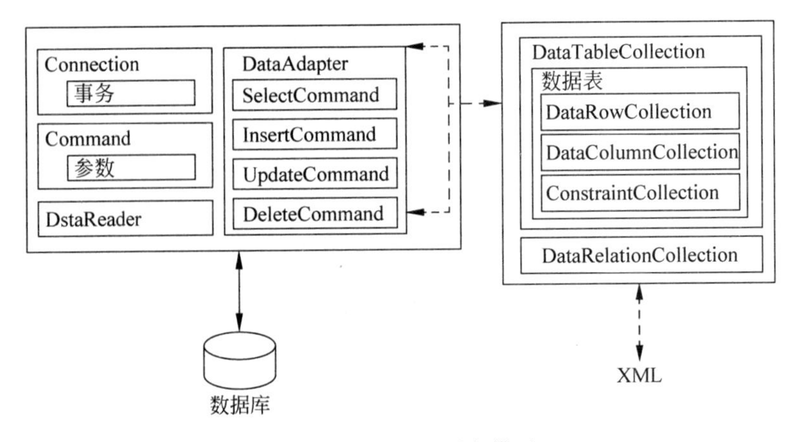

图 2-1ADO. NET 对象模型

图 1.57　题注设置后

(4) 将光标分别定位在其余图下面一行的文字前，选择“引用”选项卡，单击“题注”组中的“插入题注”选项，弹出“题注”对话框后，直接单击“确定”按钮即可完成之后图的题注的插入，然后再设置题注居中，图居中。

(5) 表题注操作类似，不同的地方在于：光标定位于表上方一行的文字前，新建“表”标签。不管图题注、表题注有没有操作完成，如果操作的计算机中没有“图”或“表”标签，就需要新建。如果没有“图”或“表”标签，会影响之后的交叉引用、图索引和表索引的创建。

4. 交叉引用

(1) 选中文档中某图上下文附近的“如下图所示”文字的“下图”两个字，选择“引用”选项卡，单击“题注”组中的“交叉引用”选项，弹出“交叉引用”对话框。“引用类型”选择“图”，“引用内容”选择“只有标签和编号”，“引用哪一个题注”选择要根据你选中的“下图”所对应的图来决定，如图 1.58 所示。单击“插入”按钮插入交叉引用。单击插入的引用观察一下，应该有底纹出现，例“如图 2-1 所示”。

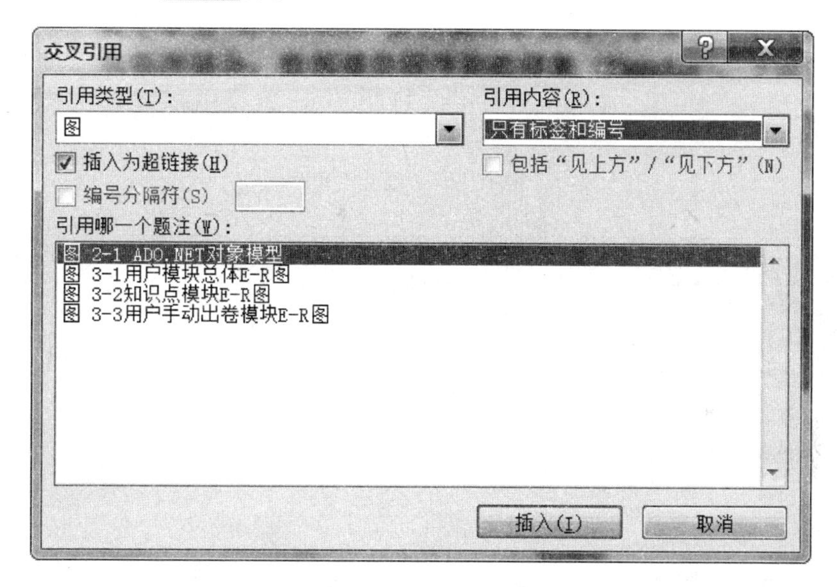

图 1.58　图交叉引用

(2) 不要关闭“交叉引用”对话框，单击文档其他任意位置使光标定位在文档中，滚动鼠标找到并选中之后的“如下图所示”文字的“下图”两个字，重新选择“引用哪一个题注”，再单击“插入”按钮。等全部交叉引用操作完成后，再关闭该对话框。

(3) 选中文档中“如下表所示”的“下表”两个字，在“交叉引用”对话框中，在“引用类型”下拉列表框中选择“表”选项，其他类似操作，插入表交叉引用，如图 1.59 所示。

5. 序号自动编号和新建样式

(1) 要对正文中出现的“1、2、3、……”或“(1)、(2)、……”等处，进行自动编号，编号格式不变。选中连续的几行有编号的段落，选择“开始”选项卡，单击“段落”组中的“编号”选项即可，如果单行的话，只要光标放在那一行，即可单击“编号”按钮。

(2) 光标放在正文中除标题行之外的任意位置(如“当今的时代可以说是信息时代”)，单击“样式”窗格左下角的“新建样式”按钮，新建一个样式；样式名为你的学号，样式要求：字体为“楷体”，字号为“五号”，段落格式为首行缩进 2 字符，1.3 倍行距，如图 1.60 所示。

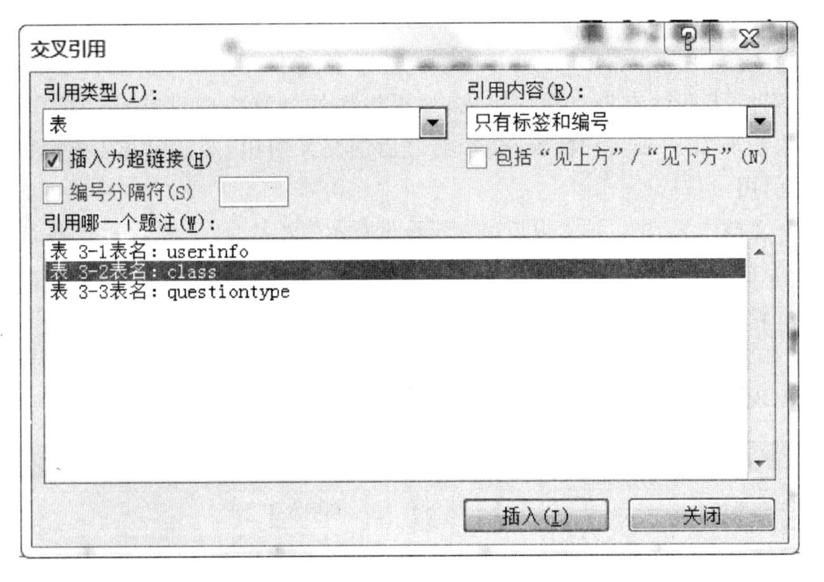

图 1.59　表交叉引用

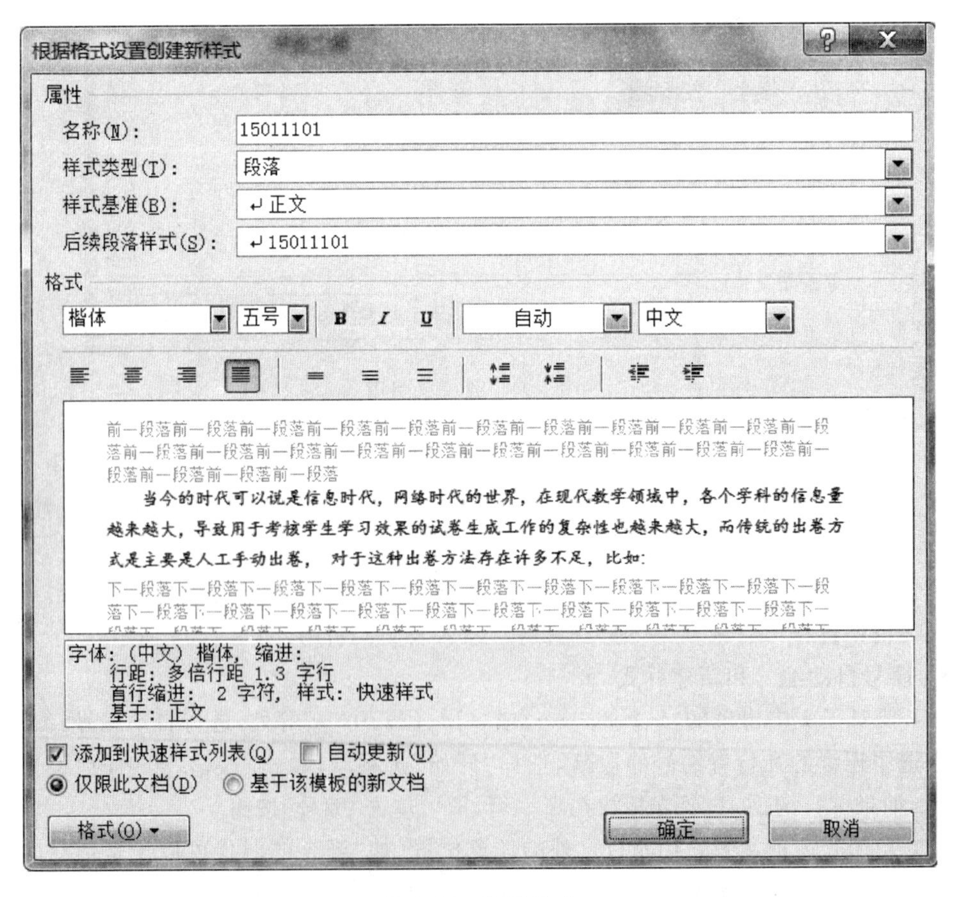

图 1.60　新建样式

(3) 使用格式刷，将新建的样式应用到正文中无编号的文字，不包括章名、小节名、表文字、题注、脚注等。

6. 目录、图索引和表索引的生成

(1) 光标单击正文“第 1 章”，选择“页面布局”选项卡，单击“页面设置”组中的“分隔符”→“下一页”选项，插入分节符，以同样操作再插入两次。正文前生成三张空白的页面。

(2) 光标定位于第一张空白的页面，在第一行输入“目录”，并将文字前自动生成的“第 1 章”字样删除。将光标定位于“目录”后，按回车键。选择“引用”选项卡，单击“目录”组中的“目录”→“插入目录”选项，弹出“目录”对话框。将“显示级别”设定为 3，如图 1.61 所示，单击“确定”按钮。

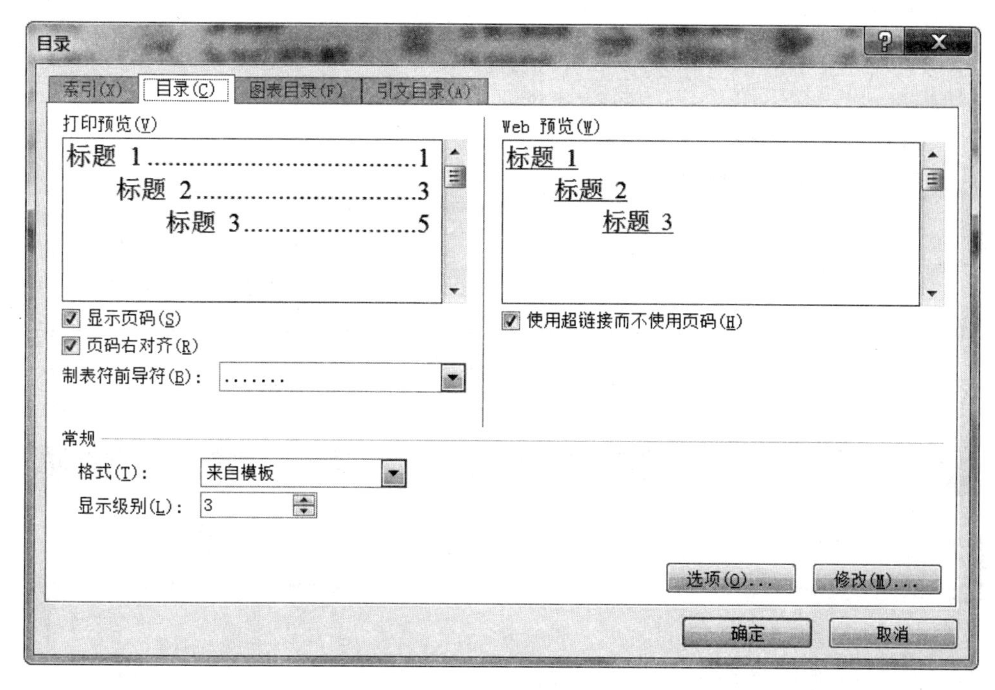

图 1.61 “目录”对话框

(3) 光标定位于第二张空白的页面，在第一行输入“图索引”，并将文字前自动生成的“第 1 章”字样删除。将光标定位于“图索引”后，按回车键。选择“引用”选项卡，单击“题注”组的“插入表目录”选项，弹出“图表目录”对话框。在“题注标签”下拉列表框中选择“图”选项，如图 1.62 所示，单击“确定”按钮。

(4) 光标定位于第三张空白的页面，在第一行输入“表索引”，并将文字前自动生成的“第 1 章”字样删除。将光标定位于“表索引”后，按回车键。选择“引用”选项卡，单击“题注”组的“插入表目录”选项，弹出“图表目录”对话框。在“题注标签”下拉列表框中选择“表”选项，单击“确定”按钮。

7. 页码的生成

(1) 将光标定位在“摘要”一节，选择“插入”选项卡，单击“页眉和页脚”组中的“页脚”→“编辑页脚”选项，进入页脚编辑状态，如图 1.63 所示。单击“页眉和页脚工具设计”选项卡的“导航”组中的“链接到前一条页眉”选项 ，使其处于未选中状态，此时页脚右下角的

“与上一节相同”文字会消失。这样本节页脚的操作就不会影响到上一节了。

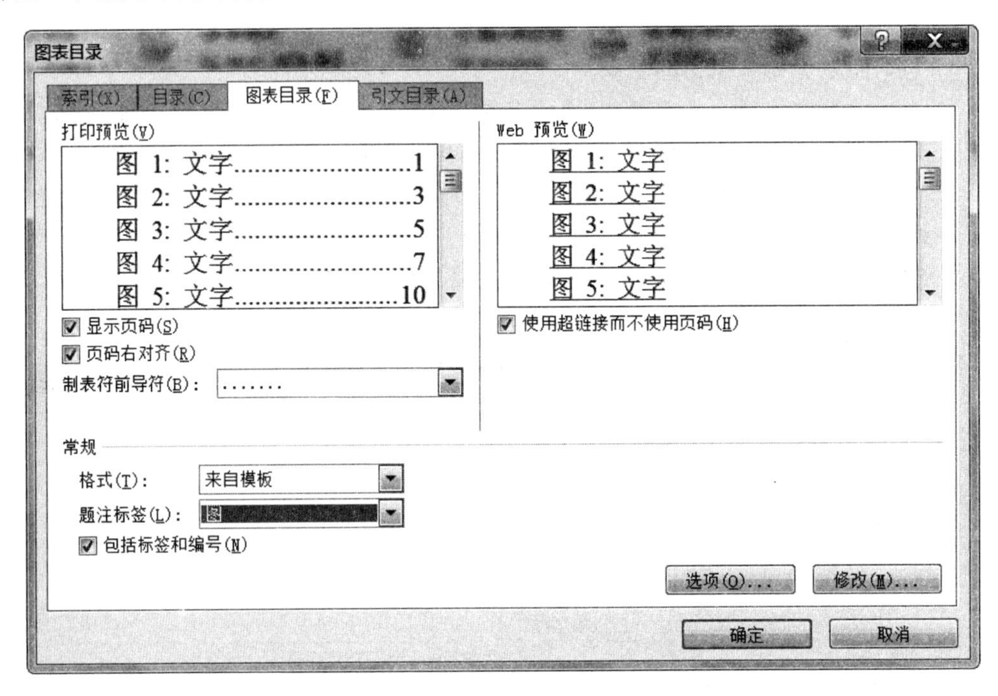

图 1.62　制作图索引目录

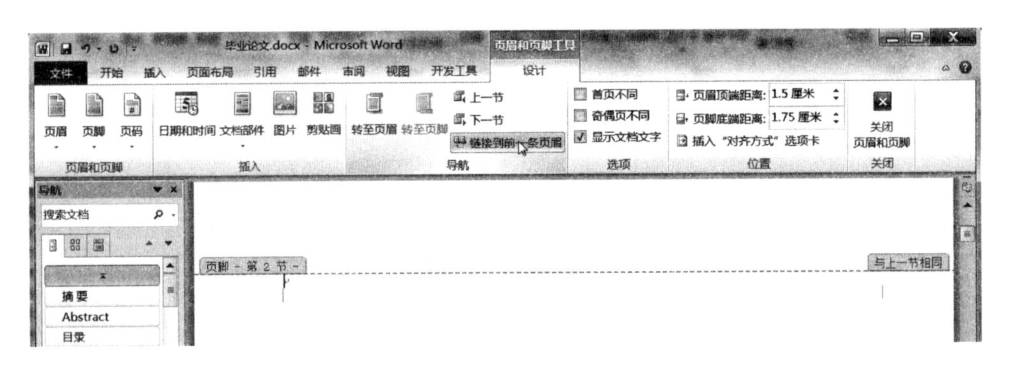

图 1.63　页脚编辑状态

(2) 光标居中后，选择“插入”选项卡，单击“文本”组的“文档部件”→“域”选项，弹出“域”对话框，“类别”选择“编号”，“域名”选择 Page，“域属性”选择“i，ii，iii，…”，如图 1.64 所示，单击“确定”按钮。

(3) 选中刚插入的页码“i”，右击它，在弹出的快捷菜单中选择“设置页码格式”命令，弹出“页码格式”对话框，“编号格式”选择“i，ii，iii，…”，“页码编号”选择“起始页码”为“i”，如图 1.65 所示，单击“确定”按钮。

(4) 光标定位到下一节，右击页脚“i”，在弹出的快捷菜单中选择“设置页码格式”命令，弹出“页码格式”对话框，“编号格式”选择“i，ii，iii，…”，“页码编号”选择“续前节”，单击“确定”按钮。下面几节的页脚(一直到正文前的表索引)都要如此进行设置。

(5) 设置完成后，更新目录，具体方法是：右击目录项，在弹出的快捷菜单中选择“更新域”命令，弹出“更新目录”对话框，选择“更新整个目录”选项，再单击“确定”按钮。此时目录前面部分如图 1.66 所示。

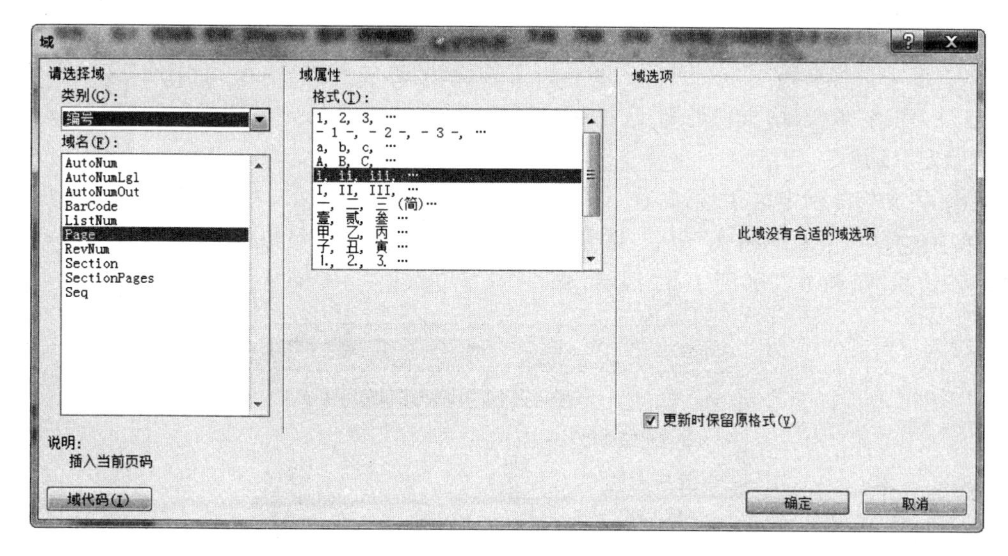

图 1.64　Page 域

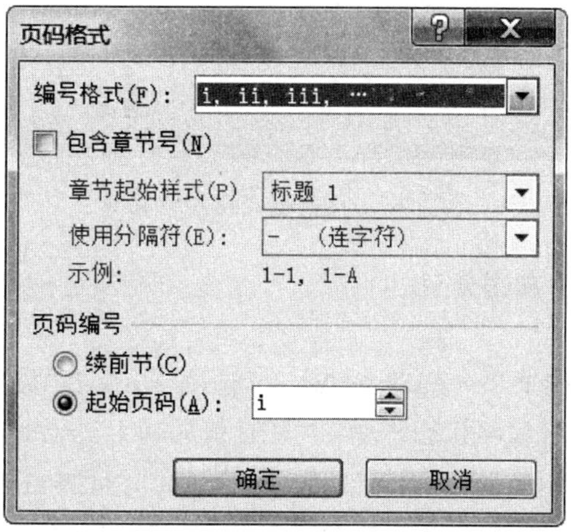

图 1.65　页码格式设置

目录

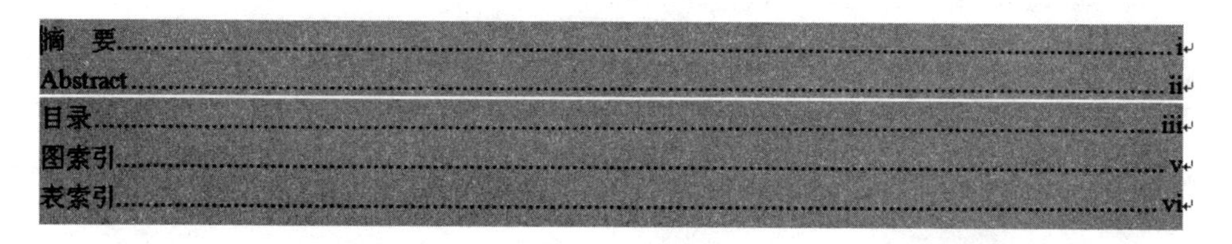

图 1.66　目录效果

(6) 将光标定位在“第1章”一节，双击页脚区域，进入页脚编辑状态。单击“页眉和页脚工具设计”选项卡的“导航”组中的“链接到前一条页眉”选项，使其处于未选中状态，此时页脚右下角的“与上一节相同”文字消失。

(7) 选中页脚页码“i”，单击“页眉和页脚工具设计”选项卡的“插入”组中的“文档部件”→“域”选项，弹出“域”对话框，“类别”选择“编号”，“域名”选择 Page，“域属性”选择“1,2,3,…”，单击“确定”按钮。

(8) 将光标分别定位在“第2章”、“第3章”……“致谢”每一节，右击页脚“i”，在弹出的快捷菜单中选择“设置页码格式”命令，弹出“页码格式”对话框，“编号格式”选择“1,2,3,…”，“页码编号”选择“续前节”，如图1.67所示，单击“确定”按钮。

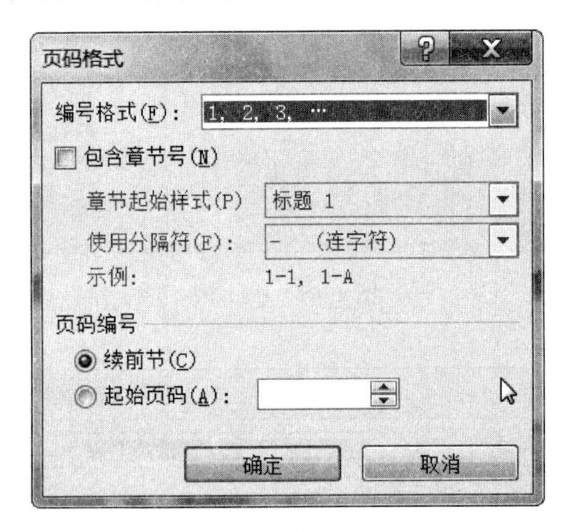

图1.67 页码格式设置续前节

(9) 更新目录，表索引和图索引。

8. 页眉的生成

(1) 将光标定位在“摘要”一节，选择“插入”选项卡，单击“页眉和页脚”组的“页眉”→“编辑页眉”选项，进入页眉编辑状态。单击“页眉和页脚工具设计”选项卡的“导航”组中的“链接到前一条页眉”选项，使其处于未选中状态，此时页脚右下角的“与上一节相同”文字已消失，选中“奇偶页不同”复选项；此时左上角会显示“奇数页页眉”，在页眉中输入“**大学本科毕业论文”，如图1.68所示。

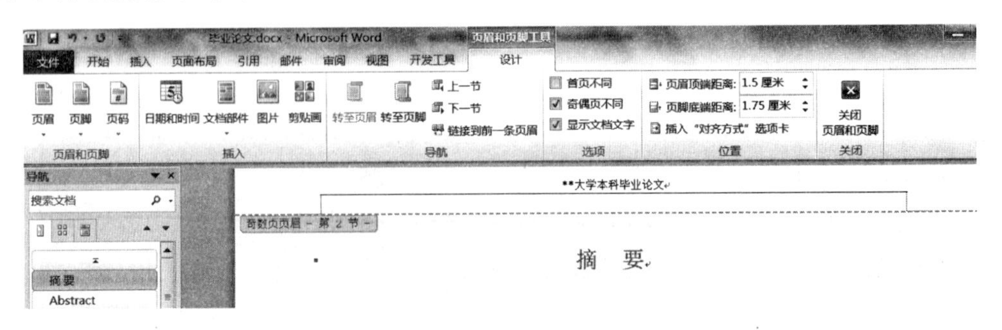

图1.68 奇数页页眉编辑

(2) 单击“页眉和页脚工具设计”选项卡的“导航”组中的“下一节”选项，左上角页眉显示变成“偶数页页眉”，单击“链接到前一条页眉”，使“与上一节相同”文字消失，在页眉处输入“ ** 大学本科毕业论文”。

(3) 将光标定位在“第 1 章”一节，双击页眉区域，进入页眉编辑状态。单击“链接到前一条页眉”，使“与上一节相同”文字消失。删除页眉原来文字，打开“域”对话框，“类别”选择“链接和引用”，“域名”选择 StyleRef，“域属性”选择“标题 1”，选中“插入段落编号”域选项，如图 1.69 所示，单击“确定”按钮，插入章编号。

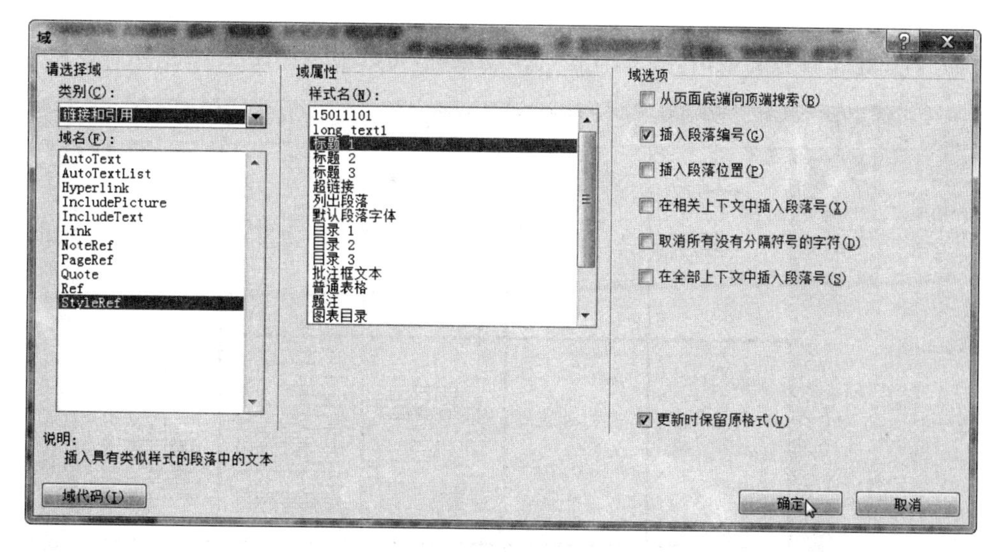

图 1.69　StyleRef 域

(4) 输入一个空格后，打开“域”对话框，“类别”选择“链接和引用”，“域名”选择 StyleRef，“域属性”选择“标题 1”，取消选中“插入段落编号”域选项，单击“确定”按钮，插入章名。选中插入的页眉，可以看到灰色底纹，因为插入的是域，如图 1.70 所示。

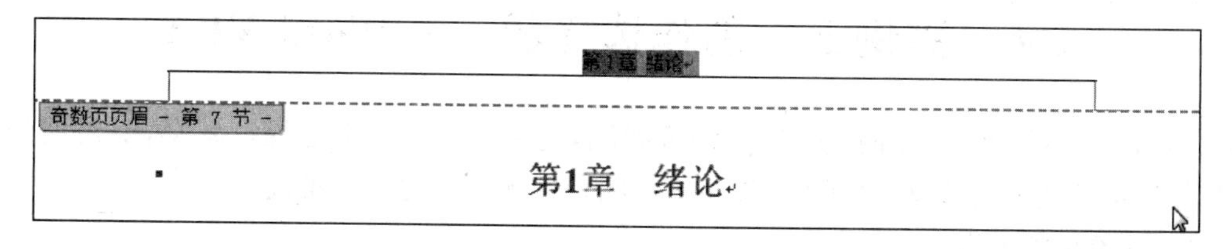

图 1.70　插入标题 1 页眉

(5) 单击“页眉和页脚工具设计”选项卡的“导航”组中的“下一节”选项，左上角页眉显示变成“偶数页页眉”，单击“链接到前一条页眉”，使“与上一节相同”文字消失。用类似插入章编号和章名方法插入节编号和节名，不同的地方就是原来“域属性”选择“标题 1”，这次要选择“标题 2”，其他均一样。完成后如图 1.71 所示。

(6) 修改参考文献和致谢两节的页眉，使得页眉就显示标题文字。

(7) 因为设置了“奇偶页不同”，所以页脚中也要做相应处理：光标移到第“i”页页脚，将页脚复制到下一页；光标移到第“1”页页脚，复制页脚，光标移到下一页，取消“与上一节文字相同”文字后，将页脚粘贴过来。

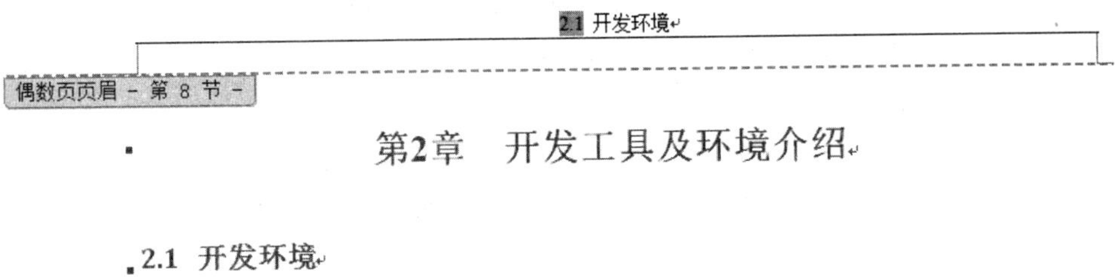

2.1 开发环境

偶数页页眉 - 第 8 节 -

第2章 开发工具及环境介绍

2.1 开发环境

图 1.71 插入标题 2 页眉

(8) 毕业论文排版完成后,按 Ctrl 键加滚动鼠标,可以显示如图 1.72 所示。

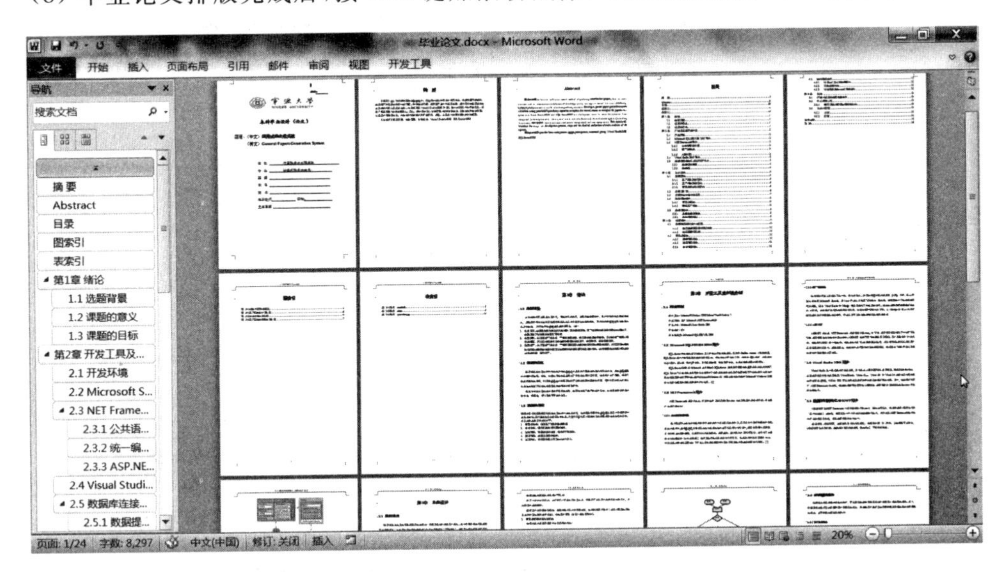

图 1.72 毕业设计论文排版效果图

1.6 案例五 制作选择题——Word VBA

要求使用 Word VBA 制作考题中的选择题,包括单选题和多选题。其中,要使用到窗体控件选项按钮和复选框,并进行 VBA 代码编程实现选择题自动批改。

1. 设置准备工作

(1) 打开 Word 素材文件"用 Word 制作选择题.docx",选择"文件"→"选项"菜单命令,弹出"Word 选项"对话框,选左边选项"信任中心",再单击"信任中心设置"按钮,弹出"信任中心"对话框,选左边选项"宏设置",再选中"启用所有宏(不推荐;可能会运行有潜在危险的代码)"单选按钮,并选中"信任对 VBA 工程对象模型的访问"复选框,如图 1.73 所示。

(2) 选择"文件"→"选项"命令,弹出"Word 选项"对话框,选左边选项"自定义功能区",在右上角的"自定义功能区"下拉列表框中选择"主选项卡"选项,选中"开发工具"选项。假设没有该项,要从左边列表框中添加,如图 1.74 所示。单击"确定"按钮后,Word 应用程序主菜单会增加"开发工具"选项。

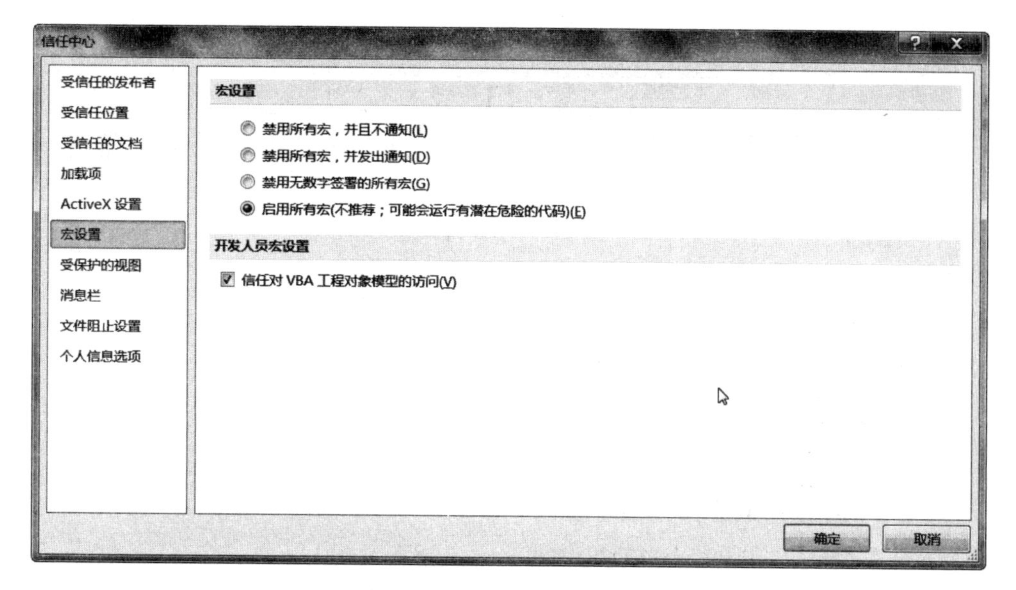

图 1.73 “宏设置”窗口

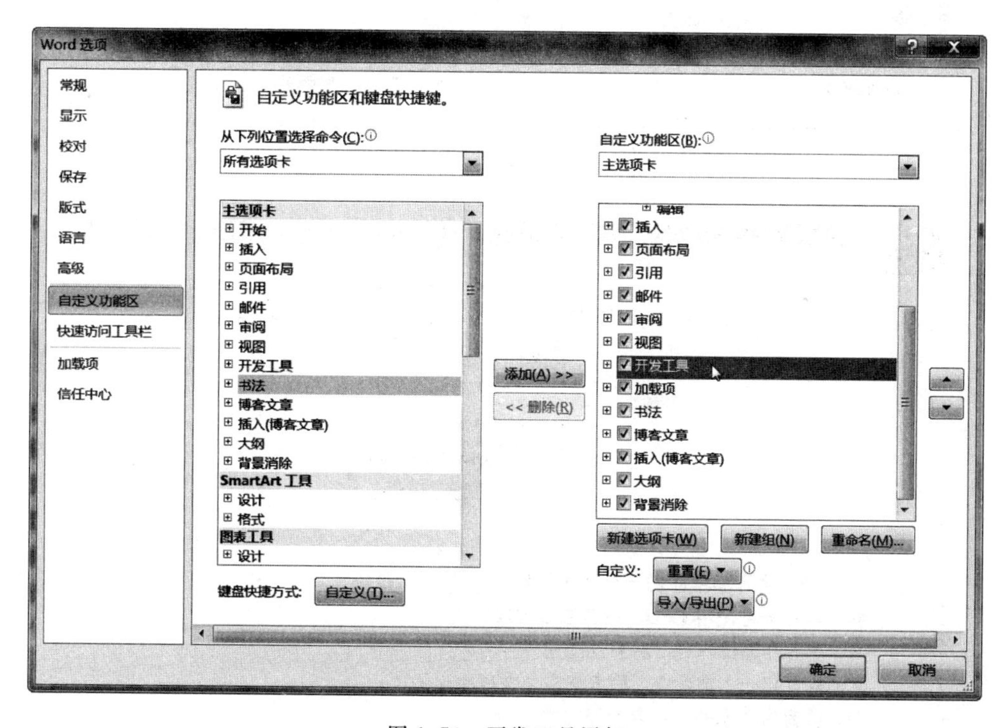

图 1.74 开发工具添加

(3) 选择“文件”→“另存为”菜单命令，弹出“另存为”对话框，保存类型选择“启用宏的Word 文档(＊.docm)”，文件名输入“用 Word 制作选择题”，如图 1.75 所示。

2. 单选题前插入选项按钮

(1) 将光标定位在第 1 题“A.”前，选择“开发工具”→“旧式工具”选项，弹出“旧式窗体”列表框，单击“选项按钮”控件，如图 1.76 所示。此时在“A.”前插入了 OptionButton1 选项按钮。

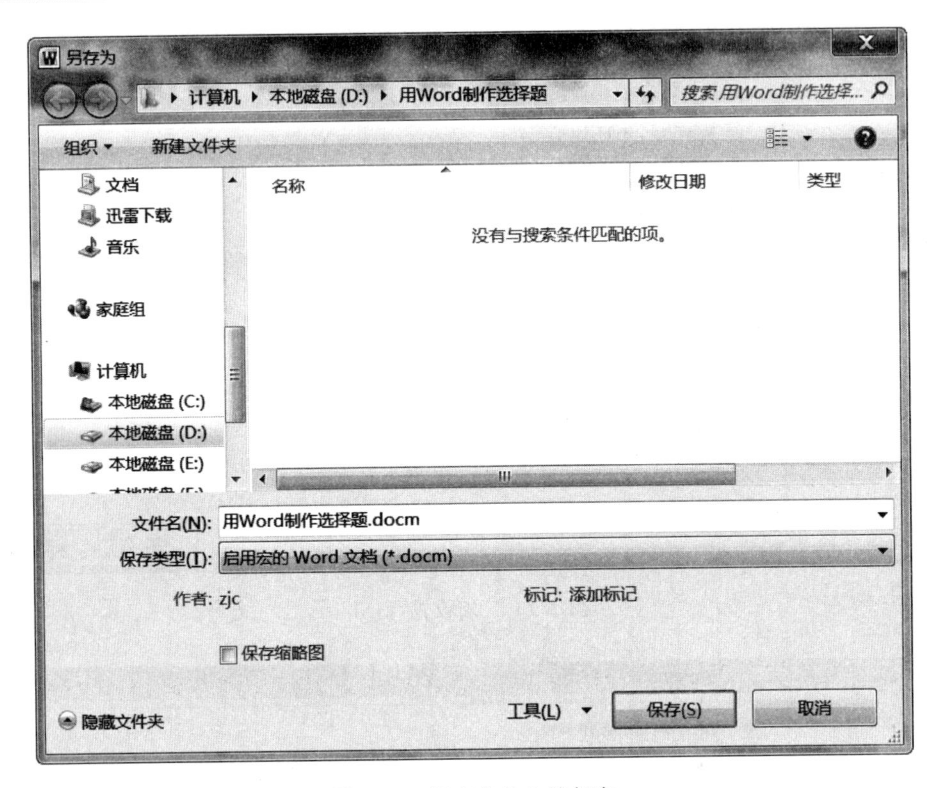

图 1.75　带有宏的文档保存

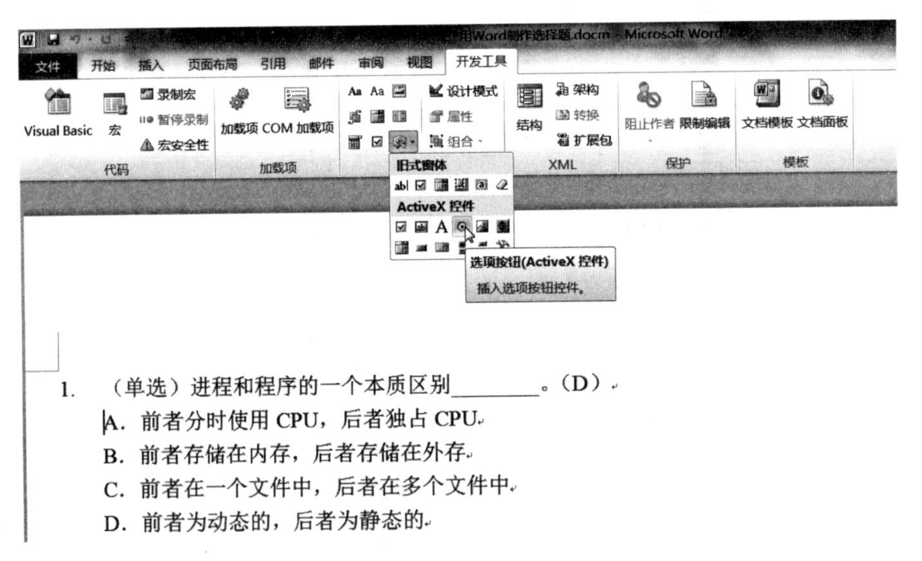

图 1.76　插入选项按钮

(2) 剪切 A 选项所有内容“A. 前者分时使用 CPU，后者独占 CPU”，右击 OptionButton1 选项按钮，在弹出的快捷菜单中选择“属性”命令，弹出“属性”窗口。单击(名称)右边的文本框，输入 Op11。单击 GroupName 右边的文本框，输入 d1。单击 Caption 属性右边的文本框，按 Ctrl＋v 粘贴刚才剪切的内容。双击 AutoSize、WordWrap 属性，使其属性分别为 True、False。此时“设计模式”自动处于选中状态，如图 1.77 所示。

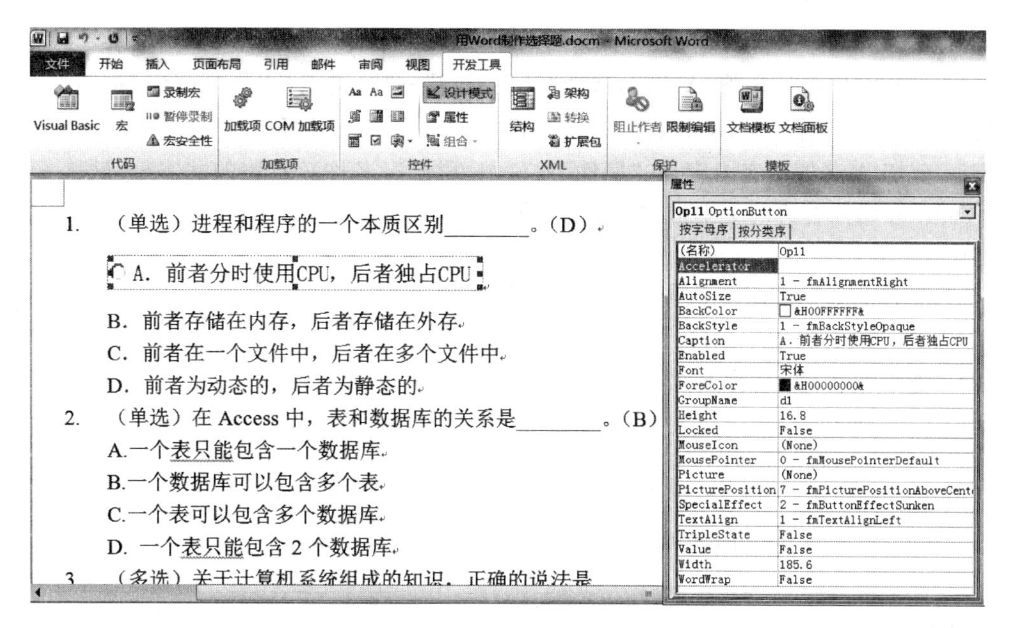

图 1.77　选项按钮属性设置

(3) 复制 Op11 选项按钮到 B 选项前，剪切 B 选项所有内容，右击新复制的选项按钮，通过快捷菜单中的“属性”命令打开“属性”窗口。单击(名称)右边的文本框，输入 Op12。单击 Caption 属性右边的文本框，按 Ctrl+v 键粘贴刚才剪切的内容。以同样的操作复制其他选项，并修改其 Caption 属性，名称分别命名为 Op13、Op14。

(4) 复制第 1 题中的完成的 4 个选项到第 2 题中，名称命名为 Op21、Op22、Op23、Op24，Caption 属性改为各个选项。修改该题所有选项的 GroupName 属性为 d2。

(5) 选中第 1 题中原来答案区域，插入旧式窗体中的标签 **A** 控件 Label1，将其 ForeColor 属性设置成红色；复制到第 2 题，名称改为 Label2，其他不变，如图 1.78 所示。

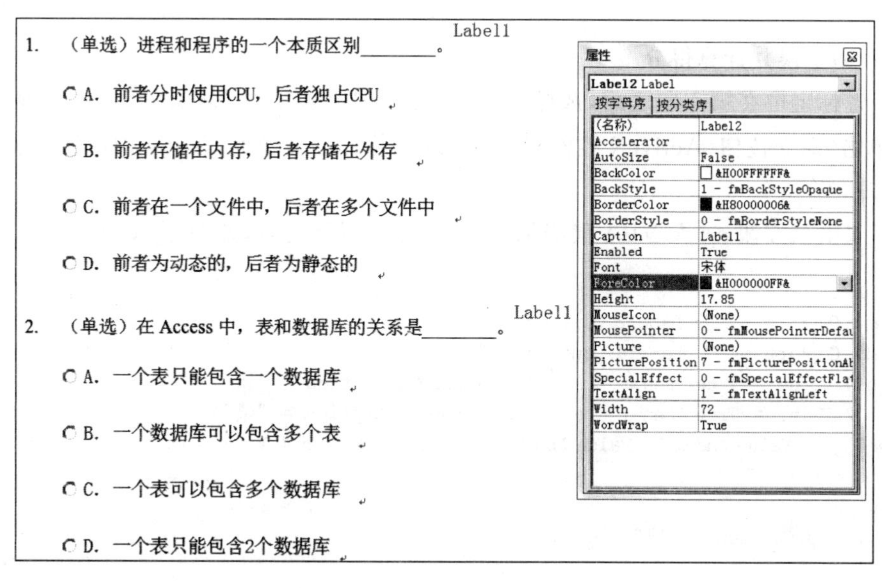

图 1.78　完成单选选择题设计

3. 多选题前插入复选框

(1) 光标定位在第 3 题“A.”前，选择“开发工具”→“旧式工具”菜单命令，弹出“旧式窗体”，单击“复选框(ActiveX 控件)”控件。此时在“A.”前插入了 CheckBox1 选项按钮。

(2) 剪切 A 选项所有内容，在“属性”窗口中，单击“(名称)”右边的文本框，输入 Ch31。单击 Caption 属性右边的文本框，按 Ctrl+V 组合键粘贴刚才剪切的内容。双击 AutoSize、WordWrap 属性，使其属性分别为 True、False。

(3) 同样地，参照选项按钮步骤，插入其他复选框，分别命名为 Ch31、Ch32、Ch33、Ch34、Ch41、Ch42、Ch43、Ch44。将各选项内容也修改好。复制第 2 题答案区域 Label2 标签到第 3 题和第 4 题，名称改名为 Label3、Label4。将所有标签的 Caption 属性都设置为空，如图 1.79 所示。

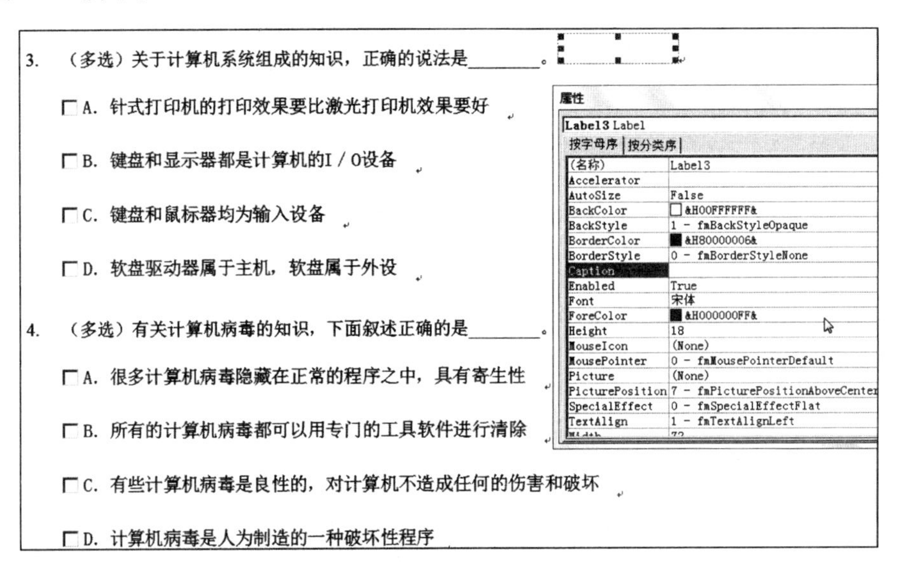

图 1.79　完成多选选择题设计

4. 判断正误并计算得分

(1) 光标定位在第 4 题之后，选择“开发工具”→“旧式工具”菜单命令，弹出“旧式窗体”，单击“命令按钮(ActiveX 控件)”控件。将命令按钮的 Caption 属性改为“判断正误并计算得分”。

(2) 双击该按钮，进入 VBA 代码编写窗口，输入以下代码，如图 1.80 所示。

```
d = 0: s = 0
Label1.Caption = "": Label2.Caption = ""
Label3.Caption = "": Label4.Caption = ""
If Op14.Value = True Then d = d + 1 Else Label1.Caption = "错"
If Op22.Value = True Then d = d + 1 Else Label2.Caption = "错"
If Not Ch31.Value And Ch32.Value And Ch33.Value And Not Ch34.Value Then
    s = s + 1
Else
    Label3.Caption = "错"
End If
If Ch41.Value And Not Ch42.Value And Not Ch43.Value And Ch44.Value Then
```

```
        s = s + 1
    Else
        Label4.Caption = "错"
    End If
    MsgBox("你的得分是: " & d * 20 + s * 30)
```

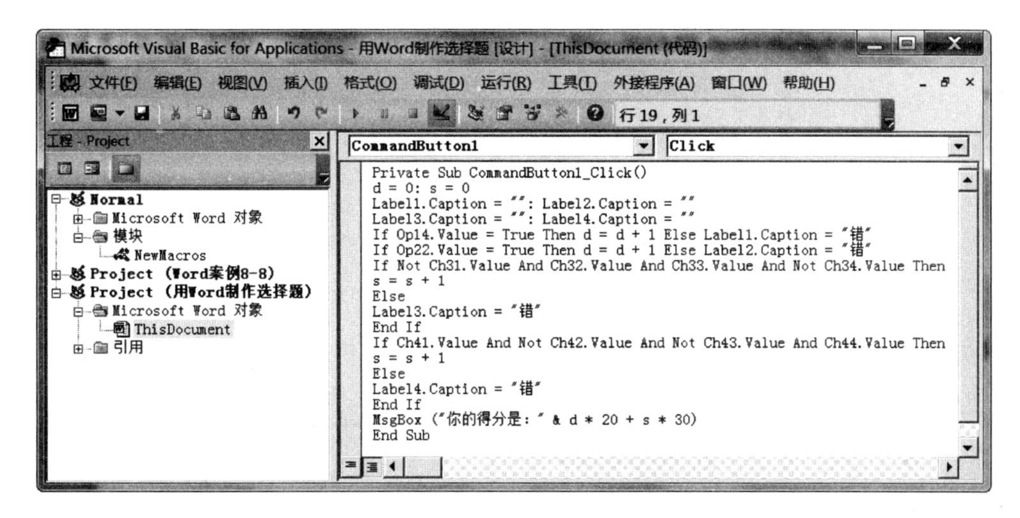

图 1.80　判断正误代码输入

(3) 选择“开发工具”→“设计模式”菜单命令,取消其选中状态。选择“开发工具”选项卡,单击“保护”组中的“限制编辑”选项,出现“限制格式和编辑”任务窗格,选中“仅允许在文档中进行此类型的编辑”复选框,在下拉列表框中选择“不允许任何更改(只读)”选项,如图 1.81 所示。

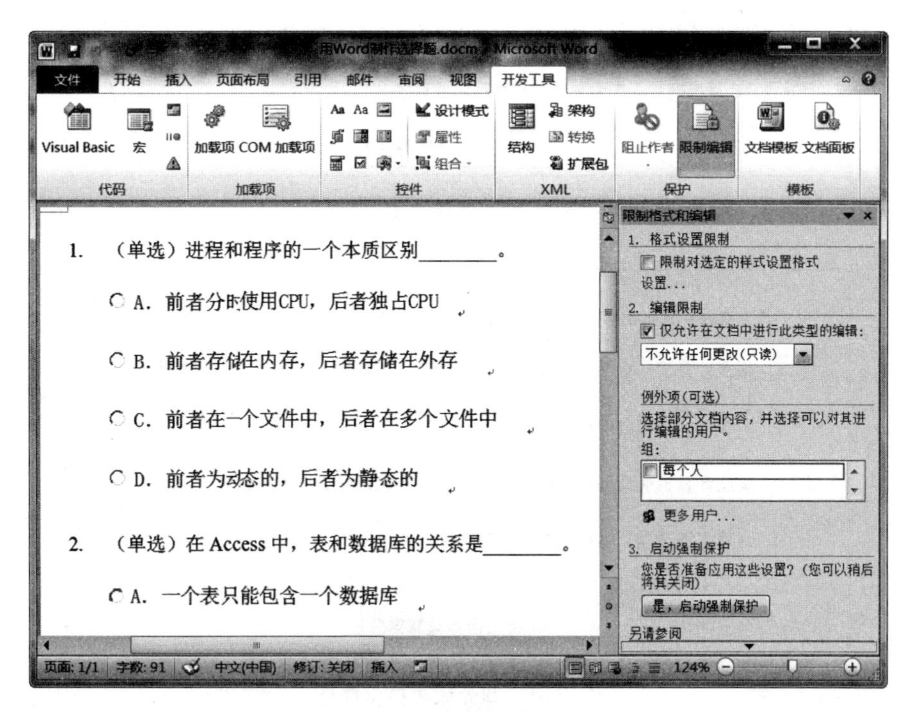

图 1.81　限制编辑设置

(4) 单击"是,启动强制保护"按钮,弹出"启动强制保护"对话框,设置密码为123,如图1.82所示。保存文档,并另存文档为"用Word制作选择题(保护)"。

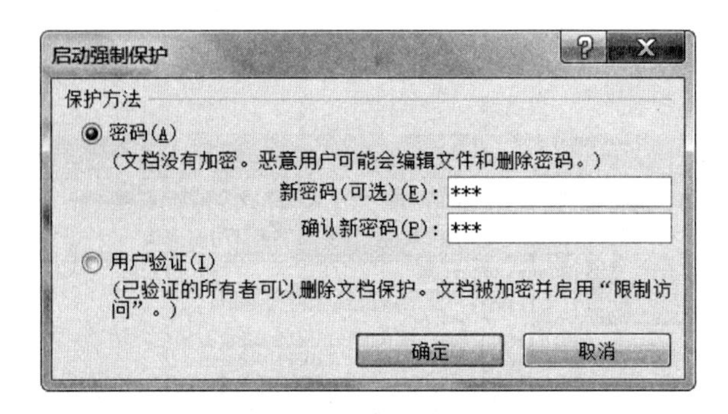

图1.82　密码保护

(5) 开始做题调试,选择选项按钮和复选框,再单击按钮可得最后分数。如图1.83所示为全部做对了,如图1.84所示为有部分错误,在题目右上角会有"错"字提示。

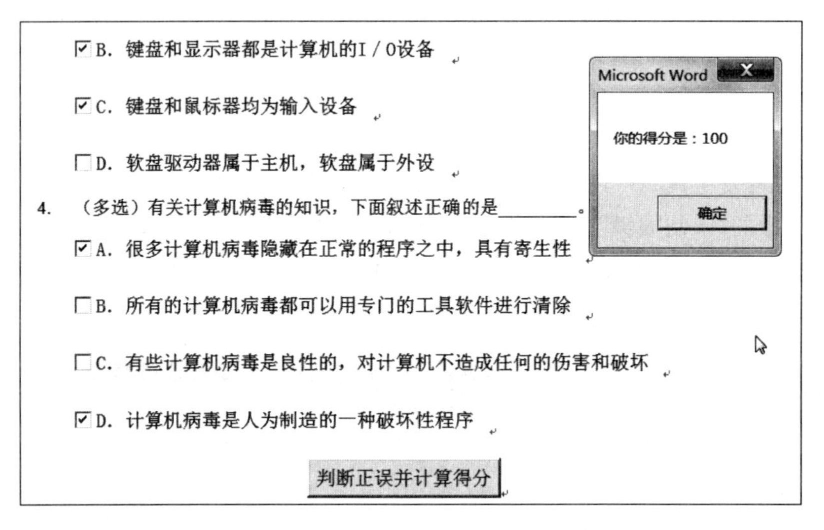

图1.83　全部做对提示信息

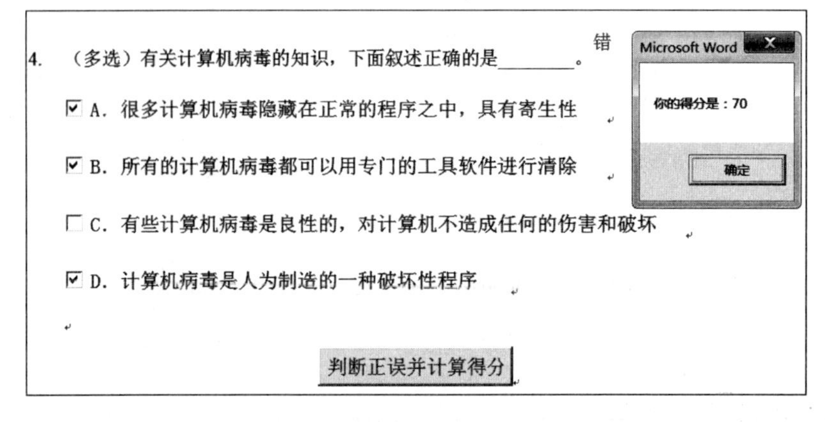

图1.84　部分做对提示信息

(6) 测试后关闭文档不要保存。如果要修改文档,可取消保护后再修改。

习 题 一

一、判断题

1. 在 Word 2010 中如需对某个样式进行修改,可单击“插入”选项卡中的“更改样式”按钮。

2. 图片被裁剪后,被裁剪的部分仍作为图片文件的一部分被保存在文档中。

3. 在文档的任何位置都可以通过运用 TC 域标记为目录项后建立目录。

4. 在 Office 的所有组件中,用来编辑宏代码的开发工具选项卡并不在功能区,需特别设置。

5. 如果删除了某个分节符,其前面的文字将合并到后面的节中,并且采用后者的格式设置。

6. 位于每节或者文档结尾,用于对文档某些特定字符、专有名词或术语进行注解的注释,就是脚注。

7. 可以通过插入域代码的方法在文档中插入页码。

8. 插入一个分栏符能够将页面分为两栏。

9. 分节符、分页符等编辑标记只能在草稿视图中查看。

10. 在“根据格式设置创建新样式”对话框可以新建表格样式,但表格样式在“样式”任务窗格中不显示。

11. 拒绝修订的功能等同撤销操作。

12. 在保存 Office 文件中,可以设置打开或修改文件的密码。

13. 在审阅时,对于文档中的所有修订标记只能全部接受或全部拒绝。

14. 打印时,在 Word 2010 中插入的批注将与文档内容一起被打印出来,无法隐藏。

15. 可以用 VBA 编写宏代码。

16. dotx 格式为启用宏的模板格式,而 dotm 格式无法启用宏。

17. 域就像一段程序代码,文档中显示的内容是域代码运行的结果。

18. Word 中不但提供了对文档的编辑保护,还可以设置对节分隔的区域内容进行编辑限制和保护。

二、选择题

1. 关于大纲级别和内置样式的对应关系,以下说法正确的是________。
   A. 如果文字套用内置样式“正文”,则一定在大纲视图中显示为“正文文本”
   B. 如果文字在大纲视图中显示为“正文文本”,则一定对应样式为“正文”
   C. 如果文字的大纲级别为 1 级,则被套用样式“标题 1”
   D. 以上说法都不正确

2. Word 2010 插入题注时如需加入章节号,如“图 1-1”,无须进行的操作是________。
   A. 将章节起始位置套用内置标题样式　　B. 将章节起始位置应用多级符号
   C. 将章节起始位置应用自动编号　　D. 自定义题注样式为“图”

3. 在同一个页面中，如果希望页面上半部分为一栏，后半部分分为两栏，应插入的分隔符号为________。

A. 分页符　　B. 分栏符
C. 分节符(连续)　　D. 分节符(奇数页)

4. Word 中的手动换行符即软回车是通过________产生的。

A. 插入分页符　　B. 插入分节符
C. 键入 Enter　　D. 按 Shift+Enter

5. Word 2010 可自动生成参考文献书目列表，在添加参考文献的“源”主列表时，“源”不可能直接来自于________。

A. 网络中各知名网站　　B. 网上邻居的用户共享
C. 计算机中的其他文档　　D. 自己录入

6. 关于 Word 2010 的页码设置，以下表述错误的是________。

A. 页码可以被插入到页眉页脚区域
B. 页码可以被插入到左右页边距
C. 如果希望首页和其他页页码不同必须设置“首页不同”
D. 可以自定义页码并添加到构建基块管理器中的页码库中

7. 如果 Word 文档中有一段文字不允许别人修改，可以通过________。

A. 格式设置限制　　B. 编辑限制
C. 设置文件修改密码　　D. 以上都是

8. 以上________是可被包含在文档模板中的元素。

(1) 样式　(2) 快捷键　(3) 页面设置信息　(4) 宏方案项　(5) 工具栏

A. (1)、(2)、(4)、(5)　　B. (1)、(2)、(3)、(4)
C. (1)、(3)、(4)、(5)　　D. (1)、(2)、(3)、(4)、(5)

9. 关于样式、样式库和样式集，以下表述正确的是________。

A. 快速样式库中显示的是用户最为常用的样式
B. 用户无法自行添加样式到快速样式库
C. 多个样式库组成了样式集
D. 样式集中的样式存储在模板中

10. 通过设置内置标题样式，以下哪个功能无法实现？________

A. 自动生成题注编号　　B. 自动生成脚注编号
C. 自动显示文档结构　　D. 自动生成目录

11. Word 文档的编辑限制包括________。

A. 格式设置限制　　B. 编辑限制
C. 权限保护　　D. 以上都是

12. 关于导航窗格，以下表述错误的是________。

A. 能够浏览文档中的标题
B. 能够浏览文档中的各个页面
C. 能够浏览文档中的关键文字和词

D. 能够浏览文档中的脚注、尾注、题注等

13. 防止文件丢失的方法是：________。

A. 自动备份　　B. 自动保存　　C. 另存一份　　D. 以上都是

14. 在 Word 中建立索引，是通过标记索引项，在被索引内容旁插入域代码的索引项，随后再根据索引项所在的页码生成索引。与索引类似，以下哪种目录不是通过标记索引项所在位置生成目录？________

A. 目录　　B. 书目　　C. 图表目录　　D. 引文目录

15. 若文档被分为多个节，并在“页面设置”的版式选项卡中将页眉和页脚设置为奇偶页不同，则以下关于页眉和页脚说法正确的是________。

A. 文档中所有奇偶页的页眉必然都不相同

B. 文档中所有奇偶页的页眉可以不相同

C. 每个节中奇数页页眉和偶数页页眉必然不相同

D. 每个节的奇数页页眉和偶数页眉可以不相同

16. 如果要将某个新建样式应用到文档中，以下哪种方法无法完成样式的应用？________

A. 使用快速样式库或样式任务窗格直接应用

B. 使用查找与替换功能替换样式

C. 使用格式刷复制样式

D. 使用 Ctrl＋W 快捷键重复应用样式

第2章　Excel 2010 高级应用

2.1　Excel 2010 相关知识

2.1.1　数组公式

数组是单元的集合或是一组需要处理的值的集合。可以写一个数组公式，即输入一个单个的公式，它执行多个输入操作并产生多个结果，每个结果显示在一个单元格区域中。可将数组公式看成是有多重数值的公式，它与单值公式的不同之处在于它可以产生一个以上的结果。一个数组公式可以占用一个或多个单元区域，数组元素的个数最多为6500个。

【例 2.1】 已知有 Sheet1 表，第一行为标题行，共 39 行。使用数组公式，按语文（C列）、数学（D 列）、英语（E 列）计算总分和平均分，将其计算结果保存到表中的“总分”列和“平均分”列当中。

步骤：

（1）拖动鼠标选中“总分”全列（F2 到 F39）后，光标定位在编辑栏，输入“＝”。

（2）拖动鼠标选中“语文”全列（C2 到 C39），输入“＋”；拖动鼠标选中“数学”全列（D2到 D39），输入“＋”；拖动鼠标选中“英语”全列（E2 到 E39）；此时编辑栏变成＝C2:C39＋D2:D39＋E2:E39。

（3）按 Ctrl＋Shift＋Enter 组合键，编辑栏变成{＝C2:C39＋D2:D39＋E2:E39}，“总分”列数据全部自动出来。

（4）同样做“平均分”列，编辑栏中显示{＝F2:F39/3}。

2.1.2　高级筛选

对于筛选条件比较复杂的情况，必须使用高级筛选功能来处理。使用高级筛选功能必须先建立一个条件区域，用来指定筛选条件。条件区域的第一行是所有作为筛选条件的字段名，这些字段名与数据列表中的字段名必须一致，条件区域的其他行则输入筛选条件。需要注意的是，条件区域与数据列表不能重叠，必须用空行或空列隔开。

条件区域的运算关系是：同一行的条件是“与”，同一列的条件是“或”。

【例 2.2】 已知有“成绩”表，要求筛选“数学”大于等于 85 分，或者“平均分”大于 80 的男生。

步骤：

（1）在数据表旁建立条件区域：

性别	数学	平均分
	>=85	
男		>80

。标题字段在同一行，“＞＝85”在“数学”列

下，表示“数学”大于等于 85 分；“男”和“>80”在同一行表示要同时成立，和数学条件是“或者”，表示只要成立一个条件即可。

（2）光标放在数据区域，选择“数据”→“高级”菜单命令，打开“高级筛选”对话框。列表区域就是数据区域，已经自动选择；选中“将筛选结果复制到其他位置”选项；针光标定位在“条件区域”，选中 I2：K4 区域；将光标定位在“复制到”编辑框中，单击选中 A12 单元格；单击“确定”按钮。设置内容和结果如图 2.1 所示。

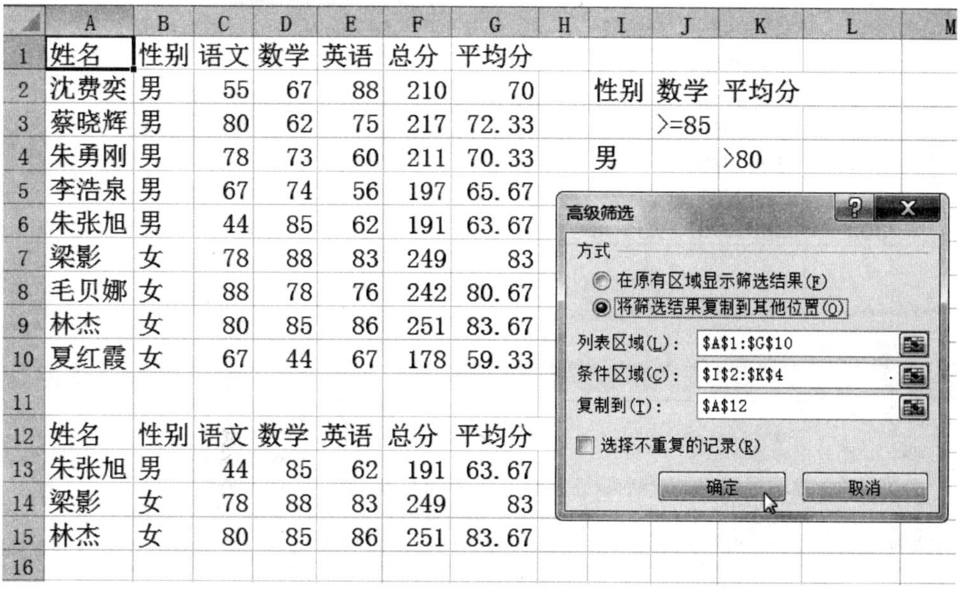

	A	B	C	D	E	F	G	H	I	J	K	L
1	姓名	性别	语文	数学	英语	总分	平均分					
2	沈费奕	男	55	67	88	210	70		性别	数学	平均分	
3	蔡晓辉	男	80	62	75	217	72.33			>=85		
4	朱勇刚	男	78	73	60	211	70.33		男		>80	
5	李浩泉	男	67	74	56	197	65.67					
6	朱张旭	男	44	85	62	191	63.67					
7	梁影	女	78	88	83	249	83					
8	毛贝娜	女	88	78	76	242	80.67					
9	林杰	女	80	85	86	251	83.67					
10	夏红霞	女	67	44	67	178	59.33					
11												
12	姓名	性别	语文	数学	英语	总分	平均分					
13	朱张旭	男	44	85	62	191	63.67					
14	梁影	女	78	88	83	249	83					
15	林杰	女	80	85	86	251	83.67					
16												

图 2.1 高级筛选举例

2.1.3 透视表与透视图

数据透视表是一种对大量数据快速汇总和建立交叉列表的交互式表格，不仅能够改变行和列以查看源数据的不同汇总结果，也可以显示不同页面以筛选数据，还可以根据需要显示区域中的明细数据。

数据透视图是将数据透视表结果赋以更加生动、形象的表示方式。因为数据透视图需利用数据透视表的结果，因此其操作是与透视表相关联的。

【例 2.3】 已知有“成绩表”表，要求制作数据透视表，使其能查询各个班级男女同学每门课程及总分的平均分。制作数据透视图，比较男女同学各门课程的平均分。

步骤：

（1）光标放在数据区域，选择“插入”→“数据透视表”菜单命令，打开“创建数据透视表”对话框，如图 2.2 所示，单击“确定”按钮。

（2）在出现的“数据透视表字段列表”窗格中，拖动“班级”到“报表筛选”列表框中；拖动“性别”到“行标签”列表框中；拖动“计算机基础”、“高等数学”、“大学英语”和“总分”到“数值”列表框中。单击“数值”列表框中的“大学英语”下拉列表框，选择“值字段设置”选项，在弹出的“值字段设置”对话框中，如图 2.3 所示。选择“值字段汇总方式”为“平均值”，其他成绩也类似设置好。

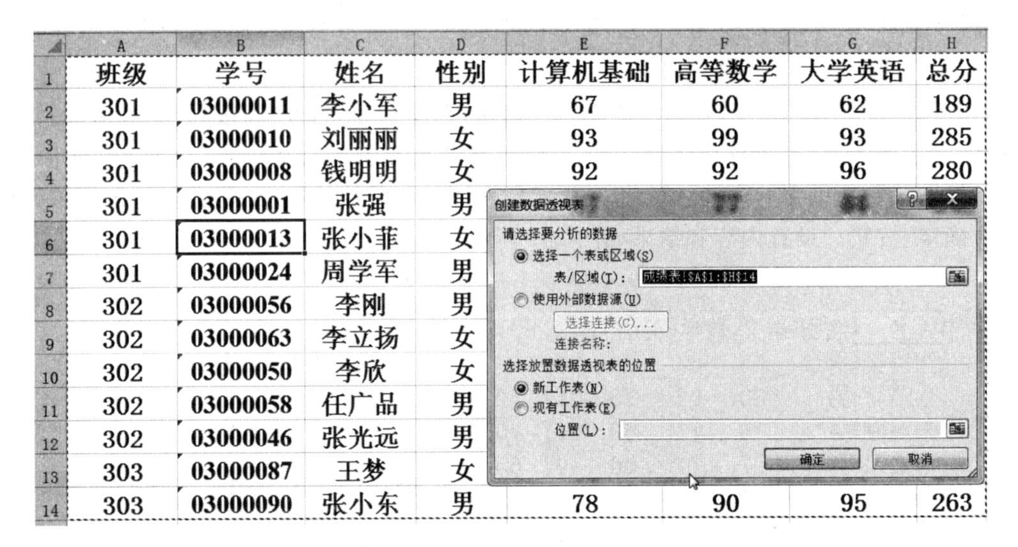

图 2.2　数据透视表原表

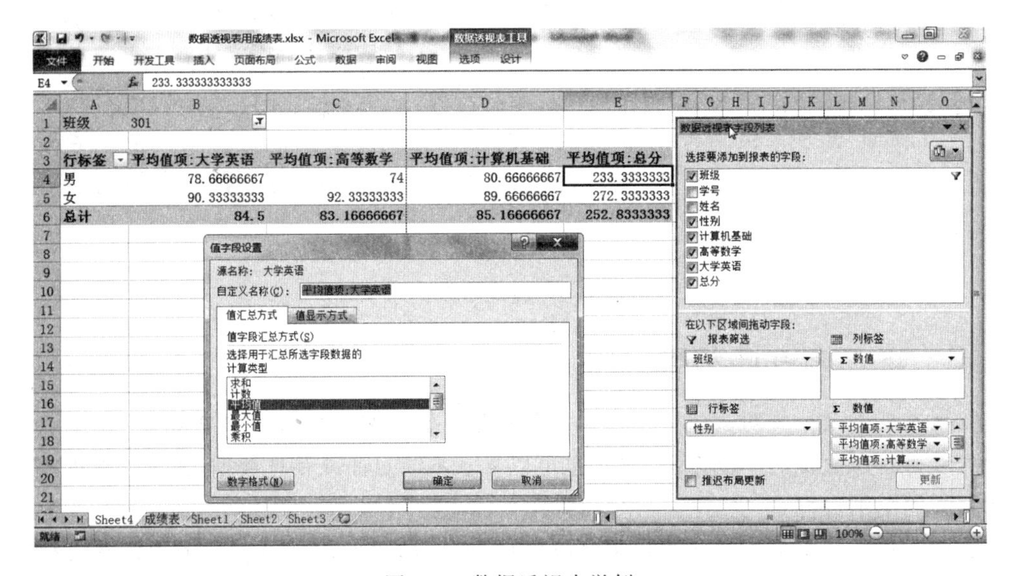

图 2.3　数据透视表举例

(3) 将光标放在数据区域，选择“插入”→“数据透视图”菜单命令，在出现的“数据透视表字段列表”中，拖动“性别”到“轴字段(分类)”列表框中；拖动“计算机基础”、“高等数学”、“大学英语”到“数值”列表框中。单击“数值”列表框中的“大学英语”下拉列表框，选择“值字段设置”选项，在弹出的对话框中，选择“值字段汇总方式”为“平均值”，其他成绩也类似设置好。数据透视图制作完成后如图 2.4 所示。

2.1.4　常用函数

1. 日期时间函数

1) YEAR 函数

功能：返回某日期对应的年份，返回值为 1900～9999 之间的整数。

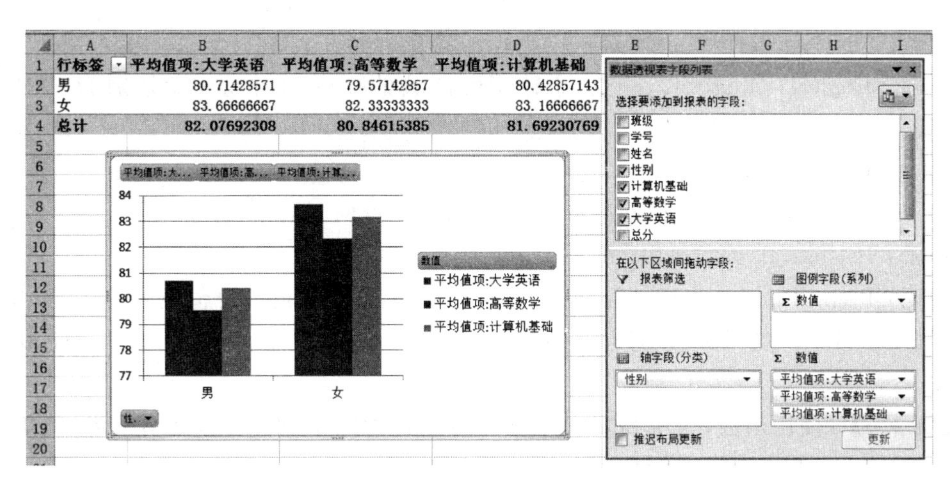

图 2.4　数据透视图举例

格式：YEAR(Date)。

说明：Date 是一个日期值，也可以是格式为日期格式的单元格名称；取出 Date 的 4 位年份整数。

2）TODAY 函数

功能：返回当前日期。

格式：TODAY()。

3）MINUTE 函数

功能：返回时间值中的分钟，即一个 0～59 的整数。

格式：MINUTE(Serial_number)。

说明：Serial_number 是一个时间值，也可以是格式为时间格式的单元格名称。

4）HOUR 函数

功能：返回时间值的小时数，即一个 0～23 的整数。

格式：HOUR(Serial_number)。

说明：Serial_number 是一个时间值，也可以是格式为时间格式的单元格名称。

【例 2.4】 已知“出生日期”字段(C 列)，使用日期函数自动填写“年龄”字段(D 列)结果。

步骤：

(1) 单击 D2 单元格，在编辑栏中编辑公式“=YEAR(TODAY())-YEAR(C2)”(或者“=YEAR(NOW())-YEAR(C2)”)。

(2) D2 单元格产生结果 42，用拖动引用公式的方法自动填充整个列年龄数据。

2. 逻辑函数

1）AND(与)函数

功能：在其参数组中，所有参数逻辑值为 TRUE，即返回 TRUE。

格式：AND(Logical1，Logical2，…)。

说明：Logical1，Logical2，…为需要进行检验的 1～30 个条件，分别为 TRUE 或 FALSE。

2）OR(或)函数

功能：在其参数组中，只要任何一个参数的逻辑值为 TRUE，即返回 TRUE。

格式：OR(Logical1,Logical2,…)。

说明：Logical1,Logical2,…为需要进行检验的1～30个条件，分别为TRUE或FALSE。

3) IF函数

功能：执行真假值判断，根据逻辑计算的真假值，返回不同结果。

格式：IF(logical_test,value_if_true,value_if_false)。

说明：Logical_test 表示计算结果为TRUE或FALSE的任意值或表达式，Value_if_true是Logical_test为TRUE时返回的值，Value_if_false是Logical_test为FALSE时返回的值。

【例2.5】 使用函数，判断Sheet2中的年份是否为闰年，如果是，则结果为“闰年”；如果不是，则结果为“平年”，并将结果保存在“是否为闰年”列中。

分析：

(1) 闰年的条件：能被400整除的年份，或者年数能被4整除而不能被100整除。

(2) 方法：

```
IF(__________①__________, "闰年", "平年")
① ：OR( MOD(A2,400) = 0, _____②_____)
② ：AND( MOD(A2,4) = 0,MOD(A2,100)<>0 )
```

(3) 合成后：

```
= IF(OR(MOD(A2,400) = 0,AND(MOD(A2,4) = 0,MOD(A2,100)<>0)),"闰年","平年")
```

(4) 操作说明。

① 编辑公式中的各种符号应使用英文半角字符(其他公式编辑也同样，不再赘述)。

② 公式中的字符信息前后必须使用定界符""。

【例2.6】 要求：根据“折扣表”中的商品折扣率，利用相应的函数，将其折扣率自动填充到采购表中的“折扣”列中。

步骤：光标定位在“折扣”(D10)列，在编辑栏中输入“=IF(B10>= $A$6, $B$6,IF(B10>= $A$5, $B$5,IF(B10>= $A$4, $B$4, $B$3)))”，如图2.5所示，回车后出结果，“折扣”列其他行使用填充完成。

```
=IF(B10>=$A$6, $B$6, IF(B10>=$A$5, $B$5, IF(B10>=$A$4, $B$4, $B$3)))
```

	A	B	C	D	E	F	G	H	I	J
1	折扣表									
2	数量	折扣率	说明							
3	0	0%	0-99件的折扣率							
4	100	6%	100-199件的折扣率							
5	200	8%	200-299件的折扣率							
6	300	10%	300件的折扣率							
7										
8	采购表									
9	项目	采购数量	采购时间	折扣						
10	衣服	20	2008/1/12	=IF(B10>=$A$6, $B$6, IF(B10>=$A$5, $B$5, IF(B10>=$A$4, $B$4, $B$3)))						
11	裤子	45	2008/1/12	IF(logical_test, [value_if_true], [value_if_false])						
12	鞋子	70	2008/1/12							

图2.5　嵌套IF函数举例

3. 算术与统计函数

1）RANK 函数

功能：为指定单元的数据在其所在行或列数据区所处的位置排序。

格式：RANK(Number,Reference,Order)。

说明：Number 是被排序的值，Reference 是排序的数据区域，Order 是升序、降序选择，其中 Order 取 0 值按降序排列，Order 取 1 值按升序排列，默认为 0。

【例 2.7】 “成绩”表中，根据“总分”自动生成“排名”列的相应值。

步骤：

(1) 选中 H2 单元格，单击编辑栏中“插入函数”按钮 fx，弹出“插入函数”对话框，找到或搜索到 RANK，单击“确定”按钮。

(2) 弹出“函数参数”对话框，将光标定位在 Number 处，单击 G2 单元格；将光标定位在 Ref 处，拖动鼠标选中 G2:G10 区域，按 F4 键，使其变成绝对引用地址，如图 2.6 所示，单击“确定”按钮。

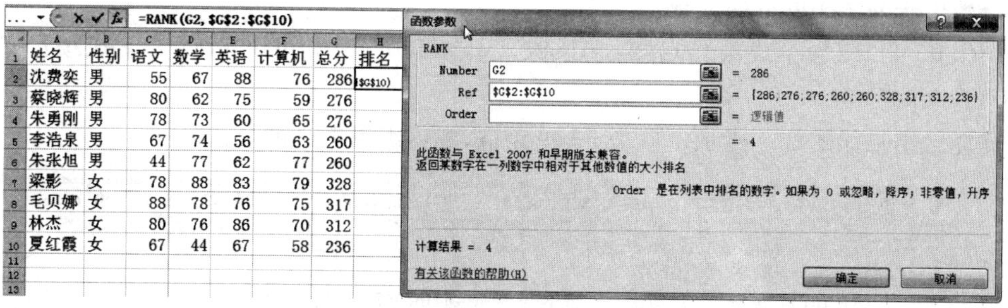

=RANK(G2, $G$2:$G$10)

	A	B	C	D	E	F	G	H
1	姓名	性别	语文	数学	英语	计算机	总分	排名
2	沈费奕	男	55	67	88	76	286	$G$10)
3	蔡晓辉	男	80	62	75	59	276	
4	朱勇刚	男	78	73	60	65	276	
5	李浩泉	男	67	74	56	63	260	
6	朱张旭	男	44	77	62	77	260	
7	梁影	女	78	88	83	79	328	
8	毛贝娜	女	88	78	76	75	317	
9	林杰	女	80	76	86	70	312	
10	夏红霞	女	67	44	67	58	236	
11								
12								
13								

函数参数

RANK

Number　G2　= 286

Ref　$G$2:$G$10　= {286;276;276;260;260;328;317;312;236}

Order　= 逻辑值

= 4

此函数与 Excel 2007 和早期版本兼容。

返回某数字在一列数字中相对于其他数值的大小排名

Order　是在列表中排名的数字。如果为 0 或忽略，降序；非零值，升序

计算结果 = 4

有关该函数的帮助(H)　确定　取消

图 2.6　Rank 函数举例

(3) 观察编辑栏，公式为“=RANK(G2, $G$2: $G$10)”。其实也可以在编辑栏中直接输入函数公式。

(4) N3 单元格产生结果"4"，用填充生成整个排名列数据。

2）MOD 函数

功能：返回两数相除的余数。

格式：MOD(Number,Divisor)。

说明：Number 为被除数，Divisor 为除数。

3）MAX 函数

功能：返回一组值中的最大值。

格式：MAX(Number1,Number2,…)。

说明：Number1, Number2,…　是要从中找出最大值的 1～30 个数字参数。

4）COUNTIF 函数

功能：计算区域中满足给定条件的单元格的个数。

格式：COUNTIF(Range,Criteria)。

说明：Range 为需要计算其中满足条件的单元格数目的单元格区域。Criteria 为确定哪些单元格将被计算在内的条件，其形式可以为数字、表达式、单元格引用或文本。

【例 2.8】 在“数学成绩”表中，用 COUNTIF 函数统计各个分数段 90～100(含 90、

100)、80～90(含80、不含90)、70～80(含70、不含80)、60～70(含60、不含70)、60以下的人数。

分析：在不同的分数段分别使用公式如下。

分数位于0～59分的人数：

=COUNTIF(数学成绩!$C$2:$C$81,"<60")

分数位于60～69分的人数：

=COUNTIF(数学成绩!$C$2:$C$81,"<70")－COUNTIF(数学成绩!$C$2:$C$81,"<60")

分数位于70～79分的人数：

=COUNTIF(数学成绩!$C$2:$C$81,"<80")－COUNTIF(数学成绩!$C$2:$C$81,"<70")

分数位于80～89分的人数：

=COUNTIF(数学成绩!$C$2:$C$81,"<90")－COUNTIF(数学成绩!$C$2:$C$81,"<80")

分数位于90～100分的人数：

=COUNTIF(数学成绩!$C$2:$C$81,"<=100")－COUNTIF(数学成绩!$C$2:$C$81,"<90")

计算后结果如图2.7所示。单击F5单元格，观察编辑栏中的公式。

F5 =COUNTIF(数学成绩!$C$2:$C$81,"<70")-COUNTIF(数学成绩!$C$2:$C$81,"<60")

	A	B	C	D	E	F	G	H
1	学号	姓名	数学					
2	146110009	张辰	70		分数位于90到100分的人数	29		
3	146110010	原浩之	85		分数位于80到89分的人数	31		
4	146150002	刘畅	74		分数位于70到79分的人数	13		
5	146220001	曹欣悦	45		分数位于60到69分的人数	5		
6	146220009	白晓赫	81		分数位于0到59分的人数	2		
7	146230001	周徐均	93					
8	146230002	汪赫	85					
9	146330275	陈依文	80					
10	146330279	陈银铃	86					
11	146330284	金春花	94					
12	146330287	任张炎	96					
13	146330293	陈铭	82					
14	146330295	李晓波	82					
15	146330313	孟一苇	88					
16	146330314	任静	92					

数学成绩 / Sheet1

图2.7　COUNTIF函数举例

5) SUMIF函数

功能：根据指定条件对若干单元格求和。

格式：SUMIF(Range,Criteria,Sum_range)。

说明：Range为用于条件判断的单元格区域，Criteria为确定哪些单元格将被相加求和的条件，其形式可以为数字、表达式或文本。Sum_range为用于求和的单元格区域。

【例2.9】 "订书"表中，用SUMIF函数统计c1、c2、c3、c4用户的支付总额。

步骤提示：将光标定位在K4单元格，在编辑栏中输入“=SUMIF($A$2:$A$51,J4,$H$2:$H$51)”，回车后出现结果，K5～K7使用填充完成，如图2.8所示。

K4 =SUMIF($A$2:$A$51, J4, $H$2:$H$51)

	A	B	C	D	E	F	G	H	I	J	K
1	客户	ISSN	教材名称	出版社	作者	订数	单价	金额			
2	c3	7-212-03456-2	计算机网络技术	北京航大	张应辉	63	35	2205			
3	c4	7-356-54321-5	电子商务	北京理工	申自然	421	30	12630		用户	支付总额
4	c1	7-121-02828-9	数字电路	电子工业出版社	贾立新	555	34	18870		c1	721301
5	c3	7-121-32958-7	投资与理财	电子工业出版社	魏涛	71	24	1704		c2	53337
6	c3	7-355-98654-9	计算技术	东北财经大学出版社	姚珑珑	75	25	1875		c3	65122
7	c2	7-309-03201-4	管理心理学	复旦大学	苏东水	106	30	3180		c4	71253
8	c4	7-04-113245-8	经济法（含学习卡）	高等教育	曲振涛	589	35	20615			
9	c4	7-04-213489-0	市场营销学	高等教育	毕思勇	472	25	11800			
10	c1	7-04-513245-8	高等数学 下册	高等教育出版社	同济大学	3700	25	92500			
11	c1	7-04-813245-9	高等数学 上册	高等教育出版社	同济大学	3500	24	84000			
12	c1	7-04-414587-1	概率论与数理统计教程	高等教育出版社	沈恒范	1592	31	49352			
13	c1	7-04-345678-0	电路	高等教育出版社	邱关源	869	35	30415			
14	c1	7-04-021908-1	复变函数	高等教育出版社	西安交大	540	29	15660			
15	c1	7-04-001245-2	大学文科高等数学 1	高等教育出版社	姚孟臣	518	26	13468			
16	c2	7-04-015710-6	现代公关礼仪	高教	施卫平	160	21	3360			

图2.8 SUMIF函数举例

4. 查找函数

1) VLOOKUP函数

功能：在表格或数值数组的首列查找指定的数值，并由此返回表格或数组当前行中指定列处的数值。

格式：VLOOKUP(Lookup_value,Table_array,Col_index_num,Range_lookup)。

说明：

Look_value——被查找的列的值，Lookup_value可以为数值、单元格引用或文本字符串。Lookup_value的值必须与Table_array第一列的内容相对应。如A11，其为相对引用地址。

Table_array——为需要在其中查找数据的数据表，引用的数据表格、数组或数据库，如$F$3:$G$5，其为绝对引用地址。

Col_index_num——一个数字，代表要返回的值位于table_array中的第几列。

Range_lookup——一个逻辑值，表示函数VLOOKUP查找时是精确匹配，还是近似匹配。如果为TRUE或省略，则返回近似匹配值，也就是说，如果找不到精确匹配值，则返回小于Lookup_value的最大数值。如果该值为FALSE时，则函数只会查找完全符合的数值。如果找不到，则返回错误值“#N/A”。

【例2.10】 根据“价格表”中的商品单价，使用VLOOKUP函数，将其单价自动填充到采购表中的“单价”列中。根据“折扣表”中的折扣率，使用VLOOKUP函数，将其折扣率自动填充到采购表中的“折扣”列中。

分析：在table表(价格表)第1列中查找A11(衣服)，找到后，返回table表中的第2列单价(120)到D11，如图2.9所示。

步骤：

(1) 光标定位在D11，插入VLOOKUP函数，弹出“函数参数”对话框，Lookup_value为A11,Table_array为$F$3:$G$5,Col_index_num为2,Range_lookup为FALSE。在编辑栏输入“=VLOOKUP(A11,$F$3:$G$5,2,FALSE)”也可实现。填充实现“单价”列，如图2.10所示。

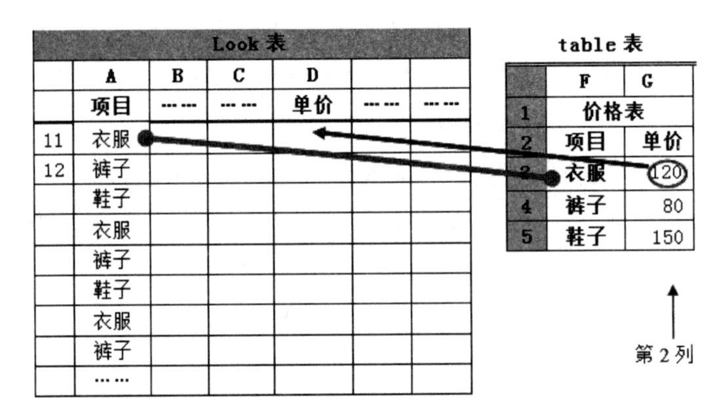

图 2.9　VLOOKUP 函数图例

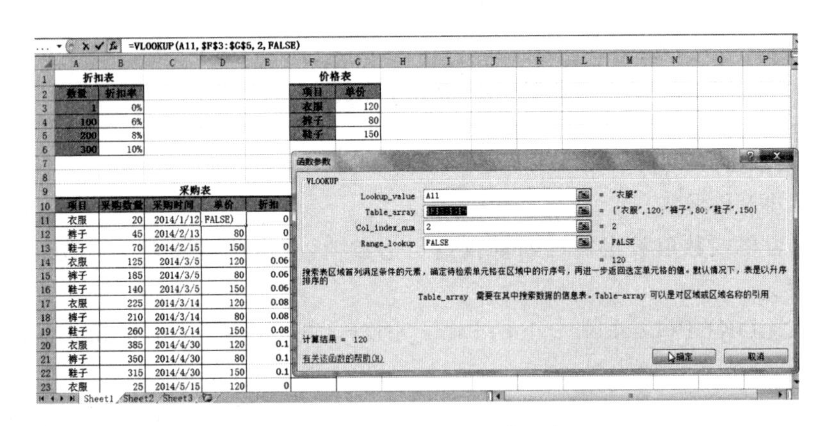

图 2.10　VLOOKUP 函数举例

(2) 将光标定位在 E11,在编辑栏输入“=VLOOKUP(B11,$A$3:$B$6,2,TRUE)”,这里最后一个参数使用 TRUE,表示用近似匹配实现折扣列数据提取。填充实现“折扣”列。

2) HLOOKUP 函数

说明：HLOOKUP 函数的用法与 VLOOKUP 基本一致,不同在于 HLOOKUP 函数的 Table_Array 数据表的数据信息是以行的形式出现,如图 2.11 所示。

table 表

		F	G	H
1	项目	衣服	裤子	鞋子
2	单价	120	80	150

←第 2 行

图 2.11　HLOOKUP 函数参照表格格式

5. 文本函数

1) REPLACE 函数

功能：使用其他文本字符串并根据所指定的字符数替换某文本字符串中的部分文本,也就是将某几位的文字以新的字符串替换。

格式：REPLACE(Old_text,Start_num,Num_chars,New_text)。

说明：

Old_text——旧的文本数据，是要替换其部分字符的文本。

Start_num——从第几个字符位置开始替换，是要用 New_text 替换的 Old_text 中字符的位置。

Num_chars——共替换多少字符(1 个汉字算 2 个字符)，是希望 REPLACE 使用 new_text 替换 Old_text 中字符的个数，如果 Num_chars 为 0，则在指定位置插入新字符。

New_text——用来替换的新字符串，是要用于替换 Old_text 中字符的文本。

【例 2.11】 对“原电话号码”列中的电话号码进行升级。升级方法是在区号(0571)后面加上“8”，并将其计算结果保存在“升级电话号码”列的相应单元格中。

分析：在相应编辑栏中编辑公式“=REPLACE(F2,1,4,"05718")”，这是替换的方法；也可以使用插入的方法，即使用公式“= REPLACE(f2,5,0, "8")”。

2) RIGHT 函数

功能：从字符串右边开始取几个字符。

格式：RIGHT(Text,Num_chars)。

说明：Text 是包含要提取字符的文本字符串，Num_chars 是从字符串右边取的字符数。

3) MID 函数

功能：返回文本字符串中从指定位置开始的特定数目的字符。

格式：MID(Text,Start_num,Num_chars)。

说明：Text 是包含要提取字符的文本字符串，Start_num 是文本中要提取的第一个字符的位置，Num_chars 指定希望 MID 从文本中返回字符的个数。

4) CONCATENATE 函数

功能：将几个文本字符串合并为一个文本字符串。

格式：CONCATENATE(Text1,Text2,…)。

说明：Text1, Text2, … 为 1～30 个将要合并成单个文本项的文本项。

【例 2.12】 仅使用文本函数 MID 函数和 CONCATENATE 函数，对 Sheet1 中的“出生日期”列进行自动填充。填充的内容根据“身份证号码”列的内容来确定，身份证号码中的第 7 位～10 位表示出生年份；第 11 位～12 位表示出生月份；第 13 位～14 位表示出生日。填充结果的格式为：xxxx 年 xx 月 xx 日(注意：不得使用单元格格式进行设置)。

分析：在相应单元格编辑栏中编辑公式

```
= CONCATENATE(MID(E3,7,4),"年",MID(E3,11,2),"月",MID(E3,13,2),"日")
```

5) COUNTBLANK 函数

功能：计算某个单元格区域中空白单元格的数目。

格式：COUNTBLANK(Range)。

例如，COUNTBLANK(B2:E11)。

6) ISTEXT 函数

功能：判定 Value 是否为文本。

格式：ISTEXT(Value)。

例如，IF(ISTEXT(C21),TRUE,FALSE)。

6. 财务函数

1) PMT 函数

功能：基于固定利率及等额分期付款方式，返回贷款的每期付款额。

格式：PMT(Rate,Nper,Pv,[Fv],[Type])。

说明：

Rate——贷款利率(年利率)。

Nper——该项贷款的总贷款期限或者总投资期(贷款年限)。

Pv——从该项贷款(或投资)开始计算时已经入账的款项(贷款金额)。

Fv——未来值，或在最后一次付款后希望得到的现金余额，如忽略该值，将自动默认为0。

Type——一个逻辑值，用以指定付款时间是在期初还是在期末，1表示期初，0表示期末，默认为0。

【例 2.13】 某人向银行贷款100万元，年利率为5.58%，贷款年限为15年，计算贷款按年偿还和按月偿还的金额各是多少？

分析：在计算时要注意利率和期数的单位要一致，即年利率对应年期数，月利率对应月期数，其中月利率为年利率除以12，月期数为年期数乘以12。

提示：各个单元格输入的公式为

E2：=PMT(B4,B3,B2,,1)

E3：=PMT(B4,B3,B2,,0)

E4：=PMT(B4/12,B3*12,B2,,1)

E5：=PMT(B4/12,B3*12,B2)

最终执行函数后，结果如图2.12所示。

E4 =PMT(B4/12,B3*12,B2,,1)

	A	B	C	D	E
1	贷款情况			需还款情况	
2	贷款金额	1000000		按年偿还贷款（年初）	¥-94,862.62
3	贷款年限	15		按年偿还贷款（年末）	¥-100,155.95
4	年利率	5.58%		按月偿还贷款（月初）	¥-8,175.33
5				按月偿还贷款（月末）	¥-8,213.35

图 2.12 PMT 函数举例 1

【例 2.14】 某人的年金计划，计算在固定年利率6%下，连续20年每个月存多少钱才能最终得到100万元？

提示：B6单元格输入的公式为=PMT(B3/12,B2*12,0,B4)，如图2.13所示。

2) IPMT 函数

功能：基于固定利率及等额分期付款方式，返回投资或贷款在某一给定期限内的利息偿还额。

格式：IPMT(Rate,Per,Nper,Pv,[Fv],[Type])。

说明：

Rate——各期利率(月利率=年利率/12)。

Per——用于计算利率数额的期数，介于1～Nper之间。

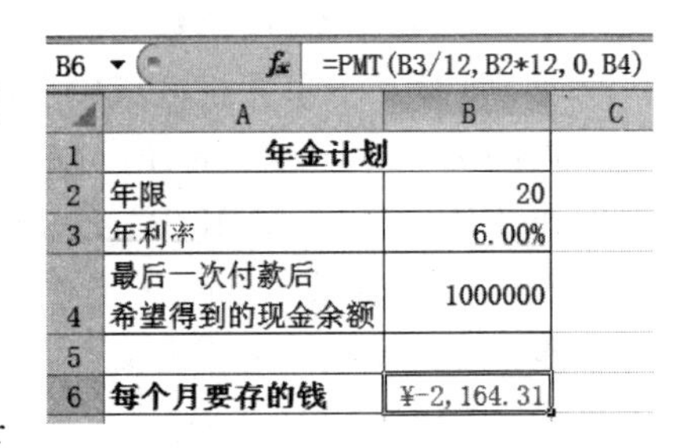

B6 =PMT(B3/12,B2*12,0,B4)

	A	B	C
1	年金计划		
2	年限	20	
3	年利率	6.00%	
4	最后一次付款后希望得到的现金余额	1000000	
5			
6	每个月要存的钱	¥-2,164.31	

图 2.13 PMT 函数举例 2

Nper——总投资(或贷款)期,即该项投资(或贷款)的付款期总数(年数×12月)。

Pv——从该项投资(或贷款)开始计算时已经入账的款项(贷款金额)。

Fv——未来值,或在最后一次付款后希望得到的现金余额,如忽略该值,将自动默认为0。

Type——一个逻辑值,用以指定付款时间是在期初还是在期末,1表示期初,0表示期末,默认为0。

【例2.15】 某人向银行贷款100万元,年利率为5.58%,贷款年限为15年,如果贷款按月偿还方式(期末),计算前3个月每月应付的利息金额为多少元。

提示:各个单元格输入的公式为

E8:=IPMT($B$4/12,1,$B$3*12,$B$2)

E9:=IPMT($B$4/12,2,$B$3*12,$B$2)

E10:=IPMT($B$4/12,3,$B$3*12,$B$2)

IPMT函数举例结果如图2.14所示。

E8 fx =IPMT($B$4/12, 1, $B$3*12, $B$2)

	A	B	C	D	E
1	贷款情况			需还款情况	
2	贷款金额	1000000		按年偿还贷款(年初)	¥-94,862.62
3	贷款年限	15		按年偿还贷款(年末)	¥-100,155.95
4	年利率	5.58%		按月偿还贷款(月初)	¥-8,175.33
5				按月偿还贷款(月末)	¥-8,213.35
6					
7				贷款利息	
8				第1个月贷款利息	¥-4,650.00
9				第2个月贷款利息	¥-4,633.43
10				第3个月贷款利息	¥-4,616.78

图2.14 IPMT函数举例

3) FV函数

功能:基于固定利率及等额分期付款方式,返回某项投资的未来值。

格式:FV(Rate,Nper,Pmt,[Pv],[Type])。

说明:

Rate——各期利率(年利率)。

Nper——总投资(或贷款)期,即该项投资(或贷款)的付款期总数(再投资年限)。

Pmt——各期所应支付的金额(每年再投资金额)。

Pv——现值,即从该项投资开始计算时已经入账的款项,也称为本金(先投资金额)。

Type——一个逻辑值,用以指定付款时间是在期初还是在期末,1表示期初,0表示期末。

【例2.16】 某人为某项工程,先投资50万元,年利率为6%,并在接下来的8年中每年再投资10 000元,使用财务函数,根据"投资情况表1"中的数据,计算8年以后得到的金额,并将结果填入到B7单元格中。

提示:单元格输入的公式为=FV(B3,B5,B4,B2),如图2.15所示,一般投资金额为付出金额,所以应为负数。

B7 fx =FV(B3, B5, B4, B2)

	A	B
1	投资情况表1	
2	先投资金额:	-500000
3	年利率:	6%
4	每年再投资金额:	-10000
5	再投资年限:	8
6		
7	8年以后得到的金额:	¥895,898.72

图2.15 FV函数举例

4）PV 函数

功能：一系列未来付款的当前值的累积和，返回的是投资现值。

格式：PV(Rate,Nper,Pmt,[Fv],[Type])。

说明：

Rate——贷款利率(年利率)。

Nper——该项贷款的总贷款期限或者总投资期(年限)。

Pmt——各期所应支付的金额(每年投资金额)。

Fv——未来值，或在最后一次付款后希望得到的现金余额，如忽略该值，将自动默认为 0。

Type——一个逻辑值，用以指定付款时间是在期初还是在期末，1 表示期初，0 表示期末。

【例 2.17】 某个项目预计每年投资 20 000 元，投资年限为 10 年，其回报年利率是 10%，那么预计投资多少金额？

提示：单元格输入的公式为=PV(B3,B4,B2)，如图 2.16 所示。

B6 fx =PV(B3, B4, B2)

	A	B
1	投资情况表2	
2	每年投资金额:	-20000
3	年利率:	10%
4	再投资年限:	10
5		
6	**预计投资金额:**	¥122,891.34

图 2.16　PV 函数举例

5）RATE 函数

功能：基于固定利率及等额分期付款方式，返回某项投资的未来值。

格式：RATE(Nper,Pmt,Pv,[Fv],[Type],[Guess])。

说明：

Nper——总投资(或贷款)期。

Pmt——各期所应付给(或得到)的金额。

Pv——现值，即从该项投资开始计算时已经入账的款项，也称为本金。

Fv——未来值，或在最后一次付款后希望得到的现金余额，如忽略该值，将自动默认为 0。

Type——一个逻辑值，用以指定付款时间是在期初还是在期末，1 表示期初，0 表示期末。

Guess——预期利率(估计值)，如果省略预期利率，则假设该值为 10%。如果函数 rate 不收敛，则需要改变 guess 的值。通常情况下当 guess 位于 0 和 1 之间时，函数 rate 是收敛的。

【例 2.18】 某人买房申请了 10 年期贷款 200 000 元，每月还款 2250 元，那么贷款的月利率是多少？

提示：单元格输入的公式为=RATE(B4 * 12,B3,B2)，如图 2.17 所示。

6）SLN 函数

功能：返回某项资产在一个期间中的线性折旧值。

格式：SLN(Cost,Salvage,Life)。

说明：Cost 为资产原值，Salvage 为资产在折旧期末的价值(也称为资产残值)，Life 为折旧期限(有时也称作资产的使用寿命)。

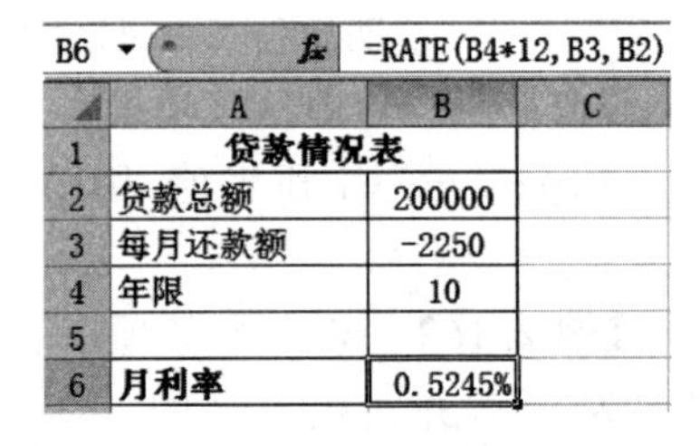

B6 fx =RATE(B4*12, B3, B2)

	A	B	C
1	**贷款情况表**		
2	贷款总额	200000	
3	每月还款额	-2250	
4	年限	10	
5			
6	**月利率**	0.5245%	

图 2.17　RATE 函数举例

【例 2.19】 某企业拥有固定资产总值为 100 000 元，使用 10 年后的资产残值估计为 10 000 元，那么每天、每月、每年固定资产的折旧值为多少？

提示：各个单元格输入的公式为

B6：=SLN(B2,B3,B4 * 365)

B7：=SLN(B2,B3,B4 * 12)

B8：=SLN(B2,B3,B4)

SLN 函数举例结果如图 2.18 所示。

B6 =SLN(B2, B3, B4*365)

	A	B	C
1	折旧情况表		
2	固定资产金额	100000	
3	资产残值	10000	
4	使用年限	10	
5			
6	每天折旧值	¥24.66	
7	每月折旧值	¥750.00	
8	每年折旧值	¥9,000.00	

图 2.18　SLN 函数举例

7. 数据库函数

数据库函数是用于对存储在数据清单或数据库中的数据进行分析，判断其是否符合特定的条件。

典型的数据库函数，表达的完整格式为：

```
函数名称(Database,Field,Criteria)
```

说明：

Database(数据库)——构成数据清单或数据库的单元格区域。数据库是包含一组相关数据的数据清单，其中包含相关信息的行为记录，而包含数据的列为字段，数据清单的第一行包含着每一列的标志项。

Field(字段)——指定数据库函数所作用的数据列名。可以是文本，也可以是代表清单中数据列位置的数字：1 表示第 1 列，2 表示第 2 列，以此类推。如 Sheet1!4。

Criteria(条件区域)——一组包含给定条件的单元格区域。此区域至少包含一个列标志和列下方用于设定条件的单元格。如在 Sheet2 表中自己先构建条件区间，如 $J$10:$K$11。

如图 2.19 给出了各个参数的例子。

Database:

field1	field2	语文	数学	……
数据	数据	数据	数据	……
……				
……	……	……		

Criteria:

	J	K
10	数学	数学
11	>=80	<=100

图 2.19　数据库函数参数

主要数据库函数列举如下。

1) DCOUNT

功能：计数数据库中满足指定条件的记录字段(列)中包含数值的单元格的个数。

2) DSUM

功能：数据库中符合指定条件的单元格的值的总和。

3) DAVERAGE

功能：数据库中符合指定条件的单元格的值的平均值。

4) DGET

功能：获取数据库的列中提取符合指定条件的单元格的值。

5) DMAX

功能：数据库的列中满足条件的最大值。

【例 2.20】 如图 2.20 所示，在 Sheet1 中，利用数据库函数及已设置的条件区域，根据以下情况计算，并将结果填入到相应的单元格中。

(1) 计算："语文"和"数学"成绩都大于或等于 85 的学生人数；

(2) 计算:“体育”成绩大于或等于 90 的“女生”姓名;

(3) 计算:“体育”成绩中男生的平均分;

(4) 计算:“体育”成绩中男生的最高分;

(5) 计算:男生的总获奖次数。

	A	B	C	D	E	F	G	H	I	J	K
1	学生成绩表									条件区域1:	
2	学号	新学号	姓名	性别	语文	数学	体育	获奖次数		语文	数学
3	001	2009001	钱梅宝	男	88	98	90	2		>=85	>=85
4	002	2009002	张平光	男	100	98	87	3			
5	003	2009003	许动明	男	89	87	70	1			
6	004	2009004	张　云	女	77	76	85	0		条件区域2:	
7	005	2009005	唐　琳	女	98	96	80	2		体育	性别
8	006	2009006	宋国强	男	50	60	76	0		>=90	女
9	007	2009007	郭建峰	男	97	94	81	2			
10	008	2009008	凌晓婉	女	88	95	86	1			
11	009	2009009	张启轩	男	98	96	92	3		条件区域3:	
12	010	2009010	王　丽	女	78	92	78	1		性别	
13	011	2009011	王　敏	女	85	96	94	2		男	
14	012	2009012	丁伟光	男	67	61	74	0			
15											
16	情况							计算结果			
17	“语文”和“数学”成绩都大于或等于85的学生人数:										
18	“体育”成绩大于或等于90的“女生”姓名:										
19	“体育”成绩中男生的平均分:										
20	“体育”成绩中男生的最高分:										
21	男生的总获奖次数:										

图 2.20　数据库函数举例

分析:

(1) H17 单元格公式为=DCOUNT(A2:H14,E2,J2:K3)。

(2) H18 单元格公式为=DGET(A2:H14,C2,J7:K8)。

(3) H19 单元格公式为=DAVERAGE(A2:H14,G2,J12:J13)。

(4) H20 单元格公式为=DMAX(A2:H14,G2,J12:J13)。

(5) H21 单元格公式为=DSUM(A2:H14,H2,J12:J13)。

完成效果如图 2.21 所示。

16	情况	计算结果
17	“语文”和“数学”成绩都大于或等于85的学生人数:	8
18	“体育”成绩大于或等于90的“女生”姓名:	王　敏
19	“体育”成绩中男生的平均分:	81.428571
20	“体育”成绩中男生的最高分:	92
21	男生的总获奖次数:	11

图 2.21　数据库函数举例结果

2.2　案例一　学生成绩统计

“学生成绩统计.xlsx”原文件内容如图 2.22 所示。

要求如下:

(1) 使用 REPLACE 函数,将 Sheet1 中“学生成绩表”的学生学号进行更改,并将更改的学号填入到“新学号”列中,学号更改的方法为:在原学号的前面加上“2015”。例如,"001"→"2015001"。

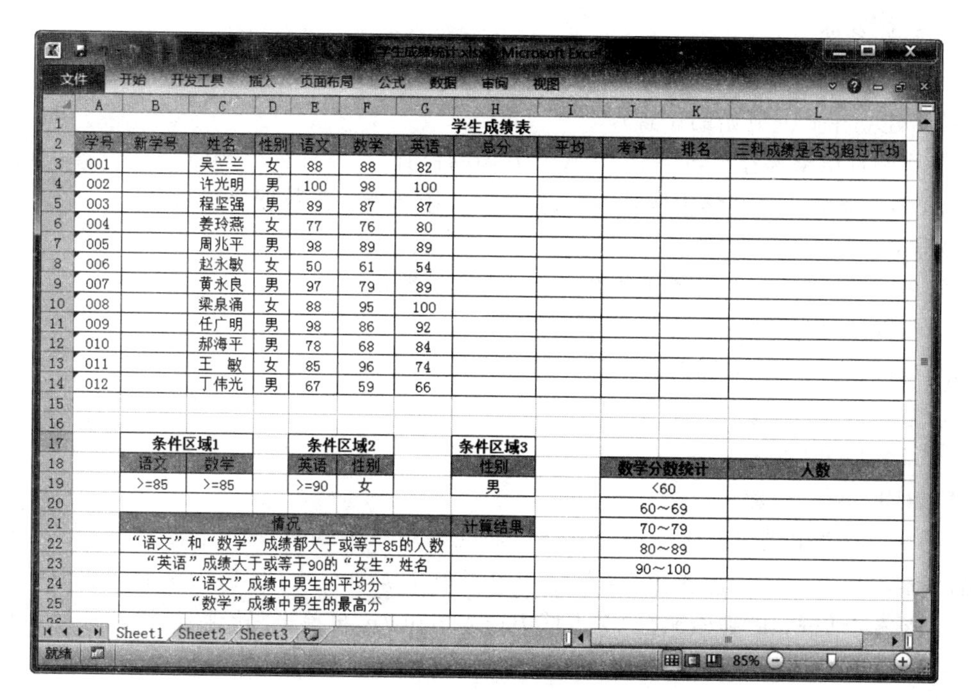

学生成绩表

学号	新学号	姓名	性别	语文	数学	英语	总分	平均	考评	排名	三科成绩是否均超过平均
001		吴兰兰	女	88	88	82					
002		许光明	男	100	98	100					
003		程坚强	男	89	87	87					
004		姜玲燕	女	77	76	80					
005		周兆平	男	98	89	89					
006		赵永敏	女	50	61	54					
007		黄永良	男	97	79	89					
008		梁泉涌	女	88	95	100					
009		任广明	男	98	86	92					
010		郝海平	男	78	68	84					
011		王　敏	女	85	96	74					
012		丁伟光	男	67	59	66					

条件区域1	
语文	数学
>=85	>=85

条件区域2	
英语	性别
>=90	女

条件区域3
性别
男

情况	计算结果
“语文”和“数学”成绩都大于或等于85的人数	
“英语”成绩大于或等于90的“女生”姓名	
“语文”成绩中男生的平均分	
“数学”成绩中男生的最高分	

数学分数统计	人数
<60	
60～69	
70～79	
80～89	
90～100	

图 2.22　“学生成绩统计.xlsx”原文件内容

(2) 使用数组公式，对 Sheet1 计算总分和平均分(保留 1 位小数点)，将其计算结果保存到表中的“总分”列和“平均”列当中。

(3) 使用 IF 函数，根据以下条件，对 Sheet1 中“学生成绩表”的“考评”列进行计算。条件：如果总分大于或等于 210，则填充为“合格”；否则填充为“不合格”。

(4) 使用逻辑函数判断 Sheet1 中每个同学的每门功课是否均高于平均分，如果是，保存结果为 TRUE；否则保存结果为 FALSE，将结果保存在表中的“三科成绩是否均超过平均”列当中。

(5) 使用 RANK 函数，对 Sheet1 中的每个同学总分排名情况进行统计，并将排名结果保存到表中的“排名”列当中。

(6) 在 Sheet1 中，使用统计函数，统计“数学”考试成绩各个分数段的同学人数，将统计结果保存到相应位置。

(7) 在 Sheet1 中，利用数据库函数及已设置的条件区域，根据以下情况计算，并将结果填入到相应的单元格当中。

条件：

① 计算：“语文”和“数学”成绩都大于或等于 85 的学生人数；

② 计算：“英语”成绩大于或等于 90 的“女生”姓名；

③ 计算：“语文”成绩中男生的平均分；

④ 计算：“数学”成绩中男生的最高分。

(8) 将 Sheet1 中的“学生成绩表”复制到 Sheet2 当中(将标题项“学生成绩表”连同数据一同复制，粘贴时，数据表必须顶格放置)，并对 Sheet2 进行高级筛选。

要求：

① 筛选条件为：

“性别”—男；“英语”>90 或者“三科成绩是否均超过平均”—TRUE；“性别”—女(条件区域请建立在 F16 开始的位置)。

② 将筛选结果保存在 Sheet2 中 A20 开始的位置。

(9) 根据 Sheet1 中“学生成绩表”，在 Sheet3 中新建一张数据透视表。

要求：

① 显示不同性别、不同考评结果的学生人数情况；

② 行区域设置为“性别”；

③ 列区域设置为“考评”；

④ 数据区域设置为“考评”；

⑤ 计数项为“考评”。

1. REPLACE 函数

(1) 打开“学生成绩统计.xlsx”原文件，将光标定位在 Sheet1 工作表“新学号”列 B3 单元格。选择“公式”→“插入函数”菜单命令或者单击编辑栏中的“插入函数”按钮 fx，打开“插入函数”对话框，在“搜索函数”文本框中输入 replace，再单击“转到”按钮，“选择函数”列表框中会自动选中并列出该函数，如图 2.23 所示，单击“确定”按钮。

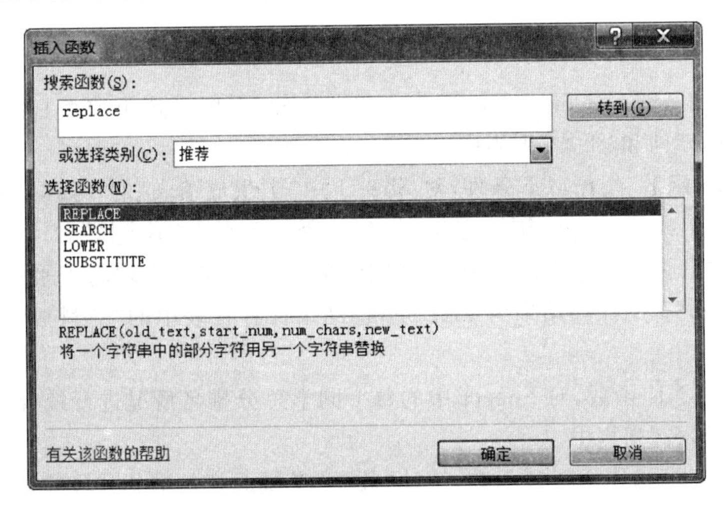

图 2.23 “插入函数”对话框

(2) 打开“函数参数”对话框，单击 Old_text 右边的文本框，再单击“学生成绩表”的 A3 单元格，A3 即显示在 Old_text 右边的文本框中；在 Start_num 编辑框中输入 1，在 Num_chars 编辑框中输入 0，在 New_text 编辑框中输入 2015，如图 2.24 所示，单击“确定”按钮。

(3) 此时 B3 单元格的内容变为 2015001，光标移动该单元格右下角，拖动填充柄到 B14，完成 B 列数据填充。

2. 数组公式

(1) 拖动选中 H3:H14 目标区域，在编辑栏中输入“=”，拖动选中 E3:E14；在编辑栏中输入“+”，拖动选中 F3:F14；在编辑栏中输入“+”，拖动选中 G3:G14，这时编辑栏中显示“=E3:E14+F3:F14+G3:G14”，按 Ctrl+Shift+Enter 组合键，完成总分数组公式计

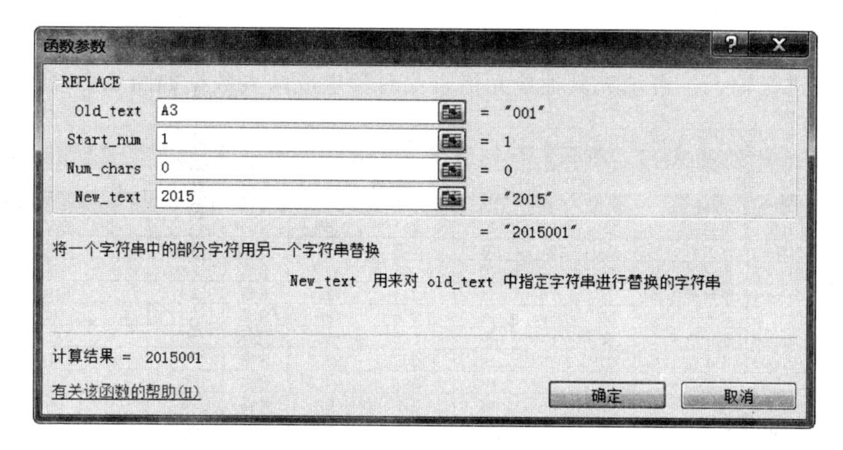

图 2.24 replace 函数

算。此时单击 H 列有数据区域,编辑栏均显示"{=E3:E14+F3:F14+G3:G14}"。

(2) 拖动选中 I3:I14 目标区域,在编辑栏中输入"=",拖动选中 H3:H14,在编辑栏中修改公式成"=round(H3:H14/3,1)",按 Ctrl+Shift+Enter 组合键,完成平均分数组公式计算。此时单击 I 列有数据区域,编辑栏均显示"{=ROUND(H3:H14/3,1)}"。

3. IF 函数

(1) 将光标定位在"考评"列 J3 单元格,编辑栏中输入"=IF(H3>=210,"合格","不合格")",回车后,再填充其他单元格。

(2) 将光标定位在 L3 单元格,编辑栏中输入"=IF(AND(E3>AVERAGE($E$3:$E$14),F3>AVERAGE($F$3:$F$14),G3>AVERAGE($G$3:$G$14)),TRUE,FALSE)",回车后,再填充其他单元格。

4. RANK 函数

(1) 光标定位在"排名"列 K3 单元格,单击编辑栏的"插入函数"按钮 fx,打开"插入函数"对话框,在"搜索函数"文本框中输入 rank,再单击"转到"按钮,"选择函数"列表框中会自动选中并列出该函数,单击"确定"按钮。

(2) 弹出"函数参数"对话框,在 Number 编辑框中输入"H3",将光标放在 Ref 编辑框中,拖动鼠标选中 H3:H14,而后选中文本框中显示的"H3:H14",按 F4 键,使其变成绝对引用单元格地址"$H$3:$H$14",如图 2.25 所示,单击"确定"按钮。

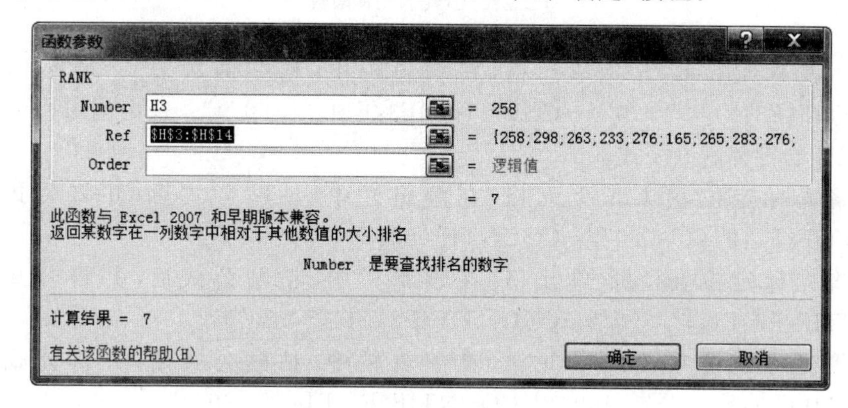

图 2.25 RANK 函数

(3) K3 单元格编辑栏里自动显示"＝RANK(H3，$H$3：$H$14)"，如果运用函数熟练，可以直接进行输入。再填充其他单元格。此时学生成绩表数据如图 2.26 所示。

K3 =RANK(H3,$H$3:$H$14)

	A	B	C	D	E	F	G	H	I	J	K	L
1	学生成绩表											
2	学号	新学号	姓名	性别	语文	数学	英语	总分	平均	考评	排名	三科成绩是否均超过平均
3	001	2015001	吴兰兰	女	88	88	82	258	86	合格	7	FALSE
4	002	2015002	许光明	男	100	98	100	298	99.3	合格	1	TRUE
5	003	2015003	程坚强	男	89	87	87	263	87.7	合格	6	TRUE
6	004	2015004	姜玲燕	女	77	76	80	233	77.7	合格	9	FALSE
7	005	2015005	周兆平	男	98	89	89	276	92	合格	3	TRUE
8	006	2015006	赵永敏	女	50	61	54	165	55	不合格	12	FALSE
9	007	2015007	黄永良	男	97	79	89	265	88.3	合格	5	FALSE
10	008	2015008	梁泉涌	女	88	95	100	283	94.3	合格	2	TRUE
11	009	2015009	任广明	男	98	86	92	276	92	合格	3	TRUE
12	010	2015010	郝海平	男	78	68	84	230	76.7	合格	10	FALSE
13	011	2015011	王　敏	女	85	96	74	255	85	合格	8	FALSE
14	012	2015012	丁伟光	男	67	59	66	192	64	不合格	11	FALSE

图 2.26　学生成绩表效果

5. COUNTIF 统计函数

(1) 将光标定位在"人数"列 L19 单元格，单击编辑栏中的"插入函数"按钮 fx，打开"插入函数"对话框，在"搜索函数"文本框中输入 countif，再单击"转到"按钮，"选择函数"列表框中会自动选中并列出该函数，单击"确定"按钮。

(2) 弹出"函数参数"对话框，在 Range 编辑框中，拖动鼠标选中 F3：F14，在 Criteria 编辑框中输入"＜60"，如图 2.27 所示，单击"确定"按钮。L19 单元格编辑栏里自动显示"＝COUNTIF(F3：F14，"＜60")"。选中编辑栏中公式，按 Ctrl＋C 组合键复制该公式。

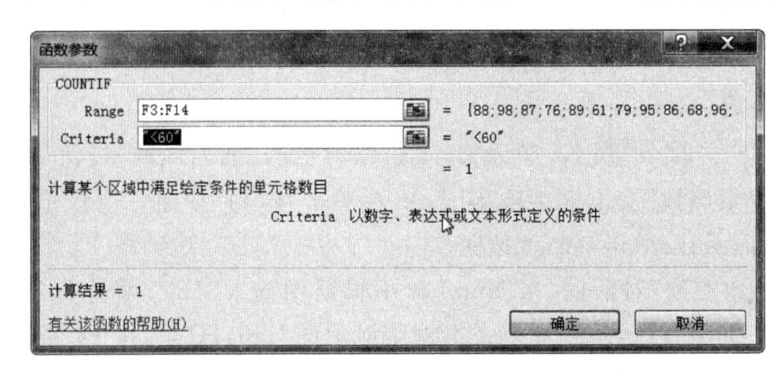

图 2.27　COUNTIF 函数

(3) 将光标定位在 L20 单元格，在编辑栏中，粘贴两次公式，将公式修改成"＝COUNTIF(F3：F14，"＜70")－COUNTIF(F3：F14，"＜60")"。选中编辑栏中的公式，按 Ctrl＋C 组合键复制该公式。

(4) 将光标定位在 L21 单元格，在编辑栏中，粘贴公式后，并将公式修改成"＝COUNTIF(F3：F14，"＜80")－COUNTIF(F3：F14，"＜70")"。

(5) 将光标定位在 L22 单元格，在编辑栏中，粘贴公式后，并将公式修改成"＝COUNTIF(F3：F14，"＜90")－COUNTIF(F3：F14，"＜80")"。

(6) 将光标定位在 L23 单元格，在编辑栏中，粘贴公式后，并将公式修改成"＝COUNTIF(F3：F14，"＜＝100")－COUNTIF(F3：F14，"＜90")"。

(7) 公式编辑完成后，数学各个分数段的同学人数统计结果如图 2.28 所示。

6. 数据库函数

数学分数统计	人数
<60	1
60~69	2
70~79	2
80~89	4
90~100	3

图 2.28　各分数段统计结果

(1) 将光标定位在“计算结果”列 H22 单元格，单击编辑栏中的“插入函数”按钮 fx，打开“插入函数”对话框，在“或选择类别”下拉列表框中选择“数据库”选项，“选择函数”列表框中会列出该类型函数，这里选择 DCOUNT 选项，如图 2.29 所示，单击“确定”按钮。

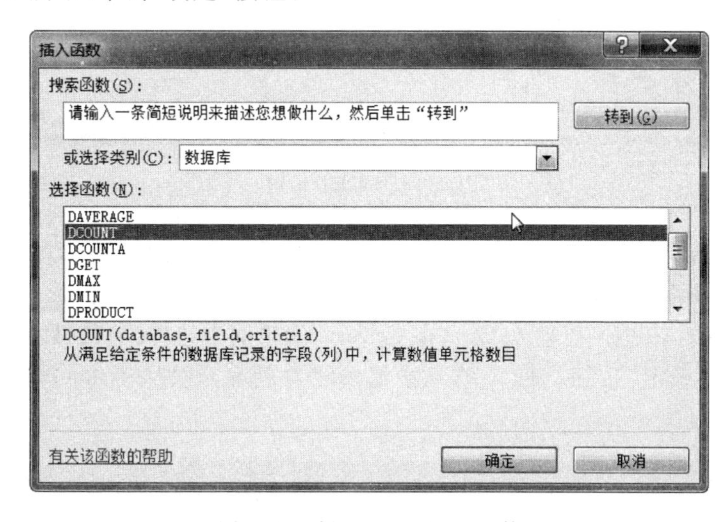

图 2.29　插入 DCOUNT 函数

(2) 弹出“函数参数”对话框，在 Database 编辑框中，拖动鼠标选中 C2:F14，在 Field 编辑框中输入 3(也可以输入 4、E2、F2)，在 Criteria 编辑框中选择 B18:C19 条件区域，如图 2.30 所示，单击“确定”按钮。H22 单元格编辑栏自动显示公式为“=DCOUNT(C2:F14,3,B18:C19)”。

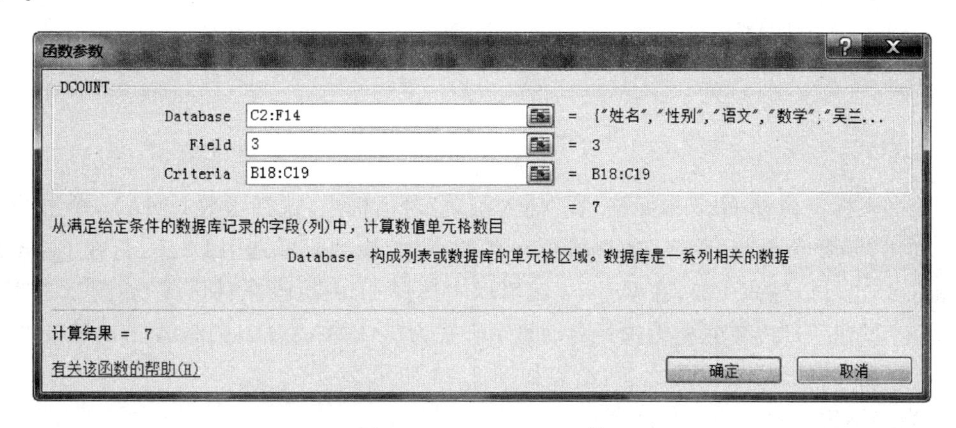

图 2.30　DCOUNT 函数

(3) 将光标定位在 H23 单元格，在“插入函数”对话框中，选择函数 DGET，单击“确定”按钮。弹出“函数参数”对话框，Database 编辑框中，拖动鼠标选中 C2:G14，在 Field 编辑框中输入 1(也可以输入 C2)，在 Criteria 编辑框中选择 E18:F19 条件区域，如图 2.31 所示，单击“确定”按钮。H23 单元格编辑栏自动显示公式为“=DGET(C2:G14,1,E18:F19)”。

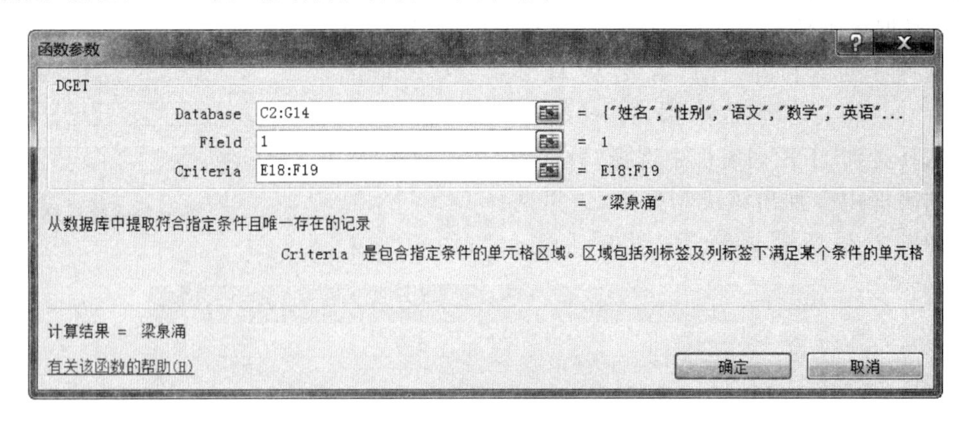

图 2.31 DGET 函数

(4) 将光标定位在 H24 单元格,在“插入函数”对话框中,选择函数 DAVERAGE,单击“确定”按钮。弹出“函数参数”对话框,在 Database 编辑框中,拖动鼠标选中 D2:E14,在 Field 编辑框中输入 2(也可以输入 E2),在 Criteria 编辑框中选择 H18:H19 条件区域,如图 2.32 所示,单击“确定”按钮。H24 单元格编辑栏自动显示公式为“=DAVERAGE(D2:E14,2,H18:H19)”。

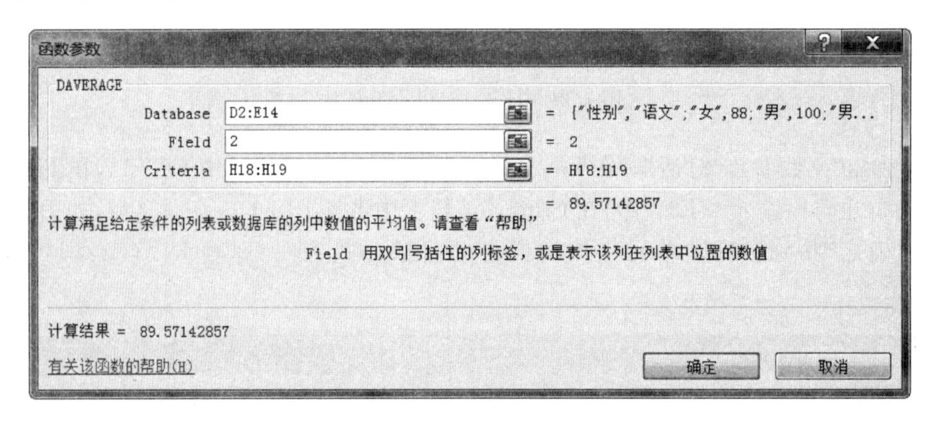

图 2.32 DAVERAGE 函数

(5) 将光标定位在 H25 单元格,在“插入函数”对话框中,选择函数 DMAX,单击“确定”按钮。弹出“函数参数”对话框,在 Database 编辑框中,拖动鼠标选中 D2:F14,在 Field 编辑框中输入 3(也可以输入 F2),在 Criteria 编辑框中选择 H18:H19 条件区域,如图 2.33 所示,单击“确定”按钮。H25 单元格编辑栏自动显示公式为“=DMAX(D2:F14,3,H18:H19)”。

(6) 数据库函数应用完成之后,结果如图 2.34 所示。

7. 高级筛选

(1) 在 Sheet1 中,选择 A1:L14,按 Ctrl+C 组合键复制其中的内容,右击 Sheet2 中的 A1 单元格,按 Ctrl+V 组合键粘贴过来。

(2) 在 Sheet2 中,复制“性别”、“英语”、“三科成绩是否均超过平均”到 F16、G16、H16 单元格,其他如图 2.35 所示。“性别”为“男”和“英语”>90 在同一行表示要同时成立,否则

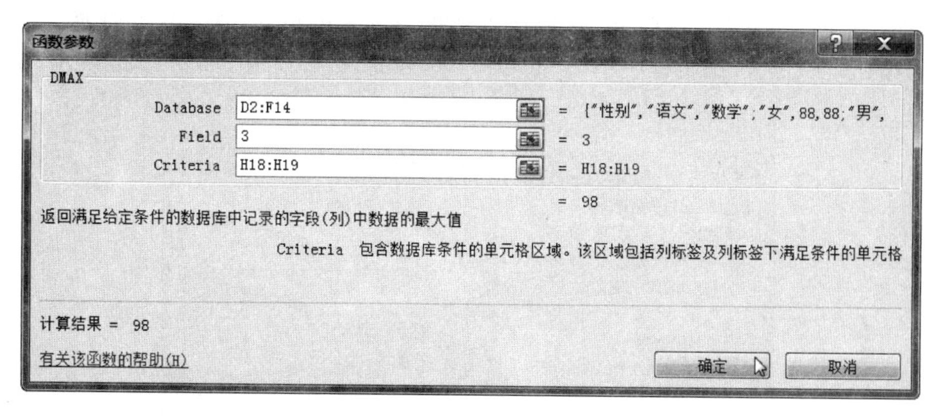

图 2.33 DMAX 函数

只要满足一个条件即可。

		条件区域1			条件区域2			条件区域3
18		语文	数学		英语	性别		性别
19		>=85	>=85		>=90	女		男
20								
21		情况						计算结果
22		“语文”和“数学”成绩都大于或等于85的人数						7
23		“英语”成绩大于或等于90的“女生”姓名						梁泉涌
24		“语文”成绩中男生的平均分						89.5714286
25		“数学”成绩中男生的最高分						98

图 2.34 数据库函数完成效果

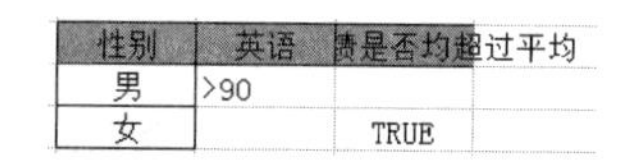

性别	英语	绩是否均超过平均
男	>90	
女		TRUE

图 2.35 条件区域建立

(3) 将光标放在 Sheet2 中 A2：L14 的任意单元格中，选择“数据”选项卡，单击“排序与筛选”组中的“高级”选项，弹出“高级筛选”对话框。选中“将筛选结果复制到其他位置”选项；列表区域应该会自动列出，不用输入；将光标放在“条件区域”右边文本框中，选择 F16：H18 区域；将光标放在“复制到”右边文本框中，单击 A20 单元格，此时“高级筛选”对话框设置如图 2.36 所示，单击“确定”按钮。

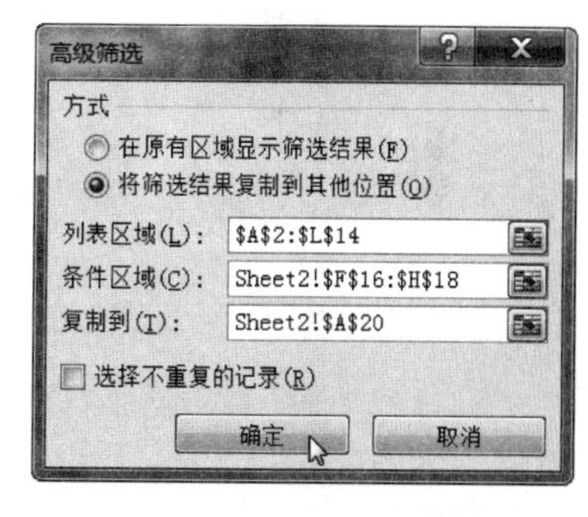

图 2.36 “高级筛选”对话框

(4) 完成高级筛选后，结果如图 2.37 所示。

16						性别	英语	绩是否均超过平均				
17						男	>90					
18						女		TRUE				
19												
20	学号	新学号	姓名	性别	语文	数学	英语	总分	平均	考评	排名	绩是否均超过平均
21	002	2015002	许光明	男	100	98	100	298	99.3	合格	1	TRUE
22	008	2015008	梁泉涌	女	88	95	100	283	94.3	合格	2	TRUE
23	009	2015009	任广明	男	98	86	92	276	92	合格	3	TRUE

图 2.37 高级筛选完成效果

8. 数据透视表

(1) 将光标放在 Sheet1 中 A2：L14 任意单元格中，选择“插入”选项卡，单击“表格”组中的“数据透视表”→“数据透视表”选项，弹出“创建数据透视表”对话框。“表/区域”编辑框中会自动显示内容，不需更改。在“选择放置数据透视表的位置”选项区域选择“现有工作表”单选按钮，在“位置”编辑框中单击 Sheet3 工作表的 A1 单元格，如图 2.38 所示，单击“确定”按钮。

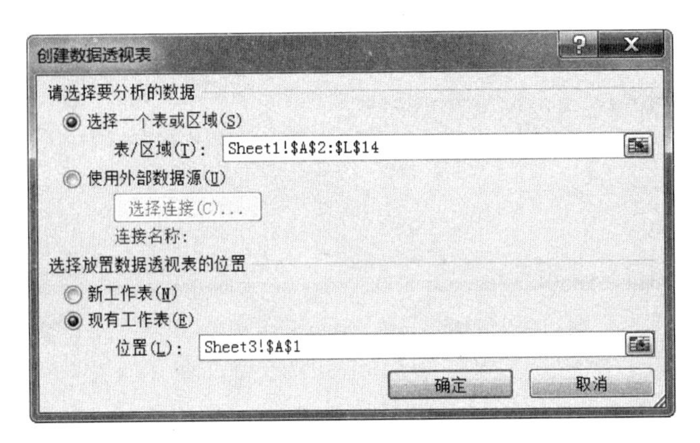

图 2.38　创建数据透视表

(2) 进入 Sheet3 工作表，在“数据透视表字段列表”窗格中，拖动“性别”字段到“行标签”列表框，拖动“考评”字段到“列标签”列表框和“数值”列表框中，透视表即建立完毕，如图 2.39 所示。

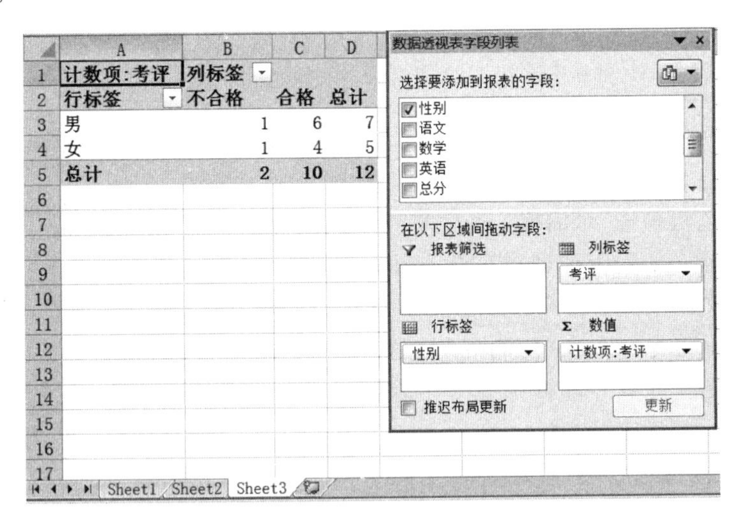

图 2.39　数据透视表完成效果

2.3　案例二　教工信息管理

“教工信息管理.xlsx”原文件的“教工信息表”工作表内容如图 2.40 所示。

要求如下：

(1) 已知 18 位身份证号码：第 7～10 位为出生年份(4 位数)，第 11、12 位为出生月份，第 13、14 位为出生日期，第 17 位代表性别，奇数为男，偶数为女。请使用 MID、IF、MOD 和 DATE 函数，从身份证号码中分离出性别信息，D 列“性别”填入“男”或“女”；分离出出生日

部门	姓名	身份证号	性别	出生日期	是否闰年	年龄	工作日期	工龄	岗位级别	岗位工资	薪级工资	岗位津贴	生活补贴	预发等	应发工资	税率(%)	速算扣除	扣税	实发工资
信息学院	常虹	330224197210232724					1995/7/14		7		613			1500					
信息学院	陈浩	15010419560904051X					1979/7/11		2		1024			36800					
法学院	陈俊铭	420623197410160013					1997/7/31		8		527			1000					
阳明学院	陈丽	330224197001073325					1993/7/15		6		643			2000					
信息学院	陈忙忙	110108196409191412					1987/1/18		4		834			4500					
阳明学院	陈润远	110108196403242290					1987/11/8		4		834			3500					
信息学院	单由由	330203196901240313					1992/9/29		5		735			2200					
法学院	方珂	330205196910160916					1992/10/9		6		673			2000					
外语学院	葛荧	51010219620912377X					1985/7/12		3		984			30000					
信息学院	古亚平	330203197712250939					2000/8/30		10		295			600					
阳明学院	顾敏	330205196810210912					1991/7/13		5		703			2200					
外语学院	何丹	330222198002048270					2003/8/10		11		233			500					
外语学院	何慧豪	410103197111229012					1994/9/29		7		583			1500					
法学院	胡睿超	330206198202111457					2005/7/14		12		195			400					
信息学院	胡顺遂	330233196304080313					1986/7/31		3		904			10000					
外语学院	黄纯	65010419710414162X					1994/10/9		7		613			1500					

图 2.40 “教工信息表”内容

期信息，使用“年/月/日”格式填入 E 列“出生日期”。

(2) 判断出生日期是否闰年，将结果“是”或者“否”填入 F 列“是否闰年”。判断闰年的条件：能被 4 整除但不能被 100 整除，或者能被 400 整除的年份是闰年。

(3) 根据出生日期计算出年龄(年龄＝当前年份－出生年份)，根据工作日期计算出工龄(工龄＝当前年份－工作年份＋1)。

(4) 使用 VLOOKUP 函数，将“岗位工资表”工作表中“岗位工资”和“岗位津贴”查找并填充到“教工信息表”对应的“岗位工资”和“岗位津贴”列。

(5) 使用函数，将“生活补贴表”工作表中“生活补贴”查找并填充到“教工信息表”对应的“生活补贴”列。

(6) 使用数组公式，计算应发工资(应发工资＝岗位工资＋薪级工资＋岗位津贴＋生活补贴＋预发等)，将其计算结果保存到表中的“应发工资”列当中。

(7) 参照“生活补贴表”工作表，完善“个人所得税税率表”工作表，将“个人所得税税率表”工作表中“税率”和“速算扣除数”查找并填充到“教工信息表”的“税率”和“速算扣除”列。

(8) “教工信息表”工作表所计算出的“应发工资”为工资、薪金所得，以每月收入额减除费用 3500 后的余额为应纳税所得额。因此，应纳税所得额＝应发工资－3500。根据应发工资、税率和速算扣除，计算并填充“扣税”列(扣税＝应纳税所得额 * 税率－速算扣除)。

(9) 使用数组公式，计算实发工资(实发工资＝应发工资－扣税)，将其计算结果保存到表中的“实发工资”列当中。

(10) 将“统计表”工作表填写完整：使用 COUNTIF 函数计算各部门人数；使用 AVERAGEIF 函数计算各部门平均工资；使用 SUMIF 函数计算各部门总工资，如图 2.41 所示。

统计表			
部门	人数	平均工资	总工资
信息学院			
法学院			
外语学院			
阳明学院			

图 2.41 统计表原来的信息

(11) 新建“分类汇总”工作表，将“教师信息表”的内容复制过来。按照“部门”分类,统计各部门的人数、平均工资与总工资。

1. 性别、出生日期信息提取

(1) 打开“教工信息管理.xlsx”文件,定位到“教师信息表”工作表中,在“性别”列D2单元格中输入公式“=IF(MOD(MID(C2,17,1),2)=0,"女","男")”后,如图2.42所示,按回车键确认,然后填充D列其他数据。

SUMIF　=IF(MOD(MID(C2,17,1),2)=0,"女","男")

	A	B	C	D	E	F	G	H
1	部门	姓名	身份证号	性别	出生日期	是否闰年	年龄	工作日期
2	信息学院	常虹	330224197210232724	=IF(MOD(MID(C2,17,1),2)=0,"女","男")				
3	信息学院	陈浩	15010419560904051X					1979/7/11
4	法学院	陈俊铭	420623197410160013					1997/7/31

图2.42　在身份证号中提取性别信息

公式解释:MID(C2,17,1)表示从第17个字符开始提取,提取1个字符出来;MOD(MID(C2,17,1),2)=0表示能否被2整除;整个就表示身份证号码的第17位如果能被2整除,性别就是“女”,否则为“男”。

(2) 在“出生日期”列E2单元格中输入公式“=DATE(MID(C2,7,4),MID(C2,11,2),MID(C2,13,2))”。

公式解释:MID(C2,7,4)表示从第7个字符开始提取,提取4个字符出来,也就是年份;MID(C2,11,2)表示从第11个字符开始提取,提取2个字符出来,也就是月份;MID(C2,13,2)表示从第13个字符开始提取,提取2个字符出来,也就是日期;date函数是将文本类型转换成日期类型输出。

2. 判断是否闰年

(1) 在“是否闰年”列F2单元格中输入公式“=IF(OR(MOD(YEAR(E2),400)=0,AND(MOD(YEAR(E2),100)<>0,MOD(YEAR(E2),4)=0)),"是","否")”,按回车键确认,然后填充F列其他数据。

公式解释:YEAR(E2)表示求年份;MOD(YEAR(E2),400)=0表示年份能被400整除;MOD(YEAR(E2),100)<>0表示年份不能被100整除;AND(MOD(YEAR(E2),100)<>0,MOD(YEAR(E2),4)=0)表示年份能被4整除但不能被100整除要同时成立。OR(MOD(YEAR(E2),400)=0,AND(MOD(YEAR(E2),100)<>0,MOD(YEAR(E2),4)=0))表示年份能被4整除但不能被100整除,或者能被400整除。

(2) 在“年龄”列G2单元格中输入公式“=YEAR(TODAY())-YEAR(E2)”。

(3) 在“工龄”列I2单元格中输入公式“=YEAR(TODAY())-YEAR(H2)+1”。

3. VLOOKUP函数

(1) “岗位工资表”工作表中内容如图2.43所示。“生活补贴表”工作表中内容如图2.44所示。

(2) 将光标定位在“岗位工资”列K2单元格中,单击编辑栏的“插入函数”按钮 fx ,打开“插入函数”对话框,在“搜索函数”文本框中输入VLOOKUP,再单击“转到”按钮,“选择函数”列表框中会自动选中并列出该函数,单击“确定”按钮。

	A	B	C
1	岗位工资表		
2	岗位级别	岗位工资	岗位津贴
3	1	2800	
4	2	1900	3250
5	3	1630	2990
6	4	1420	2780
7	5	1180	2470
8	6	1040	2310
9	7	930	2160
10	8	780	1950
11	9	730	1820
12	10	680	1690
13	11	620	1530
14	12	590	1430
15	13	550	1300

图 2.43　岗位工资表

	A	B	C
1	生活补贴表		
2	工龄说明	工龄	生活补贴
3	0～5	0	1800
4	6～10	6	1850
5	11～15	11	1900
6	16～20	16	1950
7	21～25	21	2000
8	26～30	26	2050
9	31～35	31	2100
10	36～	36	2150

图 2.44　生活补贴表

(3) 弹出“函数参数”对话框，单击 Lookup_value 编辑框，单击“教工信息表”中“岗位级别”列 J2 单元格。单击 Table_array 编辑框，单击“岗位工资表”工作表，拖动鼠标选中岗位工资表中 A2:C15，选中生成的文字“岗位工资表!A2:C15”，按 F4 键，使变成绝对引用格式“岗位工资表!$A$2:$C$15”。Col_index_num 编辑框中输入 2，表示返回第 2 列数据。在 Range_lookup 编辑框中输入 false，表示精确匹配数据。如图 2.45 所示，单击“确定”按钮。K2 单元格编辑栏里自动显示“=VLOOKUP(J2,岗位工资表!$A$2:$C$15,2,FALSE)”。按 Ctrl+C 组合键复制该公式，填充该列数据。

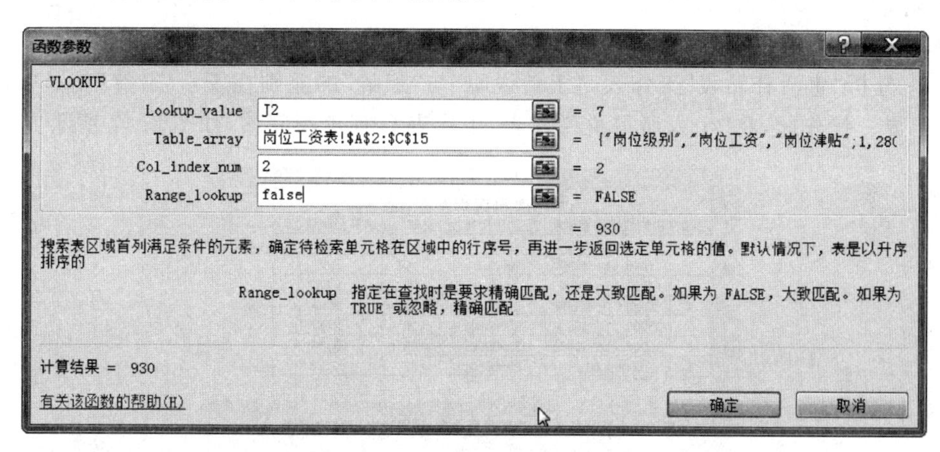

图 2.45　VLOOKUP 函数岗位工资提取

(4) 将光标定位在“岗位津贴”列 M2 单元格中，在编辑栏中粘贴第(3)步复制的公式，将其修改成“=VLOOKUP(J2,岗位工资表!$A$2:$C$15,3,FALSE)”。回车确认后填充数据。

(5) 将光标定位在“生活补贴”列 N2 单元格中，单击编辑栏的“插入函数”按钮 *fx*，打开“插入函数”对话框，在“选择函数”列表框中选中函数 VLOOKUP，单击“确定”按钮。

(6) 弹出“函数参数”对话框，单击 Lookup_value 编辑框，选择“教工信息表”中“工龄”列 I2 单元格。单击 Table_array 编辑框，选择“生活补贴表”工作表，拖动鼠标选中生活补贴表中 B2:C10，选中生成的文字“生活补贴表!B2:C10”，按 F4 键，使变成绝对引用格式“生活补贴表!$B$2:$C$10”。在 Col_index_num 编辑框中输入 2。在 Range_lookup 编辑框中输入 TRUE,表示模糊匹配数据。如图 2.46 所示,单击“确定”按钮。N2 单元格编辑栏里自动显示“=VLOOKUP(I2,生活补贴表!$B$2:$C$10,2,TRUE)”。

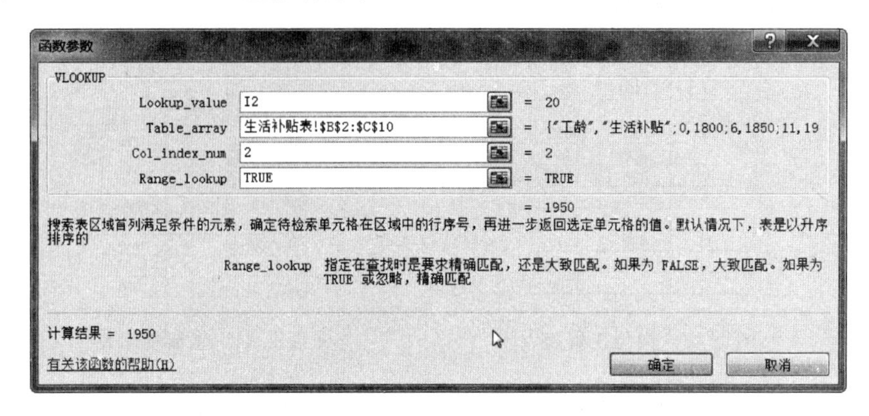

图 2.46　VLOOKUP 函数生活补贴提取

(7) 拖动选中 P2:P30 目标区域,在编辑栏中输入“=”,拖动选中 K2:K30;在编辑栏中输入“+”,拖动选中 L2:L30;在编辑栏中输入“+”,拖动选中 M2:M30;在编辑栏中输入“+”,拖动选中 N2:N30;在编辑栏中输入“+”,拖动选中 O2:O30;这时编辑栏中显示“=K2:K30+L2:L30+M2:M30+N2:N30+O2:O30”,按 Ctrl+Shift+Enter 组合键,完成“应发工资”列数组公式计算。

4. 计算个人所得税

(1) 分析“生活补贴表”工作表,“工龄说明”与“工龄”的差别在于:“工龄”就是“工龄说明”的下界。操作此,将“个人所得税税率表”工作表 C 列填写完整,如图 2.47 所示。

	A	B	C	D	E	F
1	个人所得税税率表					
2	级数	应纳税所得额说明	应纳税所得额	税率(%)	速算扣除数(元)	
3	1	0～1500	0	3	0	
4	2	1500.01～4500	1500.01	10	105	
5	3	4500.01～9000	4500.01	20	555	
6	4	9000.01～35000	9000.01	25	1005	
7	5	35000.01～55000	35000.01	30	2755	
8	6	55000.01～80000	55000.01	35	5505	
9	7	80000.01～	80000.01	45	13505	
10	注:					
11	一、工资、薪金所得，以每月收入额减除费用3500后的余额，为应纳税所得额					
12	二、应纳个人所得税税额=应纳税所得额*适用税率-速算扣除数					

图 2.47　个人所得税税率表

(2) 如图 2.48 所示,用 VLOOKUP 函数将“个人所得税税率表”工作表中“税率”和“速算扣除数”查找并填充到“教工信息表”的“税率”和“速算扣除”列。“税率”列 Q2 公式为“=VLOOKUP(P2-3500,个人所得税税率表!$C$2:$E$9,2,TRUE)”。“速算扣除”列 R2 公式为“=VLOOKUP(P2-3500,个人所得税税率表!$C$2:$E$9,3,TRUE)”。

(3) 在“扣税”列 S2 单元格中输入公式“=(P2-3500)*Q2/100-R2”。

(4) “实发工资”列 T 单元格用数组公式计算:实发工资=应发工资-扣税。编辑栏中显示公式为“{=P2:P30-S2:S30}”。

(5) 到目前为止,“教师信息表”数据已经填写完整,如图 2.49 所示。这里假设当前年份为 2014 年。

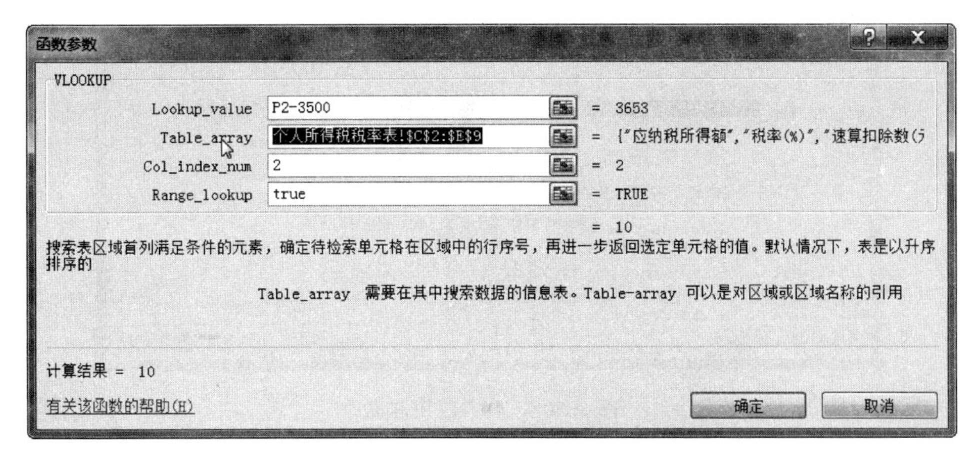

图 2.48 VLOOKUP 函数个人所得税税率提取

T2 {=P2:P30-S2:S30}

	A	B	C	D	E	F	G	H	I	J	K	L	M	N	O	P	Q	R	S	T
1	部门	姓名	身份证号	性别	出生日期	是否闰年	年龄	工作日期	工龄	岗位级别	岗位工资	薪级工资	岗位津贴	生活补贴	预发等	应发工资	税率(%)	速算扣除	扣税	实发工资
2	信息学院	常虹	330224197210232724	女	1972/10/23	是	42	1995/7/14	20	7	930	613	2160	1950	1500	7153	10	105	260.3	6892.7
3	信息学院	陈浩	15010419560904051X	男	1956/9/4	是	58	1979/7/11	36	2	1900	1024	3250	2150	36800	45124	30	2755	9732	35391.8
4	法学院	陈俊铭	420623197410160013	男	1974/10/16	否	40	1997/7/31	18	8	780	527	1950	1950	1000	6207	10	105	165.7	6041.3
5	阳明学院	陈丽	330224197001073325	女	1970/1/7	否	44	1993/7/15	22	6	1040	643	2310	2000	2000	7993	10	105	344.3	7648.7
6	信息学院	陈忙忙	110108196409191412	男	1964/9/19	是	50	1987/1/18	28	4	1420	834	2780	2050	4500	11584	20	555	1062	10522.2
7	阳明学院	陈润远	110108196403242290	男	1964/3/24	是	50	1987/11/8	28	4	1420	834	2780	2050	3500	10584	20	555	861.8	9722.2
8	信息学院	单由由	330203196901240313	男	1969/1/24	否	45	1992/9/29	23	5	1180	735	2470	2000	2200	8585	20	555	462	8123
9	法学院	方珂	330205196910160916	男	1969/10/16	否	45	1992/10/9	23	6	1040	673	2310	2000	2000	8023	20	555	349.6	7673.4
10	外语学院	葛荧	51010219620912377X	男	1962/9/12	否	52	1985/7/12	30	3	1630	984	2990	2050	30000	37654	25	1005	7534	30120.5
11	信息学院	古亚平	330203197712250939	男	1977/12/25	否	37	2000/8/30	15	10	680	295	1690	1900	600	5165	10	105	61.5	5103.5
12	阳明学院	顾敏	330205196810210912	男	1968/10/21	是	46	1991/7/13	24	5	1180	703	2470	2000	2200	8553	20	555	455.6	8097.4
13	外语学院	何丹	330222198002048270	男	1980/2/4	是	34	2003/8/10	12	11	620	233	1530	1900	500	4783	3	0	38.49	4744.51
14	外语学院	何慧豪	410103197111229012	男	1971/11/22	否	43	1994/9/29	21	7	930	583	2160	2000	1500	7173	10	105	262.3	6910.7
15	法学院	胡睿超	330206198202111457	男	1982/2/11	否	32	2005/7/14	10	12	590	195	1430	1850	400	4465	3	0	28.95	4436.05
16	信息学院	胡顺遂	330233196304080313	男	1963/4/8	否	51	1986/7/31	29	3	1630	904	2990	2050	10000	17574	25	1005	2514	15060.5
17	外语学院	黄纯	65010419710414162X	女	1971/4/14	否	43	1994/10/9	21	7	930	613	2160	2000	1500	7203	10	105	265.3	6937.7

教工信息表 / 个人所得税税率表 / 岗位工资表 / 生活补贴表 / 统计表

平均值: 9428.04 计数: 29 求和: 273413.16

图 2.49 “教师信息表”完整数据

5. 统计函数

(1) 切换到“统计表”工作表中，将光标定位在 B3 单元格，插入函数选择 COUNTIF，打开“函数参数”对话框，在 Range 编辑框中选择“教工信息表”中的 A1:A30，在 Criteria 编辑框中选择 A3，按 F4 键设置 A1:A30 区域为绝对引用，如图 2.50 所示，单击“确定”按钮。填充数据。B3 单元格公式为“=COUNTIF(教工信息表!$A$1:$A$30,A3)”。

(2) 在“统计表”工作表中，将光标定位在 C3 单元格，插入函数选择 AVERAGEIF，打开“函数参数”对话框，在 Range 编辑框中选择“教工信息表”中的 A2:A30，在 Criteria 编辑框中选择 A3，在 Average_range 编辑框中选择“教工信息表”中的 T2:T30，按 F4 键设置 A2:A30 和 T2:T30 区域为绝对引用，如图 2.51 所示，单击“确定”按钮。填充数据。C3 单元格公式为“= AVERAGEIF(教工信息表!$A$2:$A$30,A3,教工信息表!$T$2:$T$30)”。

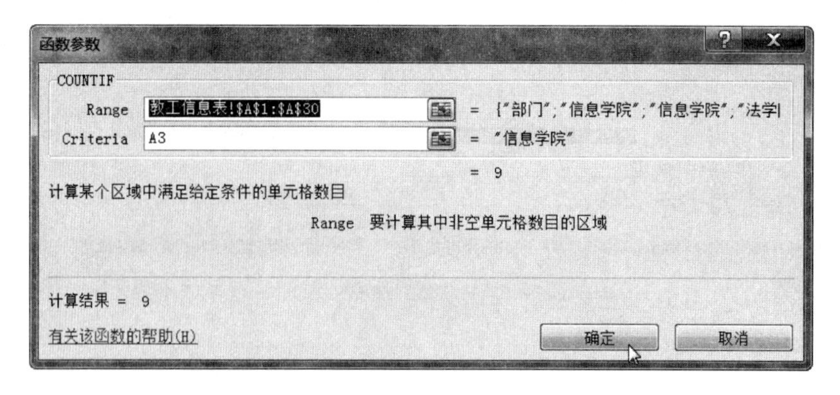

图 2.50　COUNTIF 函数

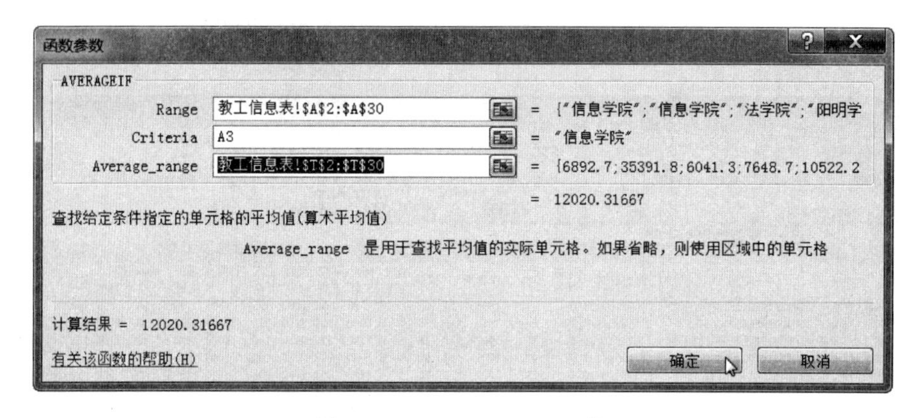

图 2.51　AVERAGEIF 函数

(3) 在“统计表”工作表中，将光标定位在 D3 单元格，插入函数选择 SUMIF，打开“函数参数”对话框，在 Range 编辑框中选择“教工信息表”中的 A2:A30，在 Criteria 编辑框中选择 A3，在 Sum_range 编辑框中选择“教工信息表”中的 T2:T30，按 F4 键设置 A2:A30 和 T2:T30 区域为绝对引用，如图 2.52 所示，单击“确定”按钮。填充数据。C3 单元格公式为“= SUMIF(教工信息表!$A$2: $A$30,A3,教工信息表!$T$2: $T$30)”。

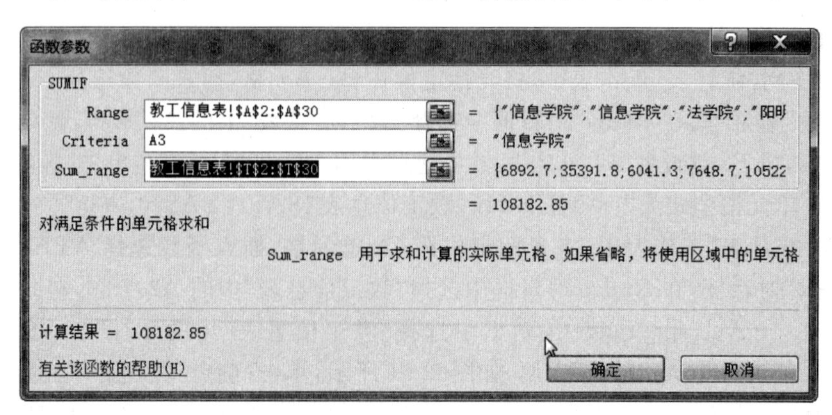

图 2.52　SUMIF 函数

(4)“统计表”工作表填写完整后,如图 2.53 所示。

	A	B	C	D
1	统计表			
2	部门	人数	平均工资	总工资
3	信息学院	9	12020.3	108182.85
4	法学院	7	7884.84	55193.85
5	外语学院	8	8867.58	70940.66
6	阳明学院	5	7819.16	39095.8

图 2.53　统计表完成

6. 分类汇总

(1)新建“分类汇总”工作表,选中“教师信息表”的所有数据,按 Ctrl+C 快捷键复制,右击“分类汇总”工作表中 A1 单元格,在弹出的快捷菜单中选择“粘贴”→“值”选项。主要是因为原来表使用了数组公式,不利于排序,所以只把数值复制过来,不包含公式。

(2)在“分类汇总”工作表中,选中 E～I 所有列,在右键快捷菜单中选择“隐藏”命令,将这几列隐藏起来。将光标放在“部门”列有数据的位置,单击升序按钮,将数据按“部门”排序。

(3)将光标放在数据区域,选择“数据”→“分类汇总”菜单命令,弹出“分类汇总”对话框,“分类字段”选择“部门”,“汇总方式”选择“计数”,“选定汇总项”选择“姓名”,其他保持默认设置,如图 2.54 所示,单击“确定”按钮。一个简单的计数分类汇总就完成了。

(4)继续选择“数据”→“分类汇总”菜单命令,弹出“分类汇总”对话框,“分类字段”选择“部门”,“汇总方式”选择“平均值”,“选定汇总项”选择“实发工资”,取消选中“替换当前分类汇总”复选框,如图 2.55 所示,单击“确定”按钮。计数和求平均值分类汇总便复合在一起显示出来。

图 2.54　分类汇总 1

图 2.55　分类汇总 2

(5)继续选择“数据”→“分类汇总”菜单命令,弹出“分类汇总”对话框,“分类字段”选择“部门”,“汇总方式”选择“求和”,“选定汇总项”选择“实发工资”,取消选中“替换当前分类汇总”复选框,单击“确定”按钮。一个复杂的分类汇总就完成了,如图 2.56 所示。

(6)在“分类汇总”工作表中,单击左边第 4 列的 - ,使其变成 + ,就把数据折叠起来了,并选中 C～S 所有列,隐藏 C～S 列数据,如图 2.57 所示,与统计表数据进行比较核对一下。

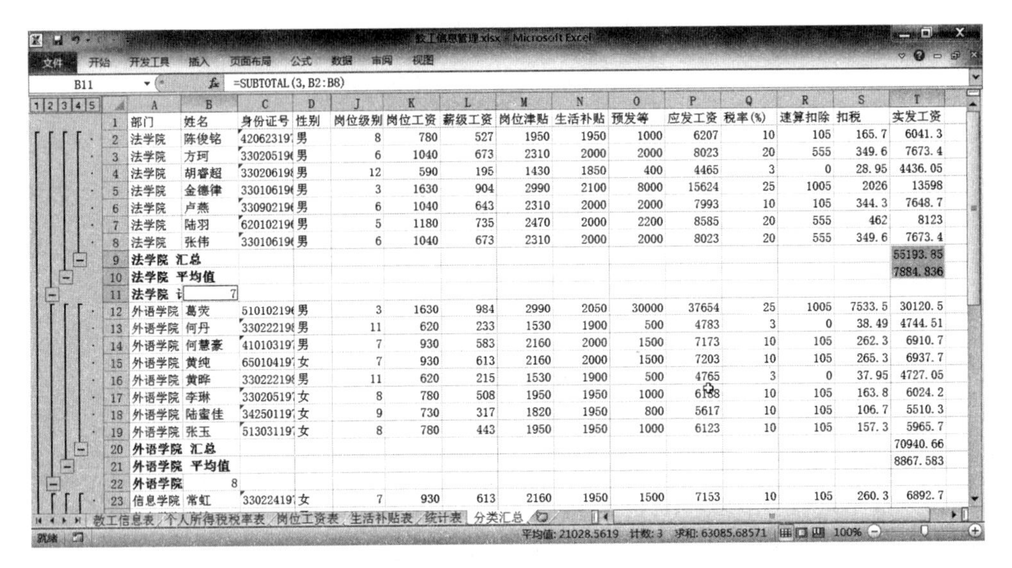

B11 =SUBTOTAL(3,B2:B8)

	A	B	C	D	J	K	L	M	N	O	P	Q	R	S	T
1	部门	姓名	身份证号	性别	岗位级别	岗位工资	薪级工资	岗位津贴	生活补贴	预发等	应发工资	税率(%)	速算扣除	扣税	实发工资
2	法学院	陈俊铭	42062319	男	8	780	527	1950	1950	1000	6207	10	105	165.7	6041.3
3	法学院	方珂	33020519	男	6	1040	673	2310	2000	2000	8023	20	555	349.6	7673.4
4	法学院	胡睿超	33020619	男	12	590	195	1430	1850	400	4465	3	0	28.95	4436.05
5	法学院	金德律	33010619	男	3	1630	904	2990	2100	8000	15624	25	1005	2026	13598
6	法学院	卢燕	33090219	男	6	1040	643	2310	2000	2000	7993	10	105	344.3	7648.7
7	法学院	陆羽	62010219	男	5	1180	735	2470	2000	2200	8585	20	555	462	8123
8	法学院	张伟	33010619	男	6	1040	673	2310	2000	2000	8023	20	555	349.6	7673.4
9	法学院 汇总														55193.85
10	法学院 平均值														7884.836
11	法学院 i	7													
12	外语学院	葛荧	51010219	男	3	1630	984	2990	2050	30000	37654	25	1005	7533.5	30120.5
13	外语学院	何丹	33022219	男	11	620	233	1530	1900	500	4783	3	0	38.49	4744.51
14	外语学院	何慧豪	41010319	男	7	930	583	2160	2000	1500	7173	10	105	262.3	6910.7
15	外语学院	黄纯	65010419	女	7	930	613	2160	2000	1500	7203	10	105	265.3	6937.7
16	外语学院	黄晔	33022219	男	11	620	215	1530	1900	500	4765	3	0	37.95	4727.05
17	外语学院	李琳	33020519	女	8	780	508	1950	1950	1000	6188	10	105	163.8	6024.2
18	外语学院	陆蜜佳	34250119	女	9	730	317	1820	1950	800	5617	10	105	106.7	5510.3
19	外语学院	张玉	51303119	女	8	780	443	1950	1950	1000	6123	10	105	157.3	5965.7
20	外语学院 汇总														70940.66
21	外语学院 平均值														8867.583
22	外语学院	8													
23	信息学院	常虹	33022419	女	7	930	613	2160	1950	1500	7153	10	105	260.3	6892.7

平均值: 21028.5619 计数: 3 求和: 63085.68571

图 2.56 分类汇总复合完成

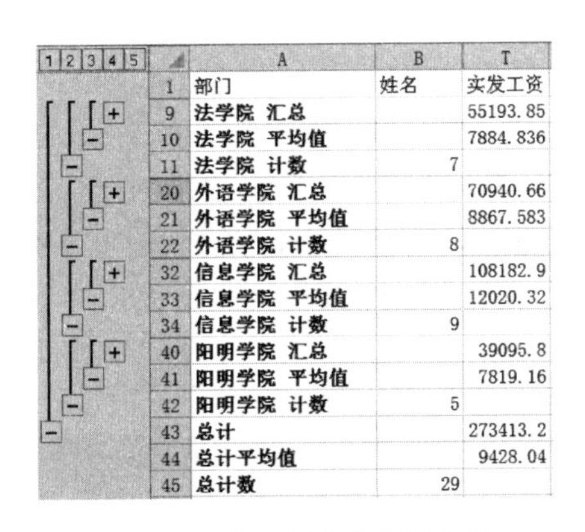

	A	B	T
1	部门	姓名	实发工资
9	法学院 汇总		55193.85
10	法学院 平均值		7884.836
11	法学院 计数	7	
20	外语学院 汇总		70940.66
21	外语学院 平均值		8867.583
22	外语学院 计数	8	
32	信息学院 汇总		108182.9
33	信息学院 平均值		12020.32
34	信息学院 计数	9	
40	阳明学院 汇总		39095.8
41	阳明学院 平均值		7819.16
42	阳明学院 计数	5	
43	总计		273413.2
44	总计平均值		9428.04
45	总计数	29	

图 2.57 分类汇总数据折叠后

2.4 案例三 个人理财管理

"个人理财.xlsx"原文件内容如图 2.58 所示。某公司白领，2014 年时 45 岁，2014 年净收入 250 000，家有现金存款 88 万元，持有基金 10 万元，股票 5 万元，住房公积金 15 万元，养老金账户 18 万元，还有一套价值 110 万元的房子。现家里孩子长大，房子不够大，因此打算买一套新房子，房价 200 万，首付一半，其余分别使用公积金贷款和商业按揭贷款。

要求如下：

(1) 公积金贷款 50 万元，利率为 5%；商业按揭贷款 50 万元，利率为 6.55%。贷款 15 年，分别求两种贷款的月供，同时判断该月供是否合理(月供小于月净收入的 40%为合理)，若合理则在相应位置填 TRUE，否则填写 FALSE。

(2) 计算两年后房子交付时，剩余的贷款总余额。

(3) 现年 45 岁，拟在 60 岁退休，已有养老金 18 万元，今后每年继续交 7880 元，养老金投资报酬为 8%，计算退休时养老金资产。

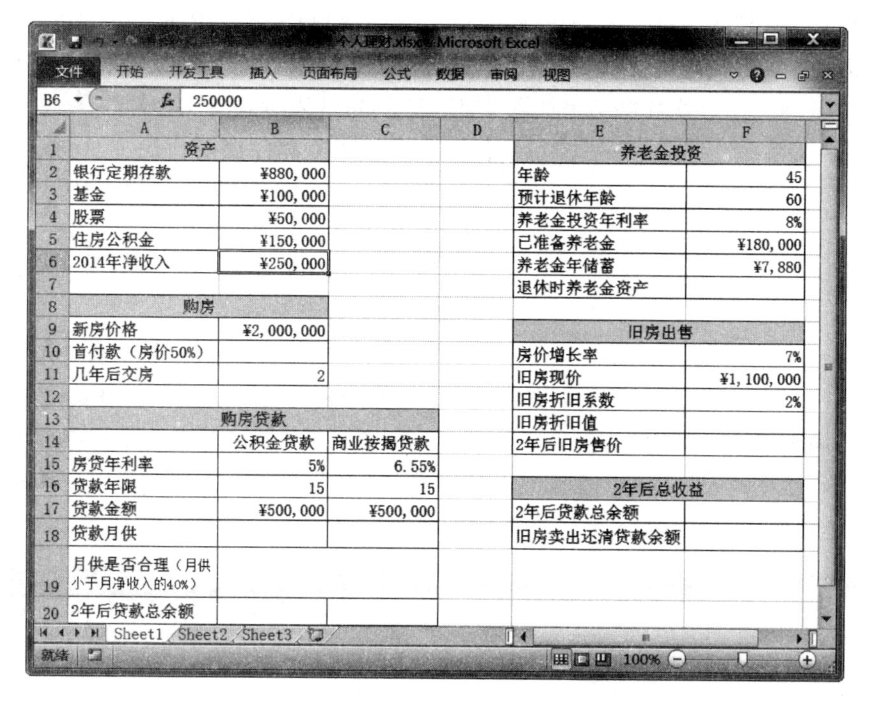

图 2.58 “个人理财.xlsx”原文件内容

(4) 两年后新房交付，旧房可以卖出。旧房现价 110 万，旧房房价年增长率为 7%，折旧率为每年 2%，即年折旧价为房价的 2%。要求计算两年后的旧房售价。

(5) 计算出将旧房卖房款还完新房贷款余额后的房产投资收益，并将总收益数据保留到百位。

1. 房贷月供计算

(1) 将光标定位在 B10，计算首付款为新房价格的 50%。

(2) 将光标定位在 B18，计算公积金贷款的房贷月供。选择“公式”→“财务”→PMT 菜单命令，弹出“函数参数”PMT 对话框，设置参数。其中 Rate 为公积金贷款年利率 5%(B15)除以 12；总期数 Nper 为 15(B16)年再乘以 12，转换成总月数；Pv 为贷款金额共 500000(B17)，其他参数省略，如图 2.59 所示。

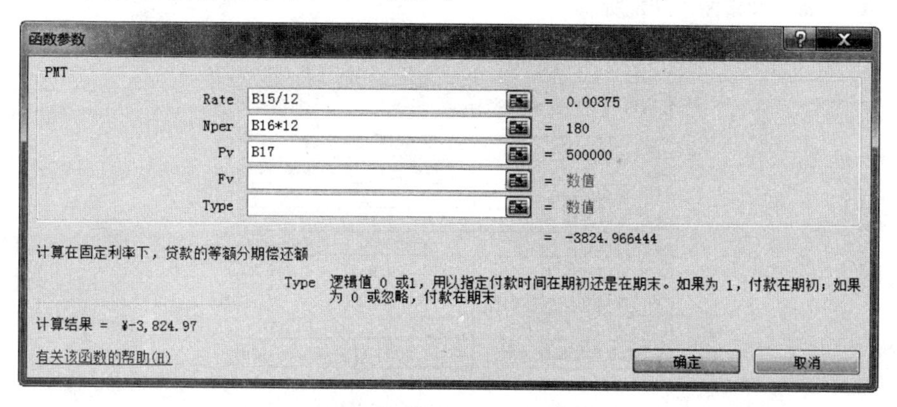

图 2.59 PMT 函数应用

(3) 单击“确定”按钮后,B18 编辑栏中显示“=PMT(B15/12,B16 * 12,B17)”。

(4) 商业按揭贷款的房贷月供的计算方式与公积金贷款相同,因此,只要将 B18 中的公式复制到 C18 即可。贷款月供结果如图 2.60 所示,负数表示是支出金额。

B18 =PMT(B15/12,B16*12,B17)

	A	B	C
13	购房贷款		
14		公积金贷款	商业按揭贷款
15	房贷年利率	5%	6.55%
16	贷款年限	15	15
17	贷款金额	¥500,000	¥500,000
18	贷款月供	¥-3,824.97	¥-4,369.29

图 2.60 贷款月供结果

(5) 判断月供是否合理要使用 IF 函数,如果月供小于月净收入的 40%条件成立,显示 TRUE,否则显示 FALSE。B19 单元格输入公式“=IF(ABS(B18+C18)<40% * B6/12,TRUE,FALSE)”,结果为 TRUE。

2. 两年后贷款总余额计算

(1) 将光标定位在 B20,计算两年后房子交付时,剩余的公积金贷款余额。选择“公式”→“财务”→PV 菜单命令,弹出“函数参数”PV 对话框,设置参数。其中 Rate 为公积金贷款年利率 5%(B15)除以 12;余下期数 Nper 为 15-2(B16-2)年再乘以 12,转换成余下月数;Pmt 为每月月供,为-B18;其他参数省略,如图 2.61 所示。

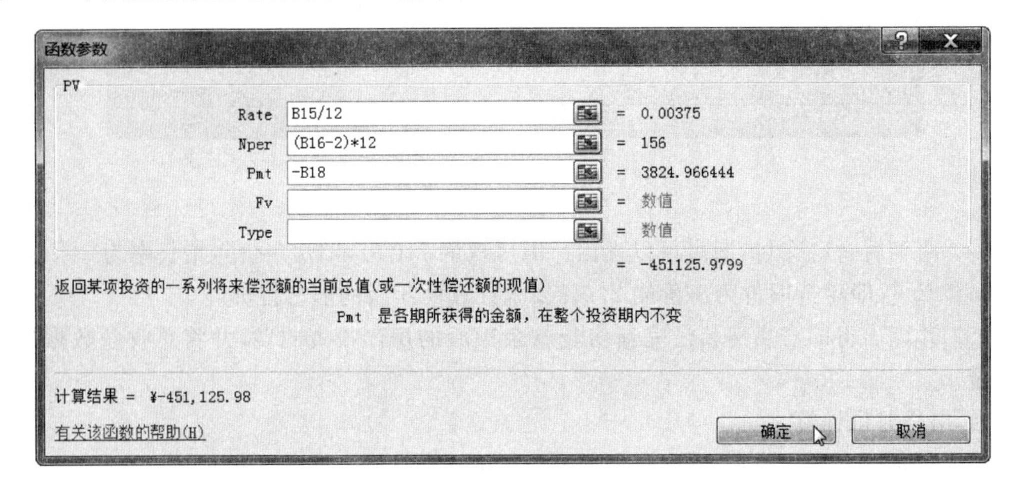

图 2.61 PV 函数应用

(2) 单击“确定”按钮后,B20 编辑栏中显示“=PV(B15/12,(B16-2) * 12,-B18)”。

(3) 剩余的商业按揭贷款余额的计算方式与公积金贷款相同,因此,只要将 B20 中的公式复制到 C20 即可,如图 2.62 所示。

B20 =PV(B15/12,(B16-2)*12,-B18)

	A	B	C
12			
13	购房贷款		
14		公积金贷款	商业按揭贷款
15	房贷年利率	5%	6.55%
16	贷款年限	15	15
17	贷款金额	¥500,000	¥500,000
18	贷款月供	¥-3,824.97	¥-4,369.29
19	月供是否合理(月供小于月净收入的40%)	TRUE	
20	2年后贷款总余额	¥-451,125.98	¥-458,064.34

图 2.62 购房贷款计算完成

（4）计算“2 年后贷款总余额”F17 单元格，公式为“＝B20＋C20”，得到两年后贷款总余额。

3. 退休时养老金资产计算

（1）选中 F7 单元格，计算退休时养老金资产。选择“公式”→“财务”→FV 菜单命令，弹出“函数参数”FV 对话框，设置参数。其中 Rate 为养老金投资年利率 8%(F4)；Nper 为离退休年数 60－45(F3－F2)；Pmt 为今后每年养老金的投资额，即养老金储蓄，该投资是现金支出，为负值，所以要将它取反，Pmt 为－F6；Pv 为已经投资的金额，即已准备养老金，也为负值；其他参数省略，如图 2.63 所示。

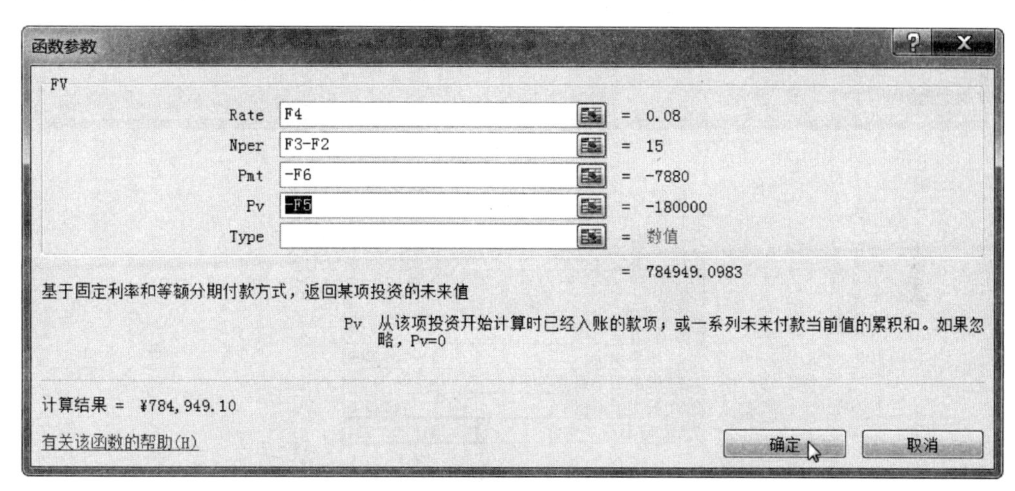

图 2.63　FV 函数应用 1

（2）单击“确定”按钮后，F7 编辑栏中显示“＝FV(F4，F3－F2，－F6，－F5)”，结果如图 2.64 所示。

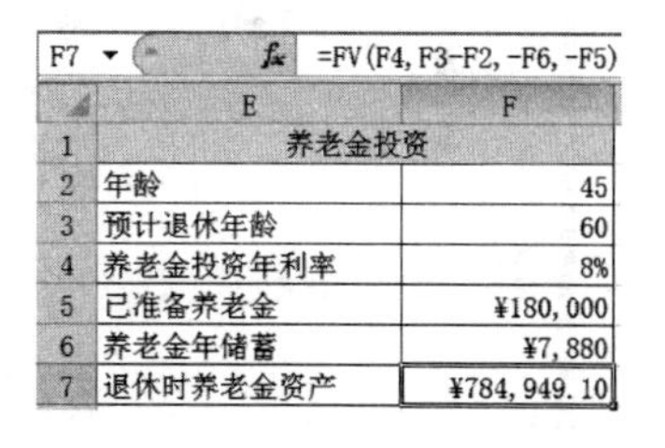

图 2.64　养老金投资计算

4. 两年后旧房的售价计算

（1）选中 F13 单元格，计算旧房折旧值，使用如下公式：房价×折旧率×年限，即公式为“＝F11 * F12 * 2”。

（2）选中 F14 单元格，计算“2 年后旧房售价”。选择“公式”→“财务”→FV 菜单命令，弹出“函数参数”FV 对话框，设置参数。其中 Rate 为房子年增长率 7%；Nper 为年数 2；Pmt 为今后投资额 0；Pv 为已经投资的金额，即“－(F11－F13)”，也为负值；其他参数省略，如图 2.65 所示。

（3）单击“确定”按钮后，F14 编辑栏中显示“＝FV(F10，2，0，－(F11－F13))”，结果如图 2.66 所示。

5. 两年后总收益计算

（1）选中 F18 单元格，计算“旧房卖出还清贷款余额”，选择“公式”→“数学和三角函数”→ROUND 菜单命令，弹出“函数参数”ROUND 对话框，设置参数。其中 Number 为 F17＋F14；Num_digits 为四舍五入采用的位数为－2，表示四舍五入到百位，如图 2.67 所示。

（2）单击“确定”按钮后，编辑栏中显示“＝ROUND(F17＋F14，－2)”，结果如图 2.68 所示。

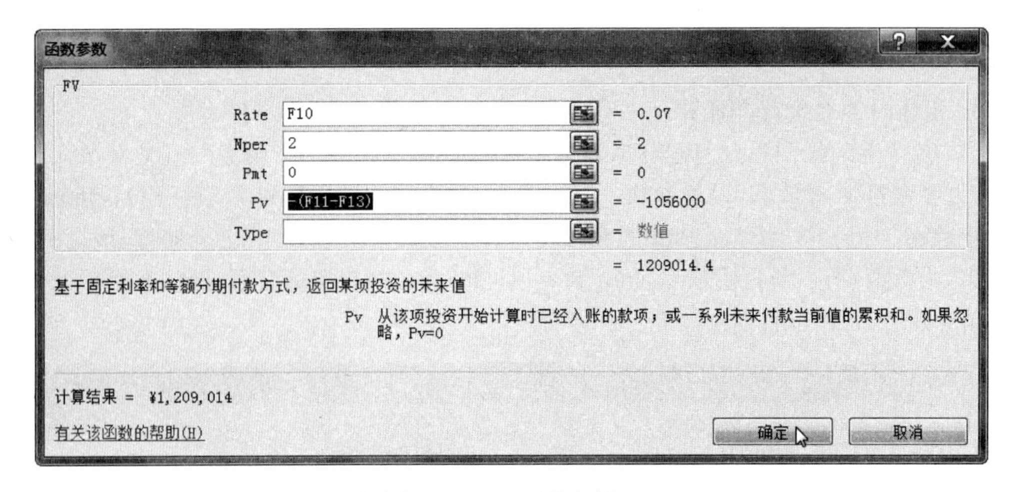

图 2.65　FV 函数应用 2

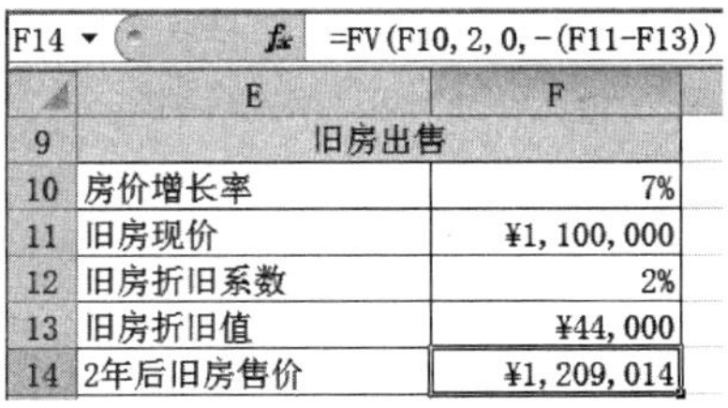

F14　f_x　=FV(F10,2,0,-(F11-F13))

	E	F
9	旧房出售	
10	房价增长率	7%
11	旧房现价	¥1,100,000
12	旧房折旧系数	2%
13	旧房折旧值	¥44,000
14	2年后旧房售价	¥1,209,014

图 2.66　旧房出售信息计算

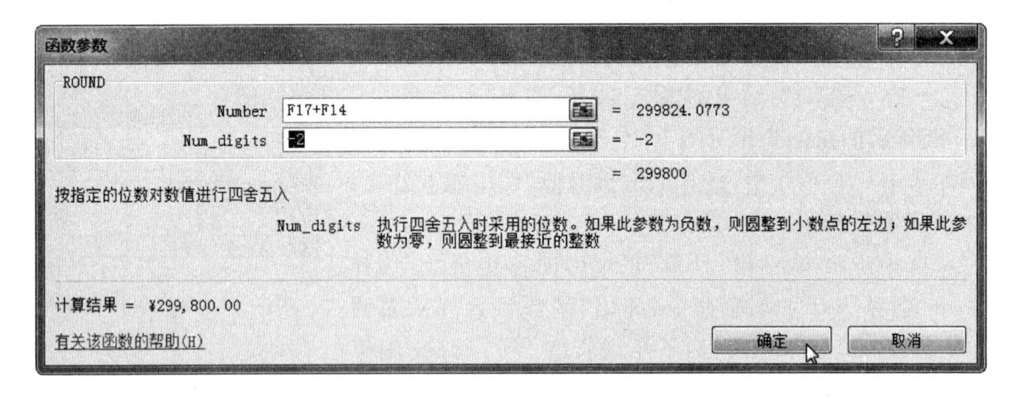

图 2.67　ROUND 函数

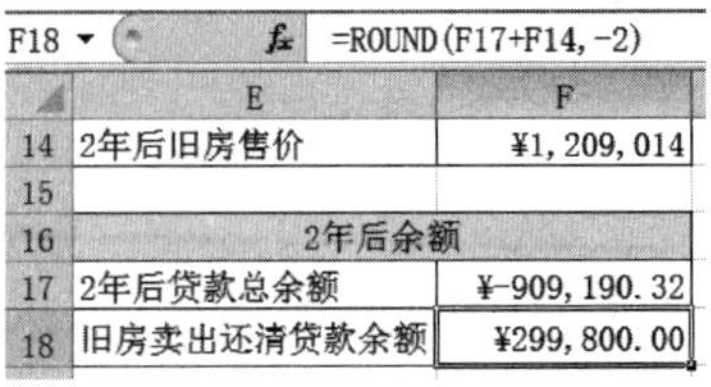

F18　f_x　=ROUND(F17+F14,-2)

	E	F
14	2年后旧房售价	¥1,209,014
15		
16	2年后余额	
17	2年后贷款总余额	¥-909,190.32
18	旧房卖出还清贷款余额	¥299,800.00

图 2.68　旧房卖出还清贷款余额计算

(3) 个人理财案例全部完成，最后效果如图 2.69 所示。

	A	B	C	D	E	F
1	资产				养老金投资	
2	银行定期存款	¥880,000			年龄	45
3	基金	¥100,000			预计退休年龄	60
4	股票	¥50,000			养老金投资年利率	8%
5	住房公积金	¥150,000			已准备养老金	¥180,000
6	2014年净收入	¥250,000			养老金年储蓄	¥7,880
7					退休时养老金资产	¥784,949.10
8	购房					
9	新房价格	¥2,000,000			旧房出售	
10	首付款（房价50%）	¥1,000,000			房价增长率	7%
11	几年后交房	2			旧房现价	¥1,100,000
12					旧房折旧系数	2%
13	购房贷款				旧房折旧值	¥44,000
14		公积金贷款	商业按揭贷款		2年后旧房售价	¥1,209,014
15	房贷年利率	5%	6.55%			
16	贷款年限	15	15		2年后总收益	
17	贷款金额	¥500,000	¥500,000		2年后贷款总余额	¥-909,190.32
18	贷款月供	¥-3,824.97	¥-4,369.29		旧房卖出还清贷款余额	¥299,800.00
19	月供是否合理（月供小于月净收入的40%）	TRUE				
20	2年后贷款总余额	¥-451,125.98	¥-458,064.34			

图 2.69 个人理财案例完成效果

2.5 案例四 手机市场调查问卷

市场调查问卷在企业的生产和销售中均具有重要的作用，通过这种方式可以了解市场需求状况、消费者心态和产品销售状况等。

此案例运用 Excel 的 VBA 高级功能，制作电子版的手机市场调查问卷，使得被调查用户可以在网上填写问卷，同时会自动将问卷结果统计成数据清单，从而大大提高了调查问卷统计的效率。

原有“手机市场调查问卷.xlsx”文件，其中“市场调查问卷”工作表如图 2.70 所示；“数据源”工作表如图 2.71 所示；“统计表”工作表如图 2.72 所示。

1. 准备工作

(1) 打开“手机市场调查问卷.xlsx”工作簿文件，选择“文件”→“选项”菜单命令，弹出“Excel 选项”对话框，选择“信任中心”选项，再单击“信任中心设置”按钮，弹出“信任中心”对话框，选择“宏设置”选项，再单击选中“启用所有宏(不推荐；可能会运行有潜在危险的代码)”单选按钮，并单击选中“信任对 VBA 工程对象模型的访问”复选框。

(2) 选择“文件”→“选项”菜单命令，弹出“Excel 选项”对话框，选择“自定义功能区”选项，在右上角“自定义功能区”下拉列表框中选择“主选项卡”选项，选中“开发工具”选项。若没有该项，则要从左边列表框中添加。单击“确定”按钮后，Excel 应用程序主菜单会增加

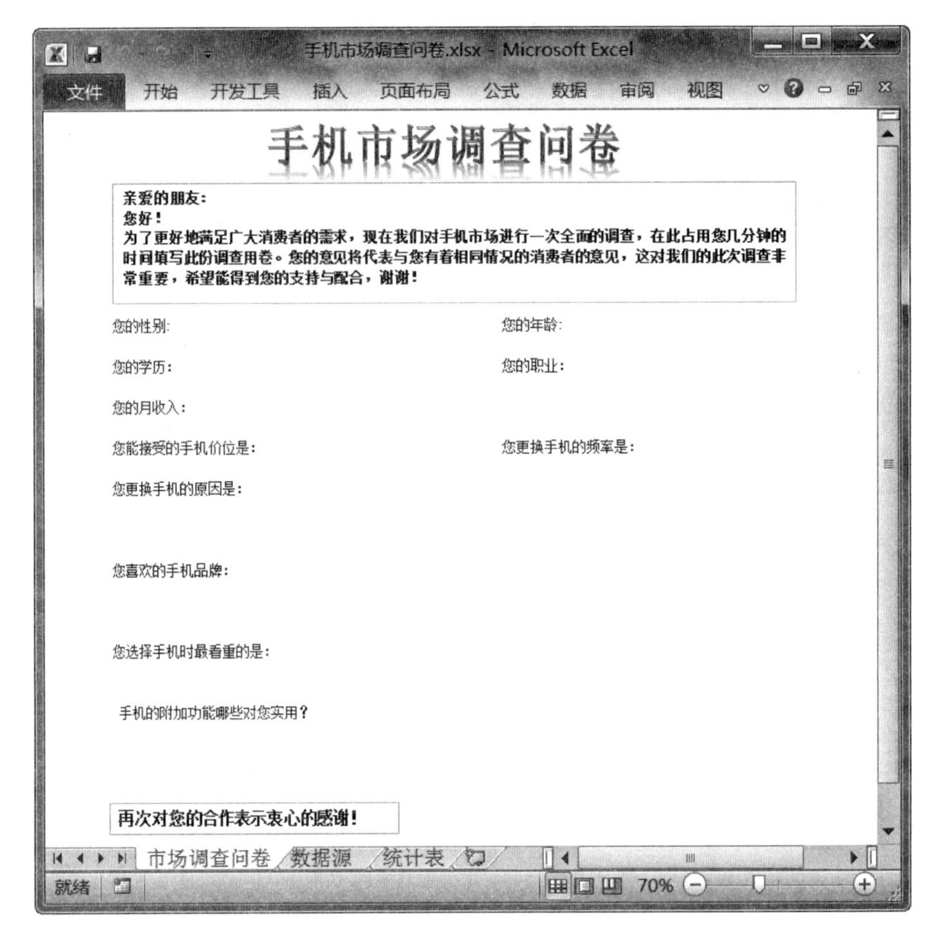

图 2.70　市场调查问卷

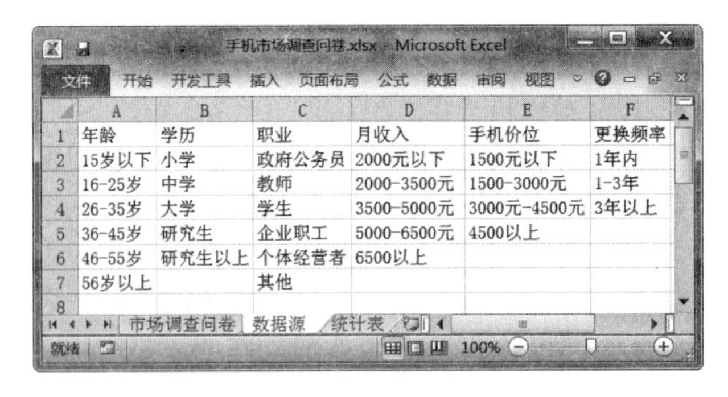

	A	B	C	D	E	F
1	年龄	学历	职业	月收入	手机价位	更换频率
2	15岁以下	小学	政府公务员	2000元以下	1500元以下	1年内
3	16-25岁	中学	教师	2000-3500元	1500-3000元	1-3年
4	26-35岁	大学	学生	3500-5000元	3000元-4500元	3年以上
5	36-45岁	研究生	企业职工	5000-6500元	4500以上	
6	46-55岁	研究生以上	个体经营者	6500以上		
7	56岁以上		其他			
8						

图 2.71　数据源

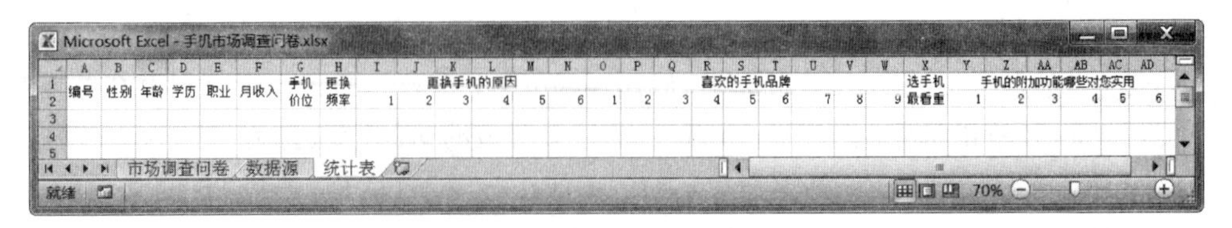

图 2.72　统计表

“开发工具”选项。

(3) 将工作簿文件另存为“手机市场调查问卷.xlsm”,保存类型要选择“Excel 启用宏的工作簿(*.xlsm)”。

2. 使用分组框和选项按钮

(1) 在“市场调查问卷”工作表中,单击“开发工具”→“插入”菜单命令,弹出“表单控件”工具栏,在此工具栏中包含有多个控件供用户使用,如图 2.73 所示。

图 2.73　窗体工具栏

(2) 添加分组框。单击“表单控件”工具栏中的“分组框(窗体控件)”按钮,此时光标变为“+”形状。按住鼠标左键不放将其拖动至合适的位置(如“您的性别”右边)释放,即可在工作表中添加一个分组框。默认情况下分组框左上角的文本文字为“分组框 1”,单击,将其重命名为“性别”,并适当调整其大小位置。

(3) 添加选项按钮。单击“表单控件”工具栏中的“选项按钮(窗体控件)”按钮,按住鼠标左键不放,在“性别”分组框中拖动添加一个选项按钮。将其命名为“男”,并适当调整其大小位置。复制该选项按钮,命名为“女”,并适当地调整其大小位置。注意,两选项按钮不要超出分组框范围。

(4) 选项按钮添加完毕,单击工作表的其他位置可退出其编辑状态,单击选项按钮可以将其选中,如图 2.74 所示,表示“女”为选中状态。要想使选项按钮再次进入编辑状态,右击对象,即可进入编辑状态。

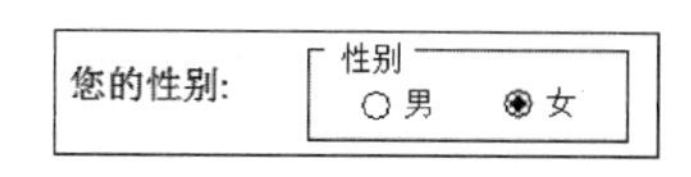

图 2.74　设置分组框和选项按钮

3. 使用组合框

为了方便用户输入“年龄、学历、职业、月收入、手机价位、更换频率”等项目,这里使用组合框将其各个选项罗列出来供用户选择。这里要使用“数据源”工作表。

(1) “市场调查问卷”工作表中,单击“开发工具”→“插入”→“组合框(窗体控件)”菜单选项。

(2) 此时光标变为“+”形状。按住鼠标左键不放将其拖动至合适的位置(如“年龄”右边)释放,即可在工作表中添加一个组合框,并适当地调整其大小位置,右击该组合框,如图 2.75 所示。

(3) 在快捷菜单中选择“设置控件格式”命令,打开“设置对象格式”对话框,切换到“控制”选项卡。

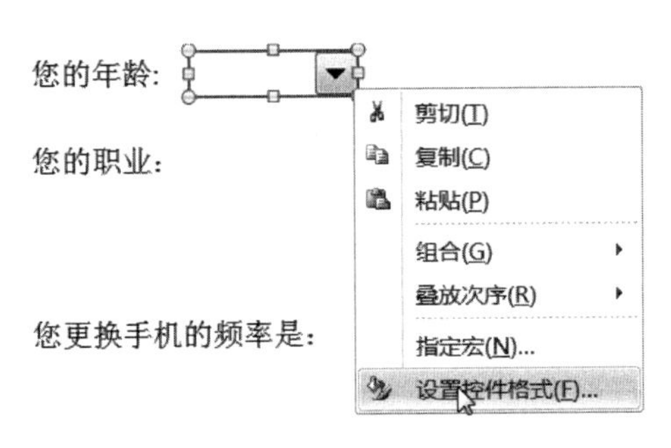

图 2.75　设置组合框

(4) 将鼠标定位在“数据源区域”右边的文本框中，单击其后的“折叠”按钮，此时该对话框即被折叠起来。拖动选中“数据源”工作表中的 A2:A7 区域，这样由鼠标选中的区域就会出现在文本框中。单击“展开”按钮还原对话框，如图 2.76 所示。单击“确定”按钮返回工作表。

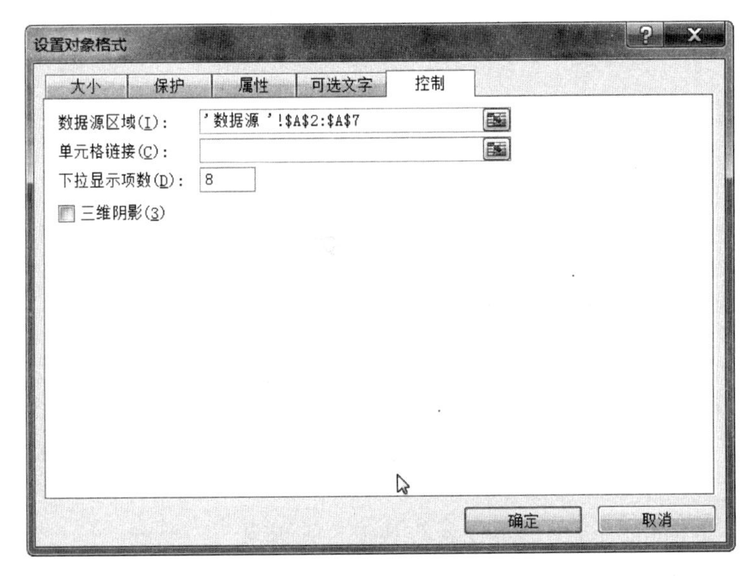

图 2.76　添加组合框

(5) 按照相同的方法再添加 5 个组合框，分别为“学历”、“职业”、“月收入”、“手机价位”、“更换频率”，并为其链接数据源工作表中相应的单元格区域，然后适当调整各个项目的位置，如图 2.77 所示。

您的性别: 性别 ○男 ○女　　您的年龄:

您的学历:　　您的职业:

您的月收入:

您能接受的手机价位是:　　您更换手机的频率是:

图 2.77　其他控件

(6) 单击工作表任意其他区域，取消组合框的选中状态，然后单击此组合框的下三角按钮▼，根据实际情况在下拉列表中选择相应的选项即可，如图 2.78 所示。

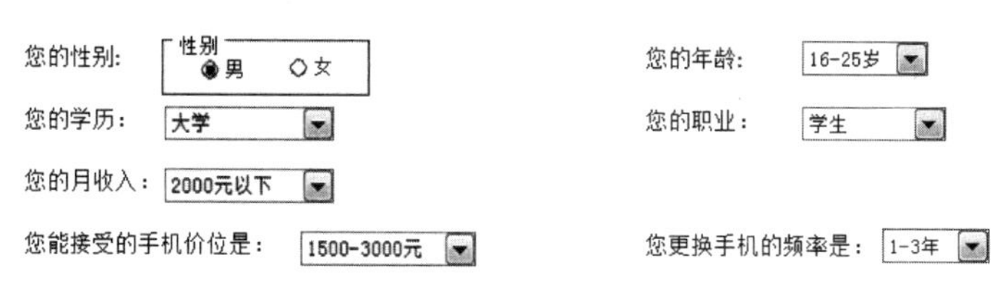

图 2.78 填入信息效果

4. 使用复选框

(1) “市场调查问卷”工作表中，单击“开发工具”→“插入”→“复选框(窗体控件)”菜单命令☑。

(2) 此时光标变为“+”形状。按住鼠标左键不放将其拖动至合适的位置(如“您更换手机的原因是：”下方)释放，即可在工作表中添加一个复选框，并适当地调整其大小位置。复选框默认名为“复选框 1”，将其更名为“质量等出现问题”，并适当调整其大小。

(3) 复制该复选框，再更名。如此反复操作，插入如图 2.79 所示的复选框。其中“您选择手机时最看重的是：”下方插入的控件是选项按钮。

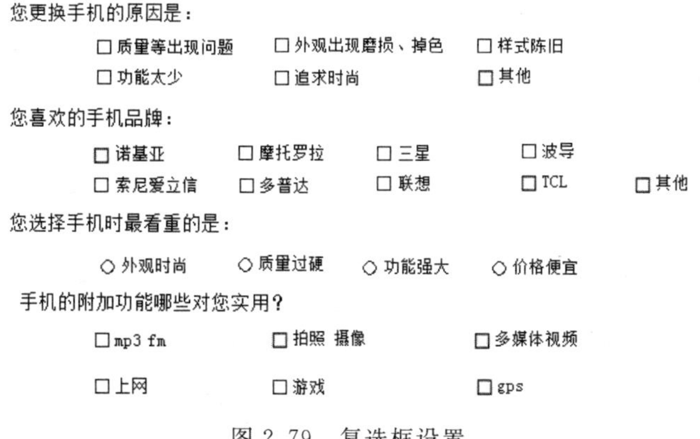

图 2.79 复选框设置

5. 制作统计表

市场调查问卷设计完成后，企业还需要对调查的结果进行统计，并对统计的结果进行分析，这才是制作市场调查问卷的最终目的。为了方便统计，可以设计一个自动统计调查结果的“统计表”。制作完成的“统计表”的基本模型如图 2.80 所示。数据显示可能不同。

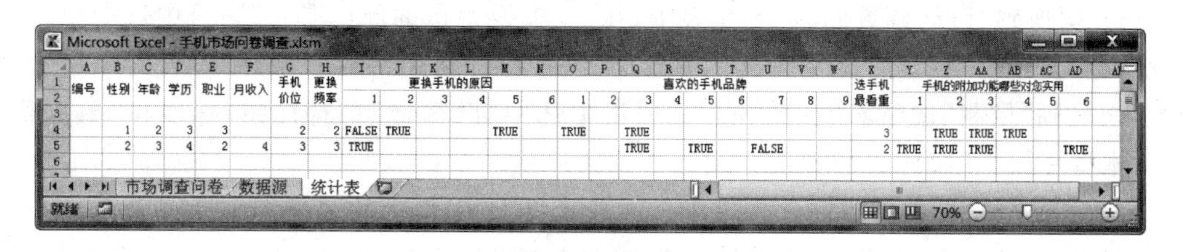

图 2.80 “统计表”基本模型

在调查问卷中有单选题和多选题，一个单选题对应一个答案，一个多选题对应多个答案。为了便于记录，这里使用数字编号代表多选题的多个选项。这里以简洁语言在工作表中输入问卷中每一个问题，以便于在一页中显示问卷中的所有题目。输入完毕可适当调整字体大小、行高、列宽以及合并相应的单元格等。

统计表创建完成之后还需要将其与调查问卷链接起来，只有这样才能实现调查结果的自动统计。

1）链接单选题

（1）切换到“市场调查问卷”工作表中，选中“男”单选按钮，在右键快捷菜单中选择“设置控件格式”命令，打开“设置对象格式”对话框，切换到“控制”选项卡，在“值”选项组中选中“已选择”单选按钮。

（2）将鼠标定位在“单元格链接”编辑框中，单击工作表标签“统计表”中的单元格 B3，即可将链接的单元格显示在“单元格链接”编辑框中，如图 2.81 所示。

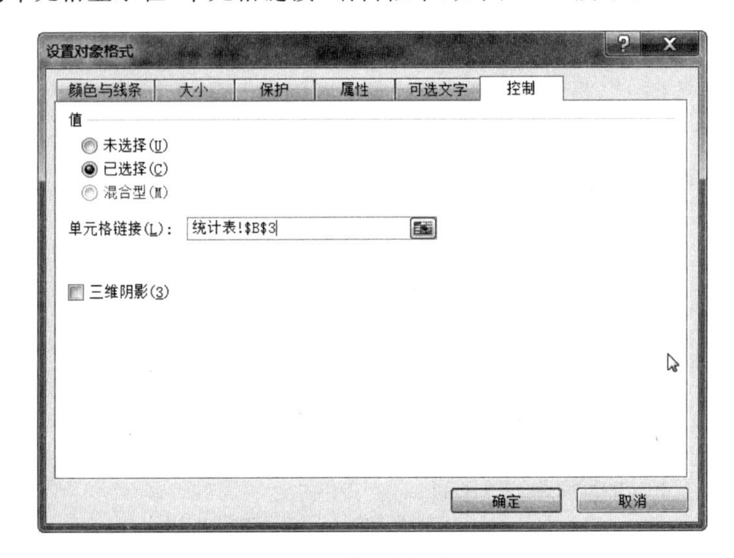

图 2.81　单元格链接设置

（3）单击“确定”按钮返回工作表中，此时如果在工作表“市场调查问卷”中选择的性别是“男”，在“统计表”工作表单元格 B3 中显示的则为“1”；如果选中“女”，则在 B3 单元格中则显示“2”。

（4）按照相同的方法链接其他的选项按钮。如“年龄、学历、职业、月收入”等项。

2）链接多选题

（1）切换到“市场调查问卷”工作表中，在“您更换手机的原因是：”题目中选中“质量等出现问题”复选框，在其右键快捷菜单中选择“设置控件格式”命令，打开“设置对象格式”对话框，切换到“控制”选项卡中，在“值”选项组中选中“已选择”单选按钮，然后在“单元格链接”文本框中输入“统计表!$I$3”。

（2）单击“确定”按钮返回工作表中。在单元格 I3 中显示的如果为一个或者多个“#”，则需要加宽该列。选中此单元格可以发现在编辑栏中显示的是 TRUE，即系统自动以 TRUE 和 FALSE 来表示复选框的选中和未选中状态。

(3) 按照相同的方法逐个将问卷中的其他复选框与统计表中的单元格相链接,并适当调整列宽,将结果全部显示出来。

6. 添加按钮

链接问卷与统计表之后,虽然此时统计表可以自动地记录调查结果,但是第一次填写的结果会被第二次填写的结果所覆盖,不能将每次的填写结果都记录下来。所以,为了将每次填写的结果均记录下来,需要在表格中添加一个提交按钮。

(1) "市场调查问卷"工作表中,单击"开发工具"→"插入"→"按钮(窗体控件)"菜单命令 ,然后在表格的最下方拖动鼠标添加一个按钮。同时系统会自动地弹出"指定宏"对话框。

(2) 单击"新建"按钮,打开 Microsoft Visual Basic 代码编辑窗口,即 VBA 窗口,用户可在此输入、编辑以及运行宏。输入代码,如图 2.82 所示。

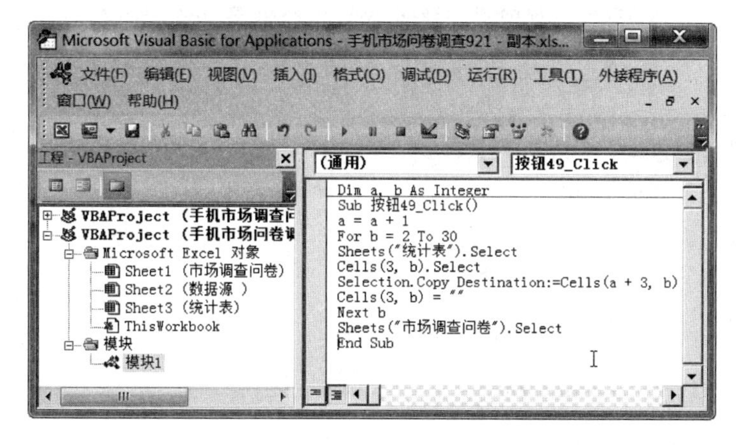

图 2.82 Excel VBA 代码

代码及解释如下:

```
Dim a, b As Integer                                  '定义变量 a 和 b
Sub 按钮 49_Click()                                  '可能你创建的不是按钮 49,可修改
a = a + 1                                            '行自动加 1
For b = 2 To 30                                      '列号从 2~30 循环
Sheets("统计表").Select                              '选择"统计表"工作表
Cells(3, b).Select                                   '选择第 3 行单元格 b3,每次循环 b 都在变化
Selection.Copy Destination: = Cells(a + 3, b)        '将第 3 行单元格 b3 数据复制到 a+3 行
Cells(3, b) = ""                                     '删除单元格内容
Next b                                               'b 自动加 1,转入下一个单元格,直到 b=30
Sheets("市场调查问卷").Select                        '循环结束,返回"市场调查问卷"工作表
End Sub
```

(3) 代码设置完成后,单击"保存"按钮 ,保存输入的代码。关闭 VBE 窗口,返回工作表"市场调查问卷"中,将按钮重命名为"提交"。

(4) 同上方法,创建另一个按钮重命名为"清空重置"。代码如下:

```
Sub 按钮 54_Click()                                  '可能你创建的不是按钮 54,可修改
For b = 2 To 30
Sheets("统计表").Select
```

```
Cells(3, b) = ""
Next b
Sheets("市场调查问卷").Select
End Sub
```

(5) 最后,“手机市场调查问卷. xlsm”完成界面如图 2.83 所示,填写一份调查问卷后,单击“提交”按钮。再填写一份调查报告,单击“清空重置”按钮,将已选择的数据完全清空,保存文件。

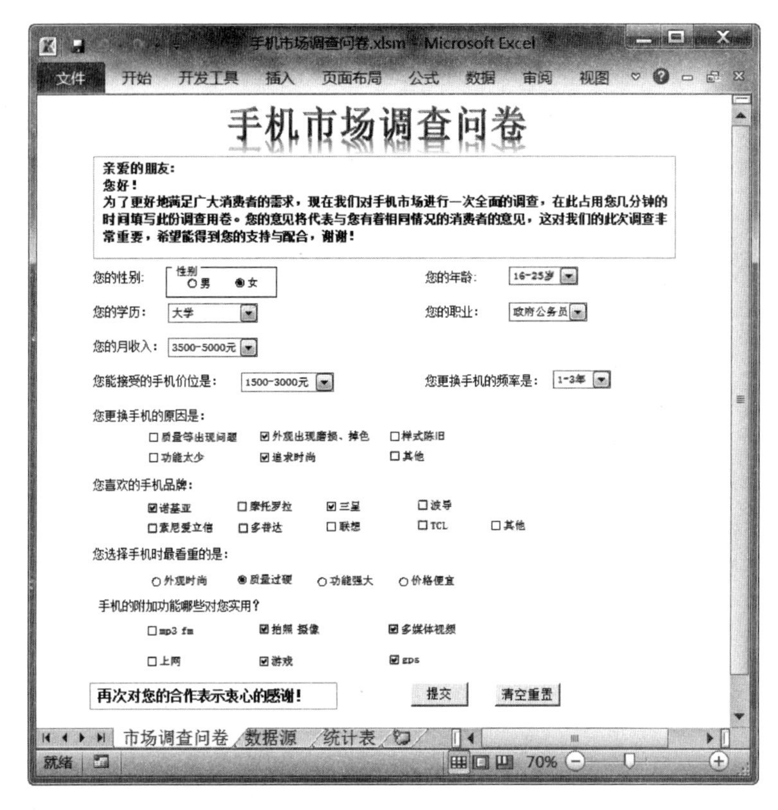

图 2.83　手机市场调查表完成效果

7. 保护工作表

为了保障调查数据的安全性,一般不允许任何人对设置好的调研问卷进行修改,为此可对工作表进行保护设置。

(1) 首先保护“市场调查问卷”工作表。单击“审阅”→“保护工作表”菜单命令。打开“保护工作表”对话框,如图 2.84 所示。在“取消工作表保护时使用的密码”文本框中输入自己定义的密码(比如“123456”)。

(2) 单击“确定”按钮,弹出“确认密码”对话框,在“重新输入密码”文本框中输入前面定义的密码。单击“确定”按钮返回工作表,即完成对工作表的保护。

(3) 按照相同的方法保护“数据源”。至此完成“手

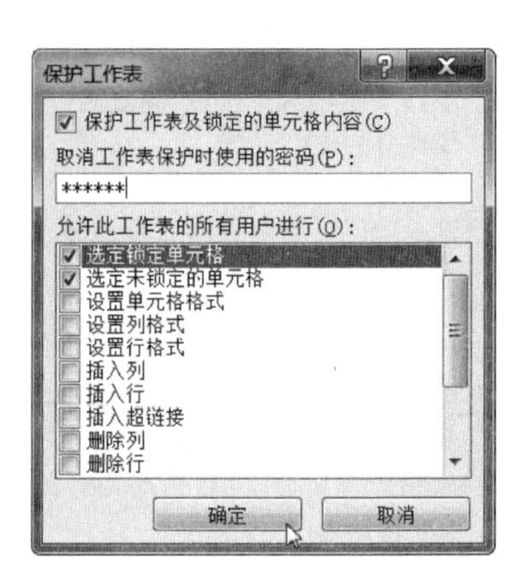

图 2.84　保护工作表

机市场调查问卷”的案例设计。

2.6 案例五 学生成绩管理系统

用 Excel VBA 制作学生成绩管理系统，其中，系统有登录窗体界面、浏览查询数据、成绩输入以及统计总分、平均分等功能。

“学生成绩管理.xlsx”原文件内容 Sheet1 和 Sheet3 如图 2.85 所示，Sheet2 为空表。

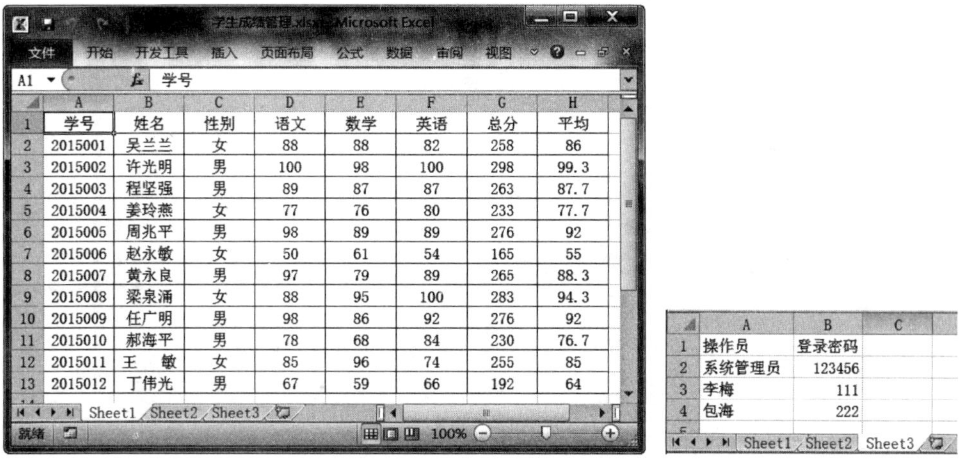

学号	姓名	性别	语文	数学	英语	总分	平均
2015001	吴兰兰	女	88	88	82	258	86
2015002	许光明	男	100	98	100	298	99.3
2015003	程坚强	男	89	87	87	263	87.7
2015004	姜玲燕	女	77	76	80	233	77.7
2015005	周兆平	男	98	89	89	276	92
2015006	赵永敏	女	50	61	54	165	55
2015007	黄永良	男	97	79	89	265	88.3
2015008	梁泉涌	女	88	95	100	283	94.3
2015009	任广明	男	98	86	92	276	92
2015010	郝海平	男	78	68	84	230	76.7
2015011	王　敏	女	85	96	74	255	85
2015012	丁伟光	男	67	59	66	192	64

操作员	登录密码
系统管理员	123456
李梅	111
包海	222

图 2.85 学生成绩管理原文件内容

1. 准备工作

(1) 打开“学生成绩管理.xlsx”工作簿文件，选择“文件”→“选项”菜单命令，弹出“Excel 选项”对话框，选择“信任中心”选项，再单击“信任中心设置”按钮，弹出“信任中心”对话框，选择“宏设置”选项，再单击选中“启用所有宏(不推荐；可能会运行有潜在危险的代码)”单选按钮，并单击选中“信任对 VBA 工程对象模型的访问”复选框。

(2) 选择“文件”→“选项”菜单命令，弹出“Excel 选项”对话框，选择“自定义功能区”选项，在右上角“自定义功能区”下拉列表框中选择“主选项卡”选项，选中“开发工具”选项。若没有该项，则要从左边列表框中添加。单击“确定”按钮后，Excel 应用程序主菜单会增加“开发工具”选项。

(3) 将 Sheet1、Sheet2、Sheet3 工作表分别改名为“浏览”、“主界面”和“用户表”。将工作簿文件另存为“学生成绩管理.xlsm”，“保存类型”要选择“Excel 启用宏的工作簿(*.xlsm)”，如图 2.86 所示。

(4) 选择“开发工具”→Visual Basic 菜单命令，进入 VBA 编辑窗口。右击工程资源管理器中的 ThisWorkbook 选项，在弹出的快捷菜单中选择“查看代码”命令。输入以下代码，如图 2.87 所示。

```
Private Sub Workbook_Open()
        Application.Visible = False
        系统登录.Show
        Application.Caption = "我的程序"
```

```
        Sheets("主界面").ScrollArea = "$A$1"
End Sub
```

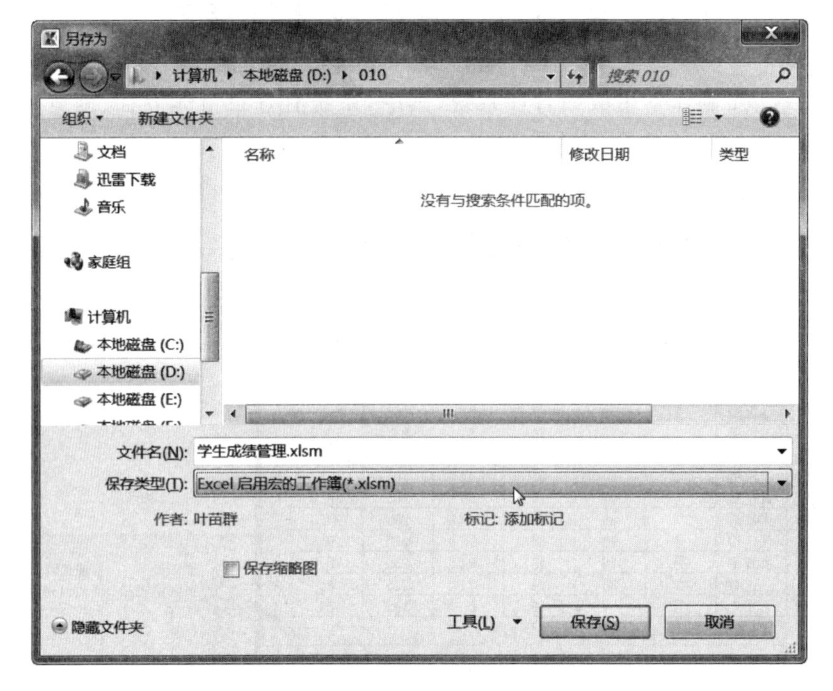

图 2.86　Excel 启用宏的工作簿

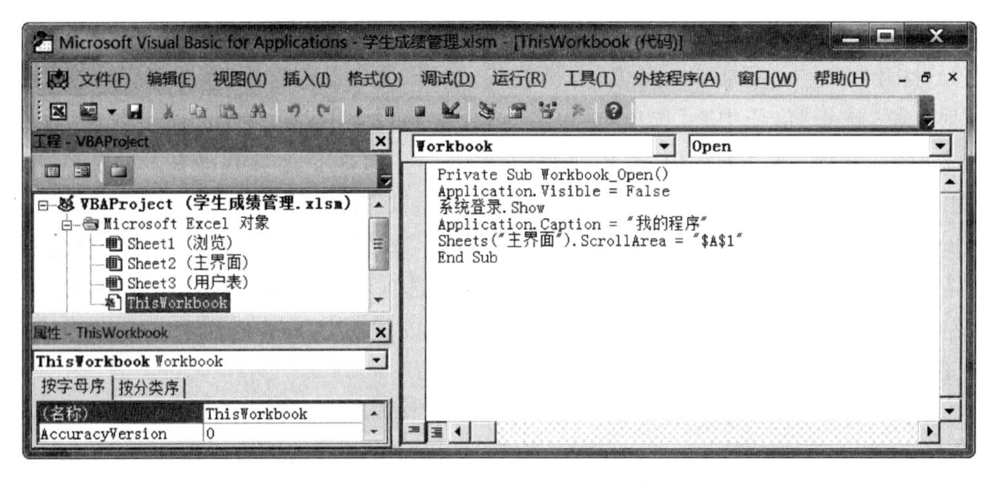

图 2.87　打开的代码窗口

2. 建立系统登录窗体

(1) 在 VBA 编辑窗口中,选择"插入"→"用户窗体"菜单命令,将窗体的 Name(名称)和 Caption 属性都修改为"系统登录"。按照如图 2.88 所示的窗体设计图,加入各个控件。其中"登录信息"为框架 Frame1,修改其 Caption 属性为"登录信息";操作员用户(登录信息下面一行)选择使用复合框 ComboBox1;密码(操作员用户下面一行)使用文字框 TextBox1 输入,为实现输入的密码显示为"*",要设置文字框的 PasswordChar 属性为"*"。

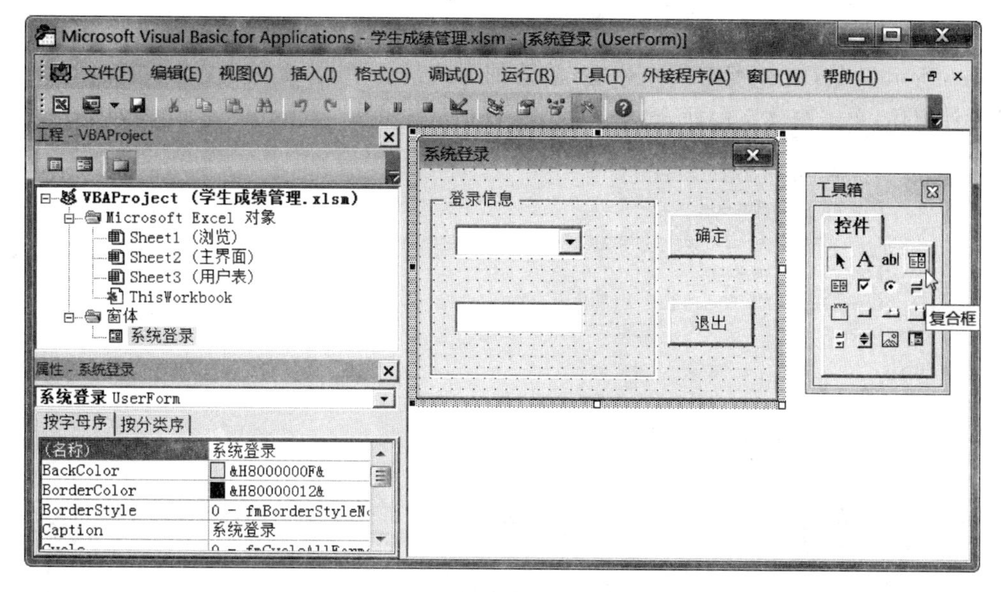

图 2.88　系统登录界面设计

（2）"确定"使用按钮 CommandButton1，"退出"使用按钮 CommandButton2，分别修改其 Caption 属性为"确定"和"退出"。

（3）双击"确定"按钮，进入代码编辑状态。其中代码如下：

```
Private Sub CommandButton1_Click()
        If ComboBox1.Text = "" Or TextBox1.Text = "" Then
        MsgBox "请填写完整", 1 + 64, "系统登录"
        TextBox1.SetFocus
        Else
        If 取指定用户密码(ComboBox1) = TextBox1.Text Then
        Unload Me
        MsgBox ComboBox1.Text & "你好,欢迎你进入本系统!", 1 + 64, "欢迎词"
        Application.Visible = True
        ActiveWorkbook.Unprotect Password: = "123"
        Sheets("主界面").Visible = True
        Sheets("主界面").Activate
        ActiveWorkbook.Protect Password: = "123"
        Else
        MsgBox "登录密码错误,请重新输入"
        End If
        End If
End Sub
```

（4）为提取操作人员密码，以便在系统登录时进行比较，编写一个提取密码函数，接着刚才的代码，输入如下代码：

```
Function 取指定用户密码(X As Object)
        Dim mrow As Integer
        mrow = Sheets("用户表").Cells.Find(X.Text).Row
        取指定用户密码 = Sheets("用户表").Cells(mrow, 2)
End Function
```

(5) 当“系统登录”窗体运行时，用户表中的所有用户会自动提取到操作员列表中，如图 2.89 所示。为了出现所有用户列表，需要加入代码。单击“关闭”按钮，切换回“系统登录”设计窗体，单击窗体空白处，对象选择 UserForm，过程选择 Initialize，代码如下。

```
Private Sub UserForm_Initialize()
        Dim X, y As Integer
        X = Sheets("用户表").Range("a65536").End(xlUp).Row
        For y = 2 To X
        ComboBox1.AddItem Sheets("用户表").Cells(y, 1)
        Next
End Sub
```

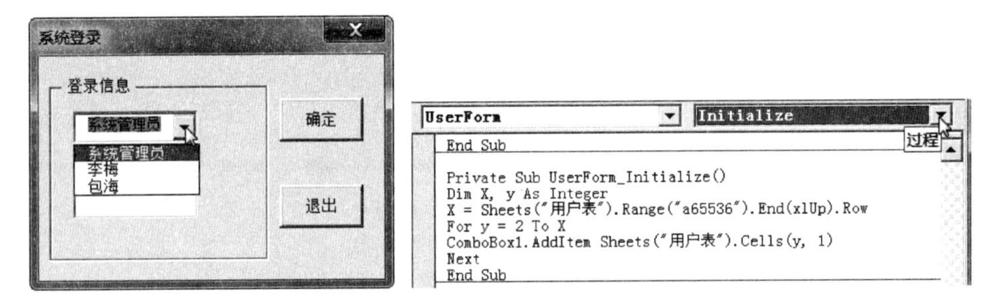

图 2.89 “系统登录”窗体初始化代码

(6) 双击“退出”按钮，进入代码编辑状态。其中代码如下：

```
Private Sub CommandButton2_Click()
        Unload Me
        Application.Visible = True
        ActiveWorkbook.Close SAVECHANGES: = False
End Sub
```

(7) 保存工作簿文件，运行调试“系统登录”窗体，操作员选择“系统管理员”，密码输入“123456”，单击“确定”按钮，出现欢迎词“系统管理员你好，欢迎你进入本系统！”，如图 2.90 所示。

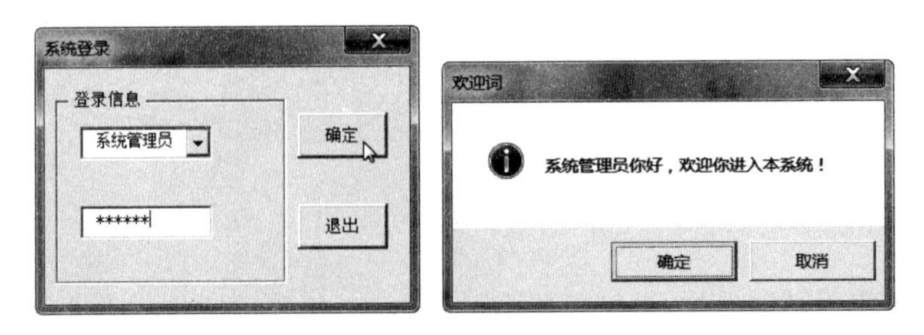

图 2.90 填写正确时显示信息

(8) 当没有输入密码或者密码输错时，出现错误提示信息，如图 2.91 所示。调试完成，按 Alt+F11 组合键返回 Excel 环境。

3. 建立主界面

(1) 在“主界面”工作表中，单击单元格 A1，使用“插入”→“图片”菜单命令，插入一张图

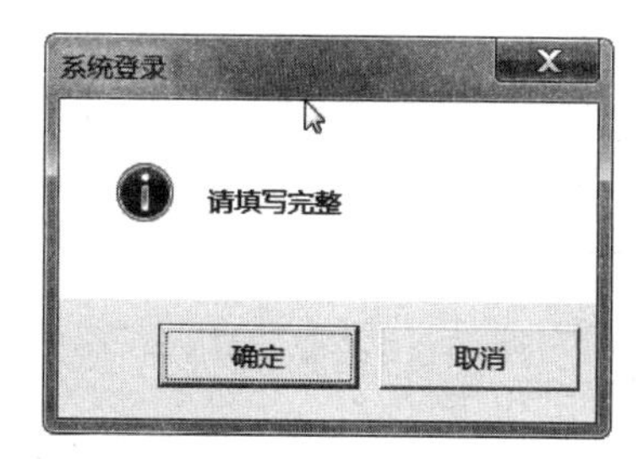

图 2.91　填写有误时显示信息

片，调整图片到适当大小。

（2）使用“开发工具”→“插入”→“命令按钮（ActiveX 控件）”菜单命令，插入“浏览”按钮 CommandButton1 和“输入”按钮 CommandButton2，如图 2.92 所示。

图 2.92　主界面设计

（3）右击按钮，在弹出的快捷菜单中选择“属性”命令，弹出“属性”窗口，分别修改其 Caption 属性为“浏览”和“输入”。在“设计模式”为选中状态时，双击按钮进入代码编辑模式，输入如下代码：

```
Private Sub CommandButton1_Click()
    Sheets("浏览").Activate
End Sub

Private Sub CommandButton2_Click()
    学生成绩.Show
End Sub
```

4. 建立浏览界面

(1) 在“浏览”工作表中，和“主界面”工作表类似，创建“主界面”按钮 CommandButton1、“查询”按钮 CommandButton2 和“输入”按钮 CommandButton3，如图 2.93 所示。“主界面”按钮用来返回“主界面”工作表，“查询”按钮用来显示一个筛选界面。

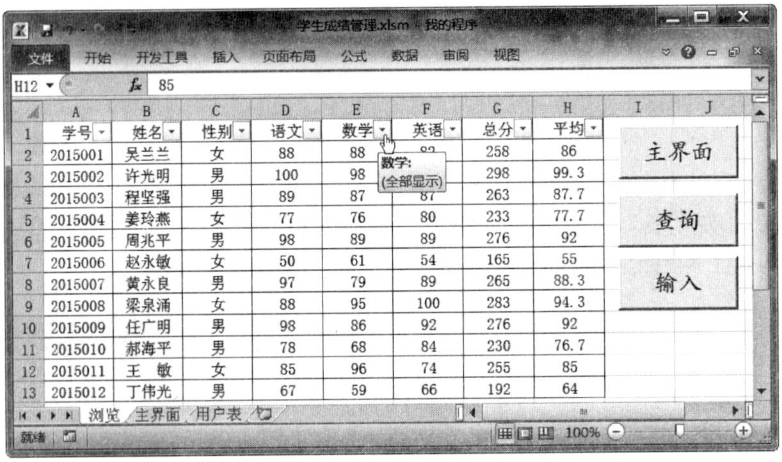

	A	B	C	D	E	F	G	H
1	学号	姓名	性别	语文	数学	英语	总分	平均
2	2015001	吴兰兰	女	88	88	[illegible]	258	86
3	2015002	许光明	男	100	98	[illegible]	298	99.3
4	2015003	程坚强	男	89	87	87	263	87.7
5	2015004	姜玲燕	女	77	76	80	233	77.7
6	2015005	周兆平	男	98	89	89	276	92
7	2015006	赵永敏	女	50	61	54	165	55
8	2015007	黄永良	男	97	79	89	265	88.3
9	2015008	梁泉涌	女	88	95	100	283	94.3
10	2015009	任广明	男	98	86	92	276	92
11	2015010	郝海平	男	78	68	84	230	76.7
12	2015011	王 敏	女	85	96	74	255	85
13	2015012	丁伟光	男	67	59	66	192	64

图 2.93 浏览界面设计

(2) 单击“开发工具”→“设计模式”菜单命令，使其处于选中状态，可以编辑代码，代码如下。再次单击“设计模式”可以使其不选中，此时单击按钮表示运行模式。

```
Private Sub CommandButton1_Click()
    Sheets("主界面").Activate
End Sub

Private Sub CommandButton2_Click()
    If Not(IsEmpty(Cells(4, 1))) Then
    Range("A4").AutoFilter
    End If
End Sub

Private Sub CommandButton3_Click()
    学生成绩.Show
End Sub
```

5. 成绩输入界面

(1) 按 Alt+F11 键进入 VBA 编辑环境，选择“插入”→“用户窗体”菜单命令，修改窗体的(名称)为“学生成绩”和 Caption 属性都为“学生成绩管理”。根据如图 2.94 所示的窗体界面进行设计。其中学号，姓名，语文，数学，英语，总分，平均分分别为标签 Label1～Label7，其右边大部分为文本框。但总分右边是标签 Label8，平均分右边是标签 Label9。接着直接输入各按钮的代码。

(2) “上一个”按钮代码如下(其中 n 是公用变量)：

```
Public n As Integer
Private Sub CommandButton1_Click()
```

```
    If n > 2 Then
    n = n - 1
    Else
    MsgBox("已到第一条了!")
    End If
    Call display
End Sub
```

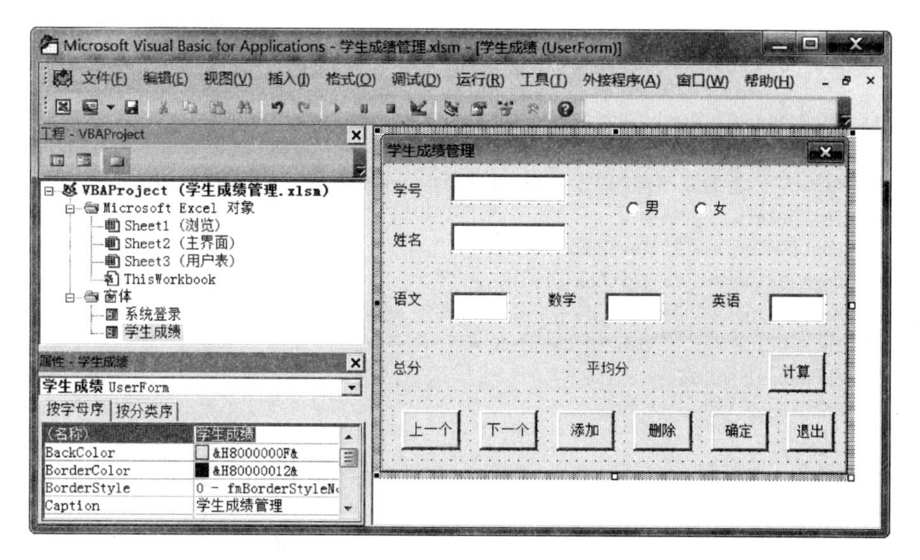

图 2.94 “学生成绩管理”输入界面

(3) 很多按钮要调用“显示”过程,它是共用的。将代码放入代码区域即可。

```
Sub display()
    TextBox1.Value = Cells(n, 1): TextBox2.Value = Cells(n, 2)
    TextBox3.Value = Cells(n, 4): TextBox4.Value = Cells(n, 5)
    TextBox5.Value = Cells(n, 6): Label8.Caption = Cells(n, 7)
    Label9.Caption = Cells(n, 8)
    If Cells(n, 3) = "男" Then
    OptionButton1.Value = True
    Else
    OptionButton2.Value = True
    End If
End Sub
```

(4) “下一个”按钮代码如下:

```
Private Sub CommandButton2_Click()
    If Not(IsEmpty(Cells(n + 1, 1))) Then
    n = n + 1
    Else
    MsgBox("已到最后一条了!")
    End If
    Call display
End Sub
```

(5)“添加”按钮代码如下:

```
Private Sub CommandButton3_Click()
    While Not(IsEmpty(Cells(n, 1)))
    n = n + 1
    Wend
    Call display
End Sub
```

(6)“删除”按钮代码如下:

```
Private Sub CommandButton4_Click()
    Worksheets("浏览").Activate
    If MsgBox("你真的要删除吗?", vbOKCancel) = vbOK Then
    Rows(n).Delete
    TextBox1.Value = "": TextBox2.Value = ""
    TextBox3.Value = "": TextBox4.Value = ""
    TextBox5.Value = ""
    Label8.Caption = "": Label9.Caption = ""
    OptionButton1.Value = False
    OptionButton2.Value = False
    n = n - 1
    End If
End Sub
```

(7)“确定”按钮代码如下:

```
Private Sub CommandButton5_Click()
    Worksheets("浏览").Activate
    Cells(n, 1) = TextBox1.Value
    Cells(n, 2) = TextBox2.Value
    Cells(n, 4) = TextBox3.Value
    Cells(n, 5) = TextBox4.Value
    Cells(n, 6) = TextBox5.Value
    Cells(n, 7) = Label8.Caption
    Cells(n, 8) = Label9.Caption
    If OptionButton1.Value = True Then
    Cells(n, 3) = "男"
    Else
    Cells(n, 3) = "女"
    End If
    Range(Cells(n, 1), Cells(n, 8)).HorizontalAlignment = xlCenter
    With Range(Cells(n, 1), Cells(n, 8)).Borders
    .LineStyle = xlContinuous
    .Weight = xlThin
    End With
End Sub
```

(8)“计算”按钮和“退出”按钮代码如下:

```
Private Sub CommandButton7_Click()
    Label8.Caption = Val(TextBox3.Value) + Val(TextBox4.Value) + Val(TextBox5.Value)
```

```
    Label9.Caption = Label8.Caption/3
End Sub

Private Sub CommandButton6_Click()
    学生成绩.Hide
End Sub
```

(9) 窗体初始化代码如下：

```
Private Sub UserForm_Initialize()
    Worksheets("浏览").Activate
    n = 2
    Call display
End Sub
```

(10) 窗体调试1：单击"上一条"按钮，可以显示上一条记录，如果已经是第一条，再单击它，则出现"已到第一条了"的提示，如图2.95所示。单击"下一条"按钮，可以显示下一条记录，如果已经是最后一条，再单击它，则出现"已到最后一条了"的提示，如图2.96所示。

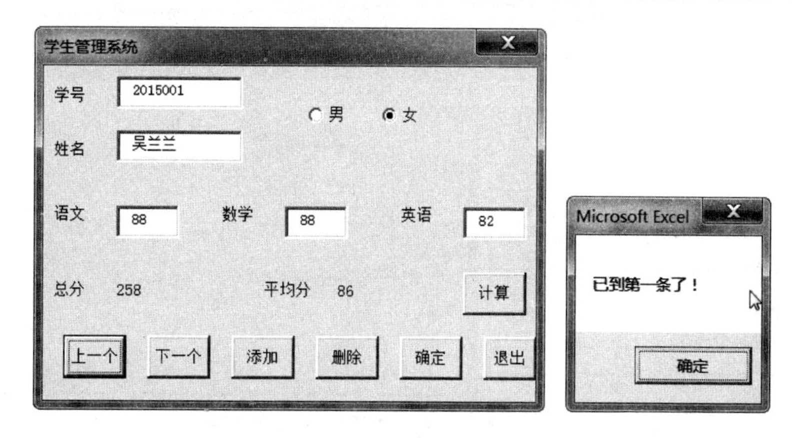

图2.95 已经是第一条再单击"上一个"按钮

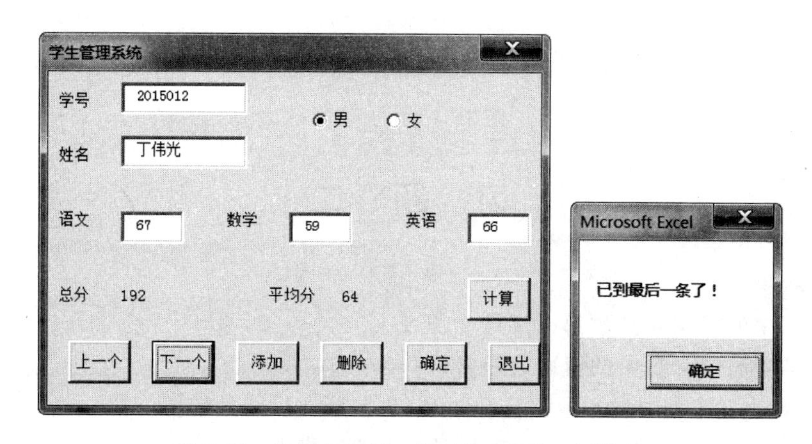

图2.96 已经是最后一条再单击"下一个"按钮

(11) 窗体调试2：单击"添加"按钮，可以在窗体中添加一条空白记录，输入学号、性别、姓名、语文、数学、英语等信息后，单击"计算"按钮可以计算总分和平均分，如图2.97所示。

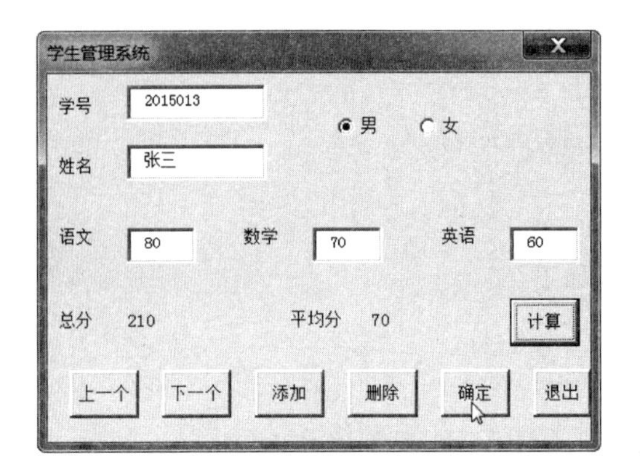

图 2.97　计算总分和平均分

(12) 窗体调试 3：单击“确定”按钮，可以添加一条记录到工作表中，可以再次添加记录，如图 2.98 所示。如果不满意输入的信息，也可以使用“删除”按钮删除之。

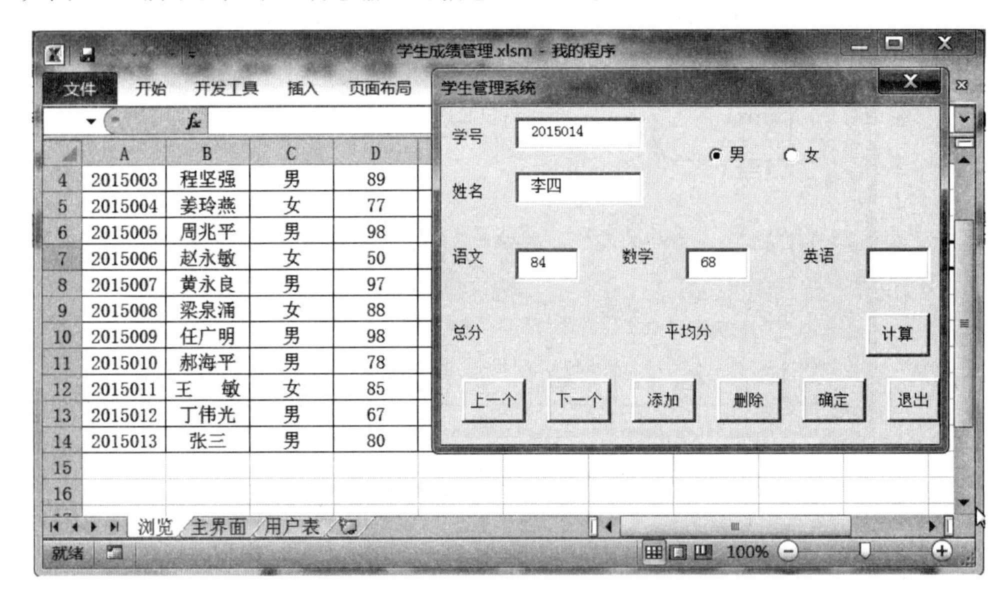

图 2.98　添加记录

习　题　二

一、判断题

1. Excel 中的数据库函数都以字母 D 开头。
2. Excel 中数组常量中的值可以是常量和公式。
3. 在 Excel 工作表中建立数据透视图时，数据系列只能是数值。
4. 在 Excel 中，数组常量不得含有不同长度的行或列。
5. Excel 中数组区域的单元格可以单独编辑。
6. 分类汇总只能按一个字段分类。
7. 自动筛选的条件只能是一个，高级筛选的条件可以是多个。

8. Excel 2010 中的“兼容性函数”实际上已经有新函数替换。

9. Excel 中 Rand 函数在工作表计算一次结果后就固定下来。

10. Excel 中的数据库函数的参数个数均为 4 个。

11. 在 Excel 中排序时如果有多个关键字段，则所有关键字段必须选用相同的排序趋势(递增/递减)。

12. 在 Excel 的“数据”选项卡中单击“获取外部数据”→“自文本”选项，按文本导入向导命令可以把数据导入工作表中。

13. 在 Excel 中，符号“&”是文本运算符。

14. 在 Excel 中既可以按行排序，也可以按列排序。

15. Conut 函数用于计算区域中单元格个数。

16. Excel 使用的是从公元 0 年开始的日期系统。

17. Excel 中提供了保护工作表、保护工作簿和保护特定工作区域的功能。

18. HLookup 函数是在表格或区域第一行搜寻特定值。

19. 高级筛选不需要建立条件区，只需要指定数据区域就可以。

20. 修改了图表数据源单元格的数据，图表会自动跟着刷新。

二、选择题

1. 关于筛选，叙述正确的是________。
   A. 自动筛选可以同时显示数据区域和筛选结果
   B. 高级筛选可以进行更复杂条件的筛选
   C. 高级筛选不需要建立条件区，只有数据区域就可以了
   D. 自动筛选可以将筛选结果放在指定的区域

2. 在一工作表筛选出某项的正确操作方法是________。
   A. 单击数据表外的任一单元格，执行“数据”→“筛选”菜单命令，单击想查找列的向下箭头，从下拉列表框中选择筛选项
   B. 单击数据表中任一单元格，执行“数据”→“筛选”菜单命令，单击想查找列的向下箭头，从下拉列表框中选择筛选项
   C. 执行“查找与选择”→“查找”菜单命令，在“查找”对话框的“查找内容”文本框中输入要查找的项，单击“关闭”按钮
   D. 执行“查找与选择”→“查找”菜单命令，在“查找”对话框的“查找内容”文本框输入要查找的项，单击“查找下一个”按钮

3. 关于 Excel 表格，下面说法不正确的是________。
   A. 表格的第一行为列标题(称字段名)
   B. 表格中不能有空列
   C. 表格与其他数据间至少留有空行或空列
   D. 为了清晰，表格总是把第一行作为列标题，而把第二行空出来

4. 一个工作表各列数据均含标题，要对所有列数据进行排序，用户应选取的排序区域是________。
   A. 含标题的所有数据区　　B. 含标题的任一列数据
   C. 不含标题的所有数据区　　D. 不含标题任一列数据

5. 计算贷款指定期数应付的利息额应使用________函数。

A. FV　　B. PV　　C. IPMT　　D. PMT

6. 某单位要统计各科室人员工资情况，按工资从高到低排序，若工资相同，以工龄降序排序，则以下做法正确的是________。

A. 主要关键字为“科室”，次要关键字为“工资”，第二次要关键字为“工龄”

B. 主要关键字为“工资”，次要关键字为“工龄”，第二次要关键字为“科室”

C. 主要关键字为“工龄”，次要关键字为“工资”，第二次要关键字为“科室”

D. 主要关键字为“科室”，次要关键字为“工龄”，第二次要关键字为“工资”

7. Excel 图表是动态的，当在图表中修改了数据系列的值时，与图表相关的工资表中的数据会________。

A. 出现错误值　　B. 不变

C. 自动修改　　D. 用特殊颜色显示

8. 在一个表格中，为了查看满足部分条件的数据内容，最有效的方法是________。

A. 选中相应的单元格　　B. 采用数据透视表工具

C. 采用数据筛选工具　　D. 通过宏来实现

9. 为了实现多字段的分类汇总，Excel 提供的工具是________。

A. 数据地图　　B. 数据列表　　C. 数据分析　　D. 数据透视表

10. Excel 文档包括________。

A. 工作表　　B. 工作簿　　C. 编辑区域　　D. 以上都是

11. 以下哪种方式可在 Excel 中输入文本类型的数字“0001”？________

A. “0001”　　B. ’0001　　C. \0001　　D. \\0001

12. VLOOKUP 函数从一个数组或表格的________中查找含有特定值的字段，再返回同一列中某一指定单元格中的值。

A. 第一行　　B. 最末行　　C. 最左列　　D. 最右列

13. 使用 Excel 的数据筛选功能，是将________。

A. 满足条件的记录显示出来，而删除掉不满足条件的数据

B. 不满足条件的记录暂时隐藏起来，只显示满足条件的数据

C. 不满足条件的数据用另外一个工作表来保存起来

D. 将满足条件的数据突出显示

14. 关于分类汇总，叙述正确的是________。

A. 分类汇总前首先应按分类字段值对记录排序

B. 分类汇总可以按多个字段分类

C. 只能对数值型字段分类

D. 汇总方式只能求和

第3章 PowerPoint 2010 高级应用

3.1 案例一 宁波东钱湖简介

要制作演示文稿“宁波东钱湖简介.pptx”，通过该演示文稿来介绍宁波东钱湖的基本情况，已经准备了一些素材（有东钱湖介绍视频1个、图片4张、背景音乐1首、简介文件1个），并制作了一个简单的演示文稿文件，相关素材与演示文稿都放在同一个文件夹中，如图3.1所示。

图3.1 演示文稿相关素材

开始时，“宁波东钱湖简介.pptx”演示文稿内容如图3.2所示，现在需要对其进行完善。

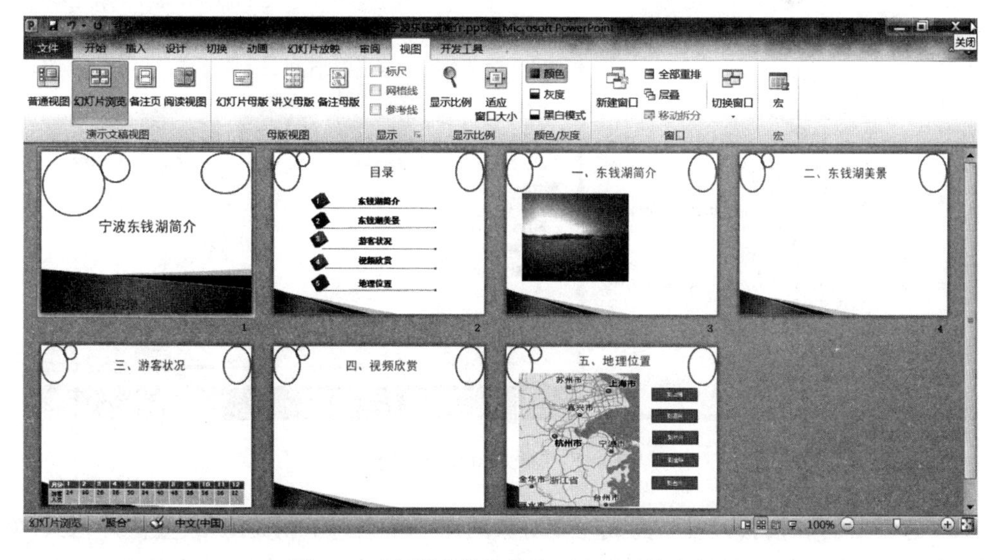

图3.2 “宁波东钱湖简介.pptx”原始内容

1. 修改幻灯片母版

(1) 选择“视图”选项卡，单击“母版视图”组的“幻灯片母版”命令，进入幻灯片母版视图。光标指向左边母版窗格中，其中第 2 张会出现“标题幻灯片版式：由幻灯片 1 使用”，这张就是标题母版，如图 3.3 所示。

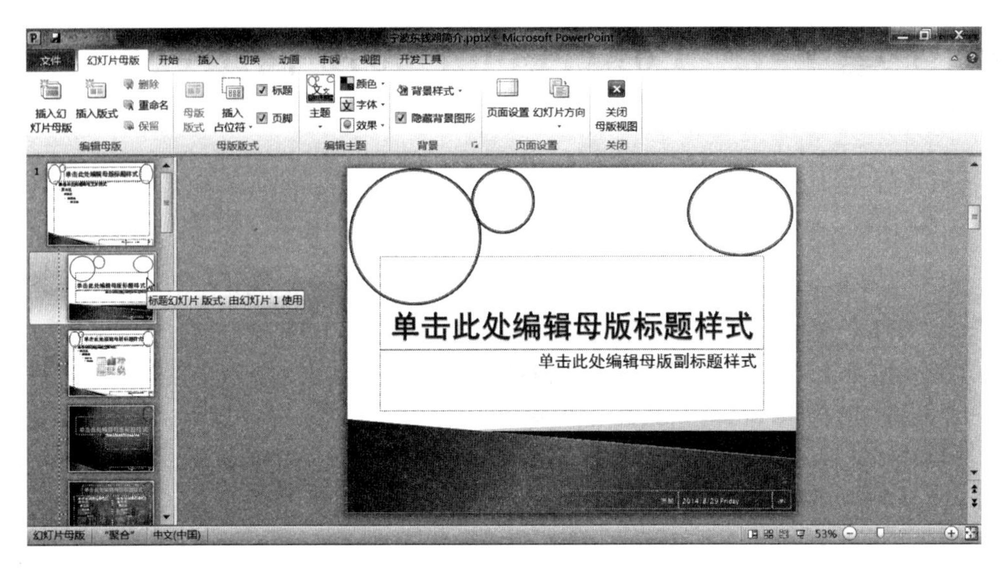

图 3.3　标题母版

(2) 右击右边其中一个圆或椭圆对象，在弹出的快捷菜单中选择“设置形状格式”命令，弹出“设置形状格式”对话框，选择左边窗格的“填充”选项后，选中“图片或纹理填充”选项，此时对话框变为“设置图片格式”；再单击“文件”按钮，弹出“插入图片”对话框，选择合适的图片，如图 3.4 所示。

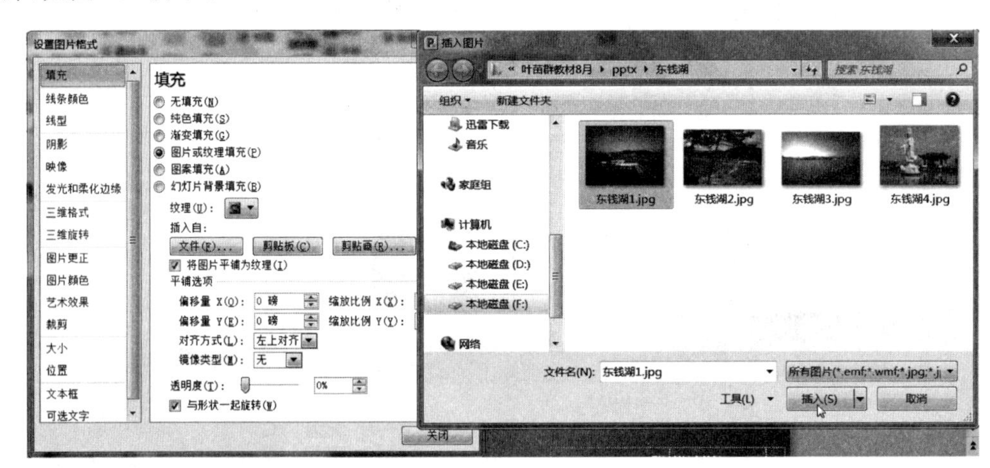

图 3.4　“插入图片”对话框

(3) 选择“插入”按钮，返回，完成一个对象的图片填充。不用关闭“设置图片格式”对话框，选中另一个圆或椭圆对象，选中“图片或纹理填充”选项，再单击“文件”按钮，完成标题母版中的其他几个对象填充，如图 3.5 所示。

(4) 将光标指向左边母版窗格中，其中第 1 张会出现“聚合幻灯片母版：由幻灯片 1-7 使用”，这张就是幻灯片母版，也采用上述方法，依次完成幻灯片母版中的 3 个椭圆对象的填充效果，如图 3.6 所示。

图 3.5　标题母版设置

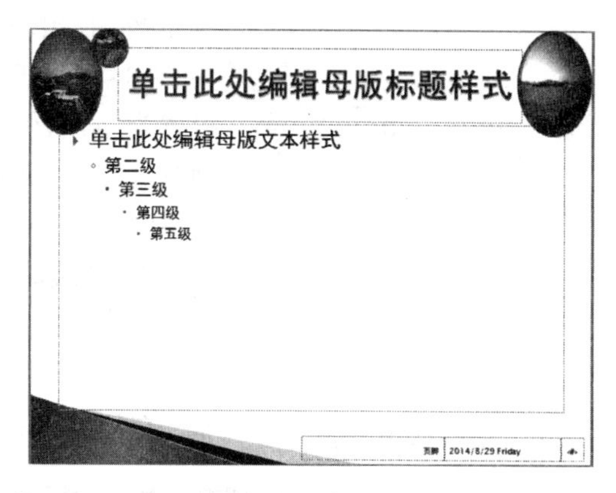

图 3.6　幻灯片母版设置

（5）单击“幻灯片母版”选项卡中的“关闭母版视图”按钮，退出母版视图，至此完成幻灯片母版修改。

2. 加入背景音乐

（1）切换到幻灯片首页，选择“插入”选项卡，单击“媒体”组的“音频”→“文件中的音频”命令，弹出“插入音频”对话框，选择声音文件“一个人的精彩.mp3”并插入，此时在幻灯片中出现小喇叭。

（2）单击“音频工具”选项卡的“播放”菜单，单击“音频选项”组的“放映时隐藏”和“循环播放，直到停止”复选框，在“开始”下拉列表框中选择“跨幻灯片播放”选项，如图 3.7 所示。

图 3.7　设置音频播放

（3）选中“动画”选项卡，单击“高级动画”组的“动画窗格”命令，显示动画窗格，可以发现多了一个选项 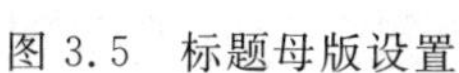 。

3. 滚动字幕制作

（1）将幻灯片首页底部“宁波东钱湖欢迎您”文本框拖动到幻灯片的左边，并使得最后一个字刚好显示出来。此时“宁波东钱湖欢迎您”文本框为选中状态。

（2）选择“动画”选项卡，单击“高级动画”组的“添加动画”选项，再单击“进入”组的“飞

图 3.8 效果选项进入

入”选项，在动画窗格中出现该文字动画，单击其右边的下三角按钮，在出现的菜单中选择“效果选项”选项，如图 3.8 所示。

(3) 在出现的“飞入”对话框的“效果”选项卡中，把“方向”设置为“自右侧”；在“计时”选项卡中，把“开始”设置为“上一动画之后”，“期间”设置为“非常慢(5 秒)”，“重复”设置为“直到下一次单击”，如图 3.9 所示。

4. 带滚动条的文本框制作

(1) 设置菜单，使得出现菜单“开发工具”选项。选中第三张幻灯片，选择“开发工具”选项卡，单击“控件”组的“文本框”按钮，在幻灯片上拖动拉出一个控件文本框，调整好大小和位置。

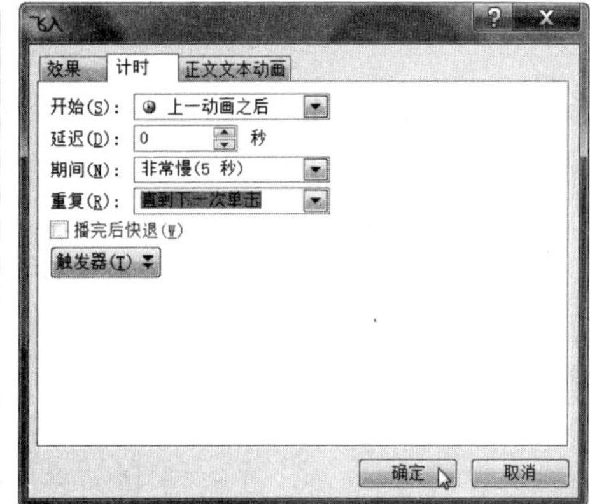

图 3.9 飞入效果设置

(2) 右击该文本框，在弹出的快捷菜单中选择“属性”命令，打开文本框属性设置窗口，把“东钱湖简介.txt”的内容复制到 Text 属性中，设置 ScrollBars 属性为“2-fmScrollBarsVertical”，设置 MultiLine 属性为 True，如图 3.10 所示。

图 3.10 文本框属性设置

(3) 放映幻灯片,可以滚动文本框的垂直滚动条,浏览更多的内容,如图 3.11 所示。

图 3.11　文本框的垂直滚动条显示

5. 图片的缩放

(1) 选中第四张幻灯片,选择"插入"选项卡,单击"文本"组的"对象"选项,弹出"插入对象"对话框,"对象类型"选择"Microsoft PowerPoint 97-2003 演示文稿",如图 3.12 所示,单击"确定"按钮。

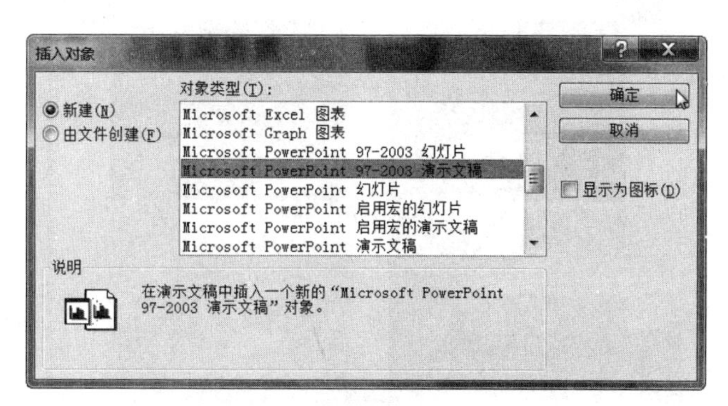

图 3.12　"插入对象"对话框

(2) 此时会在当前幻灯片中插入一个"PowerPoint 演示文稿"的编辑区域(边线以斜线填充表示),如图 3.13 所示,菜单的内容也已经变为编辑区域相应的内容了。选择"插入"选项卡,单击"图像"组的"图片"选项,在弹出的"插入图片"对话框中,选择打开"东钱湖 1.jpg",并拖动图片边角做适当放大,使其填充整个编辑区域。

(3) 单击编辑区域外任意位置,退出编辑状态,拖动并适当调整其边缘大小;按 Ctrl 键,并拖动图片边缘到其他位置,即可复制一个同样的对象,这里复制三个同样的区域。

(4) 双击选中图片,进入编辑状态右击,在弹出的快捷菜单中选择"更改图片",选择其他图片插入。其他三幅图片插入完成后如图 3.14 所示,其中第四个图处于可编辑状态。

图 3.13　一个“PowerPoint 演示文稿”的编辑区域

图 3.14　可编辑图

(5) 放映第四张幻灯片，单击第三张图片，可以看到大图效果，如图 3.15 所示。单击大图，可回到小图状态。

6. 动态图表制作

(1) 选中第五张幻灯片，选择“插入”选项卡，单击“插图”组的“图表”选项，弹出“插入图表”对话框，选择“折线图”中第一个，出现“Microsoft PowerPoint 中的图表”Excel 窗口，将幻灯片中的“月份/游客人次”表格数据复制到 Excel 窗口 A1 开始的区域，删除其他多余的 3、4、5 行。

图 3.15　小图到大图效果

(2) 选中演示文稿图表，单击“图表工具”→“设计”→“数据”→“切换行/列”选项，使图表图例变成“游客人次”，如图 3.16 所示。关闭 Excel 窗口。

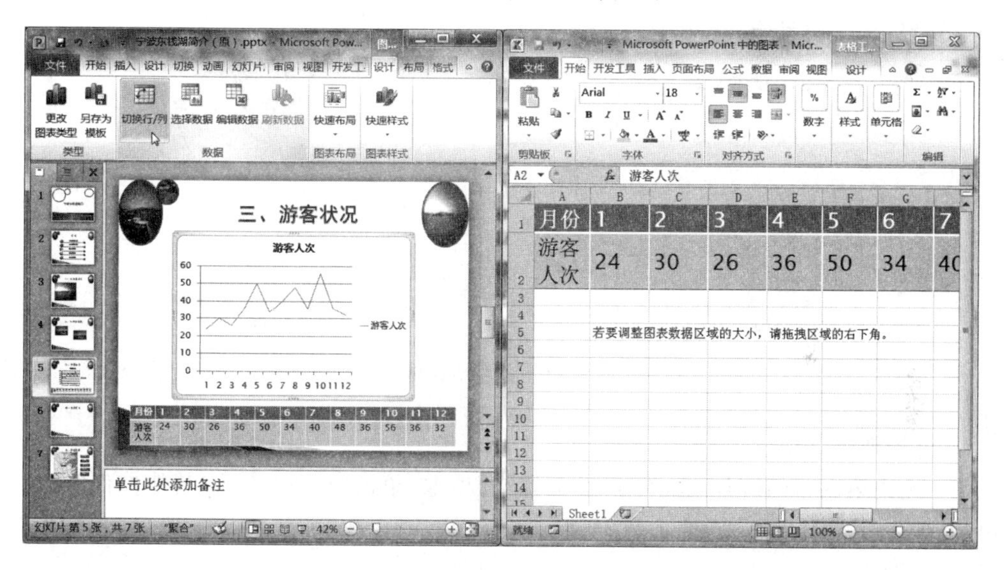

图 3.16　图表数据

(3) 选择“图表工具”→“布局”→“坐标轴标题”→ “主要横坐标标题”→ “坐标轴下方标题”选项，加入横坐标标题“月份”。选择“图表工具”→“布局”→“坐标轴标题”→ “主要纵坐标标题”→ “旋转过的标题”选项，加入纵坐标标题“人次(万)”。单击图表标题部分，将其修改为“各月份游客人次”，如图 3.17 所示。

(4) 选中图表，选择“动画”选项卡，单击“高级动画”组的“添加动画”选项，再单击“进入”组的“擦除”选项，在动画窗格中出现该文字动画，单击其右边的下三角按钮，在出现的快捷菜单中选择“效果选项”。

(5) 在出现的“擦除”对话框的“效果”选项卡中把“方向”设置为“自左侧”；在“计时”选项卡中把“开始”设置为“上一动画之后”，“期间”设置为“非常慢(5 秒)”，“重复”设置为“直到下一次单击”；在“图表动画”选项卡中将“组合图表”设置为“按系列”，取消选中“通过绘制图表背景启动动画效果”复选框，如图 3.18 所示。

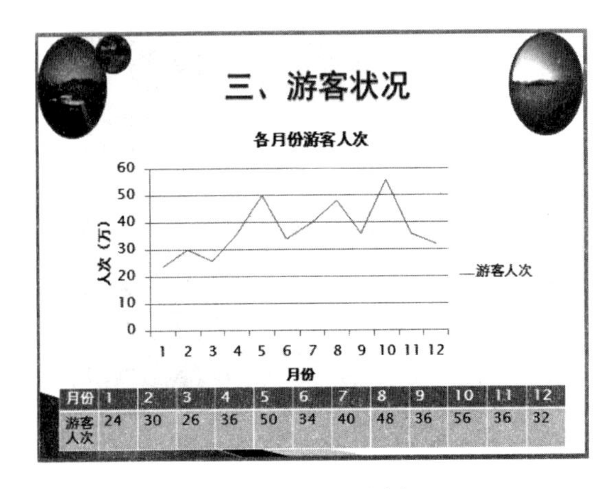

图 3.17　PPT 图表

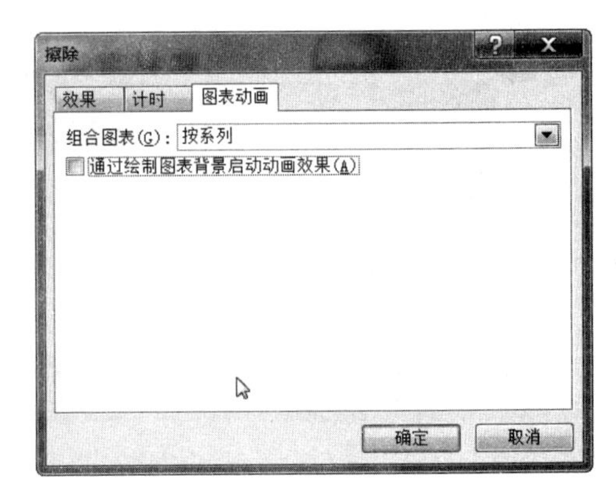

图 3.18　图表动画设置

(6) 单击“确定”按钮，一个动态图表设置完成，放映该幻灯片可以看到效果如图 3.19 所示，动态效果周而复始。

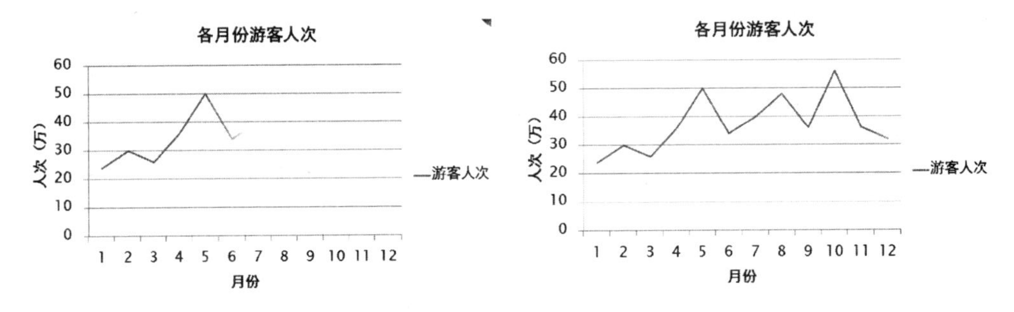

图 3.19　图表动画显示

7. 可控视频制作

(1) 选中第六张幻灯片，选择“开发工具”选项卡，单击“控件”组的“其他控件”按钮，弹出“其他控件”对话框，如图 3.20 所示，选择 Windows Media Player 选项，单击“确定”按钮。

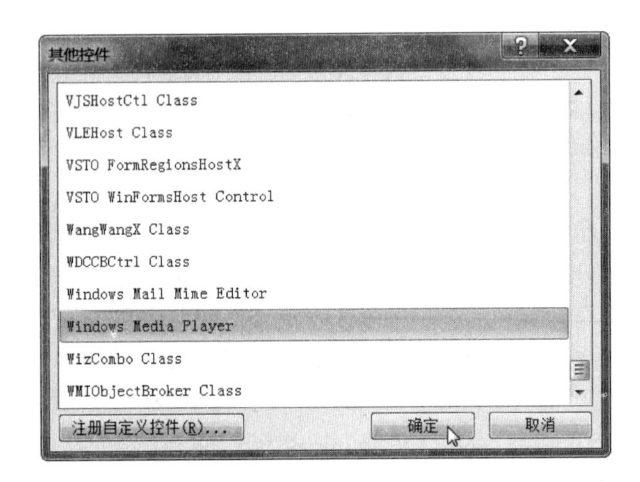

图 3.20　“其他控件”对话框

(2) 在幻灯片上拖动拉出一个控件框，调整好大小和位置。右击该框，在弹出的快捷菜单中选择“属性”命令，打开属性设置窗口，将 URL 属性设置为“D:\东钱湖.wmv”(要使用从盘符开始的绝对路径，如果视频文件路径不同，则需要调整)，设置 stretchToFit 属性为 True。如图 3.21 所示。

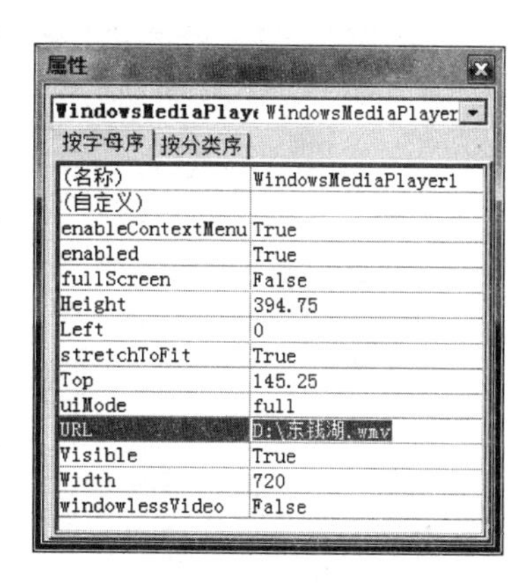

图 3.21 URL 属性

(3) 放映幻灯片，视频自动开始播放，右击视频播放器，出现如图 3.22 所示的快捷菜单，可以选择“缩放”→“全屏”命令进行播放。

8. 自定义动画(路径和触发器)

(1) 切换到第七张幻灯片，选中地图中的人物 gif 图片，选择“动画”选项卡，单击“高级动画”组的“添加动画”选项，再单击“动作路径”组的“自定义路径”选项，如图 3.23 所示。

图 3.22 PPT 中视频播放

(2) 先单击地图中的宁波市圆点作为起点，再单击嘉兴市圆点，然后单击上海市圆点作为终点，如图 3.24 所示。双击终点，表示自定义路径完成，如图 3.25 所示。

(3) 在“动画窗格”中，双击新生成的自定义路径动画1 ∾ 内容占位...，打开“自定义路径”对话框，如图 3.26 所示。单击“计时”选项卡，设置“期间”为“非常慢(5 秒)”，设置“重复”为 3，单击“触发器”按钮，选中“单击下列对象时启动效果”单选按钮，在其下拉列表框中选择“动作按钮：自定义 4：到上海”，单击“确定”按钮。

(4) 放映幻灯片，单击“到上海”动作按钮，人物从宁波市出发跑向嘉兴市，然后再跑向上海市，一共重复循环 3 次，如图 3.27 所示。

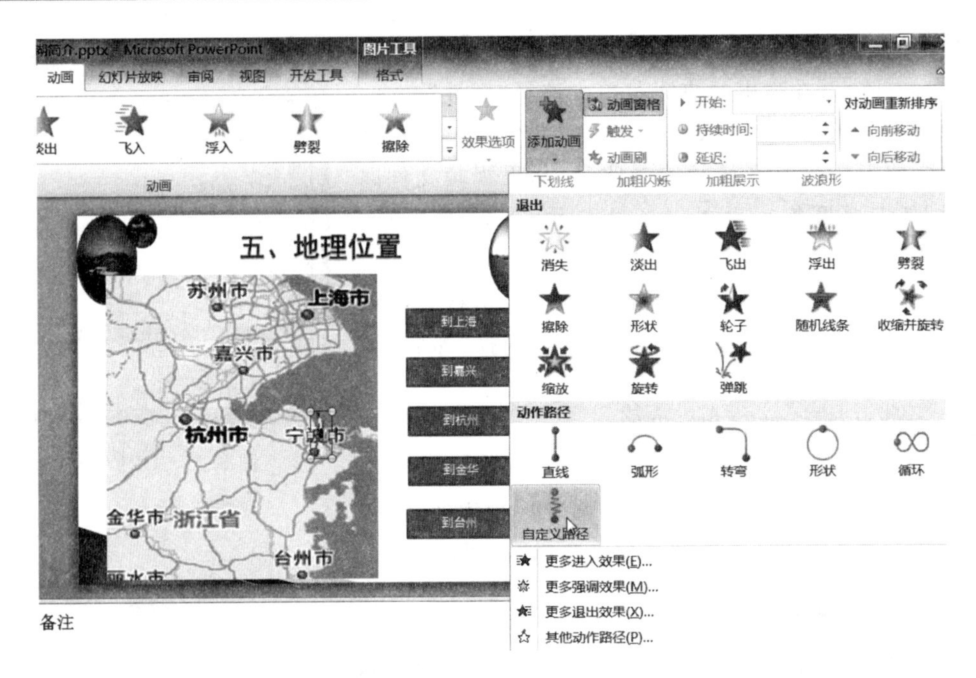

图 3.23　自定义路径动画

图 3.24　自定义路径设置

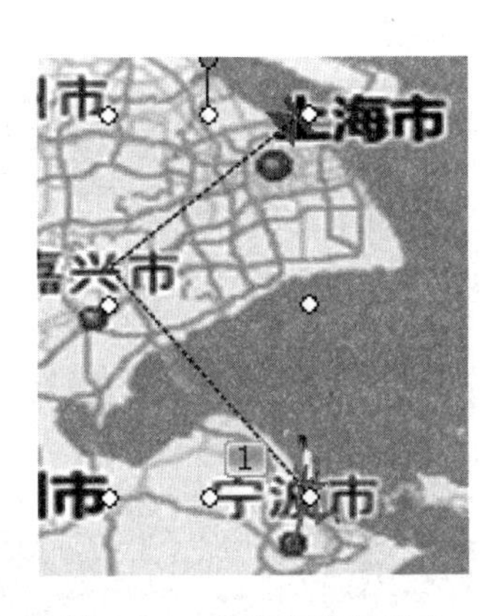

图 3.25　自定义路径完成

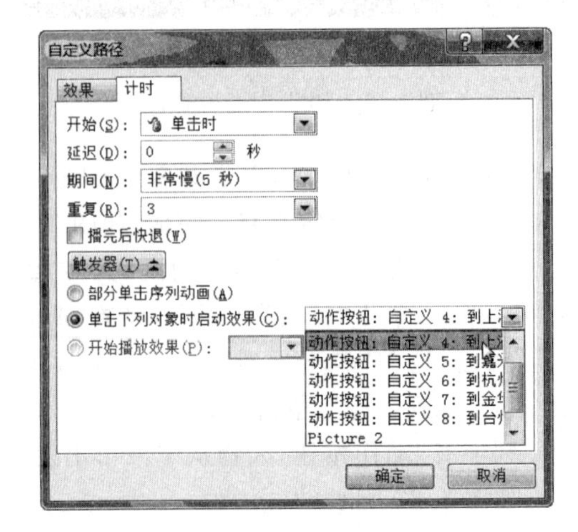

图 3.26　“自定义路径”对话框

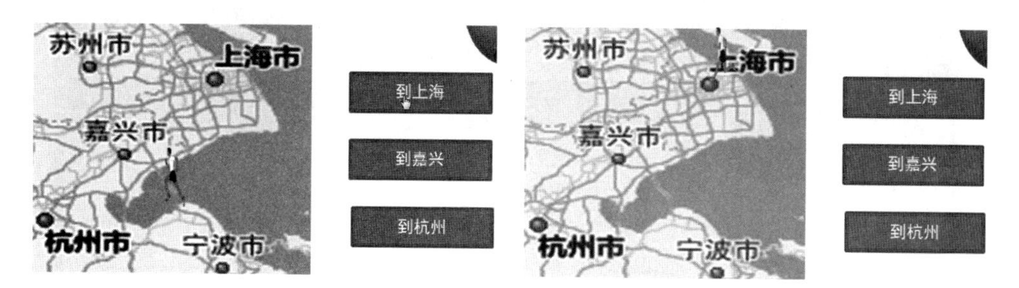

图 3.27　单击"到上海"动作按钮效果

(5) 宁波到嘉兴，宁波到杭州，宁波到金华，宁波到台州，这几条路径操作也是类似的做法，请读者自己完成。设计完成后，路径和动画窗格如图 3.28 所示。

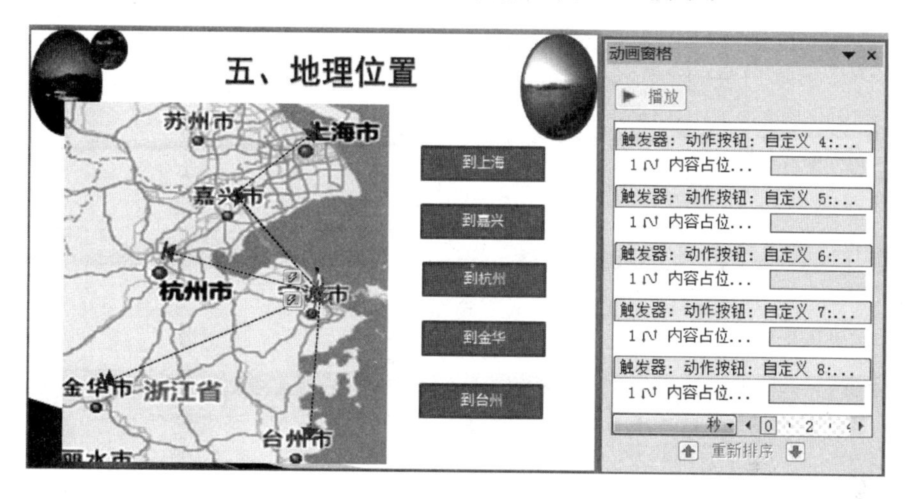

图 3.28　路径和动画窗格显示

(6) 完善第二张幻灯片与其他幻灯片之间的链接，使得从目录可以链接到其他内容，在其他幻灯片中创建动作按钮，返回目录。

3.2　案例二　计算机基础考试

结合 Access 2010 数据库 test.accdb 的"选择题"表，利用 PowerPoint VBA 创建一个"计算机基础考试"系统。其中，test.accdb 数据库中"选择题"表结构内容如图 3.29 所示，表数据内容如图 3.30 所示。

1. 新建启用宏的演示文稿

(1) 打开 PowerPoint 2010 应用程序，将新建的演示文稿文件另存为"计算机基础考试.pptm"，"保存类型"要选择"启用宏的 PowerPoint 演示文稿(*.pptm)"，如图 3.31 所示。

(2) 演示文稿"标题幻灯片"标题处输入"计算机基础考试"，主题应用"平衡"；并使用"幻灯片母版"视图，将标题上移到最高处。

(3) 选择"开发工具"选项卡，单击"控件"组的"命令按钮"，在幻灯片中下方中部单击，即插入一个按钮。右击插入的按钮，在弹出的快捷菜单中选择"属性"命令。在"属性"窗口

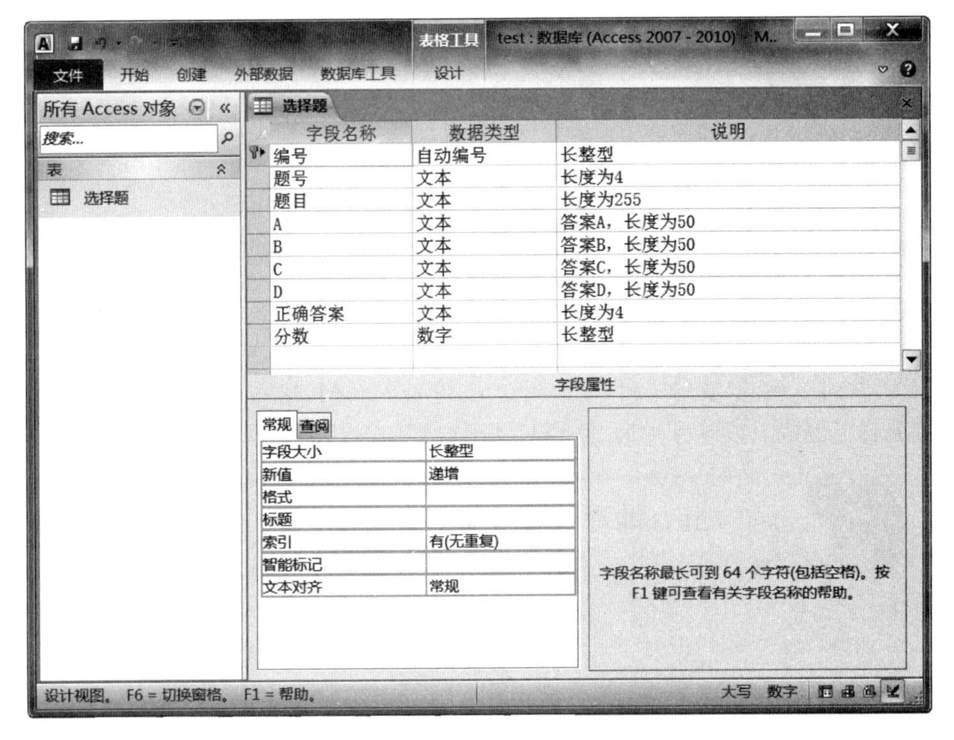

字段名称	数据类型	说明
编号	自动编号	长整型
题号	文本	长度为4
题目	文本	长度为255
A	文本	答案A，长度为50
B	文本	答案B，长度为50
C	文本	答案C，长度为50
D	文本	答案D，长度为50
正确答案	文本	长度为4
分数	数字	长整型

图 3.29 “选择题”表结构

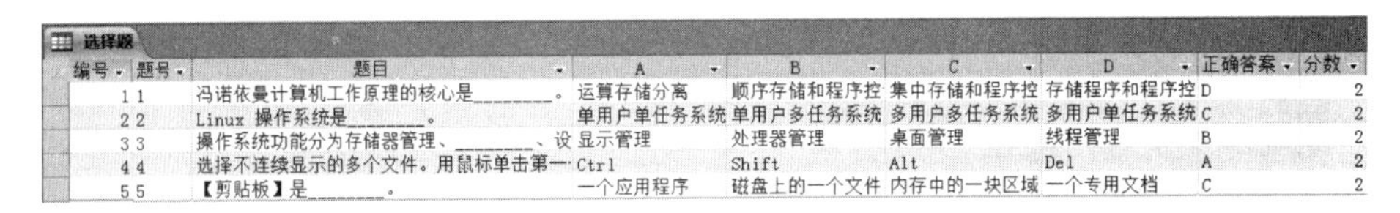

编号	题号	题目	A	B	C	D	正确答案	分数
1	1	冯诺依曼计算机工作原理的核心是________。	运算存储分离	顺序存储和程序控	集中存储和程序控	存储程序和程序控	D	2
2	2	Linux 操作系统是________。	单用户单任务系统	单用户多任务系统	多用户多任务系统	多用户单任务系统	C	2
3	3	操作系统功能分为存储器管理、________、设	显示管理	处理器管理	桌面管理	线程管理	B	2
4	4	选择不连续显示的多个文件。用鼠标单击第一	Ctrl	Shift	Alt	Del	A	2
5	5	【剪贴板】是________。	一个应用程序	磁盘上的一个文件	内存中的一块区域	一个专用文档	C	2

图 3.30 “选择题”表内容

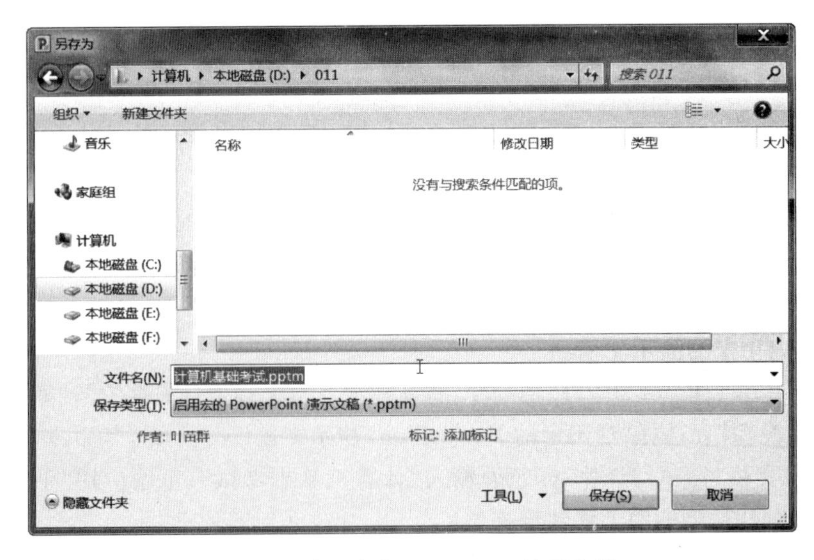

图 3.31 启用宏的 PowerPoint 演示文稿

中，设置 Caption 属性为“打开考试界面”。并自定义其 Font、Forecolor 等属性，如图 3.32 所示。

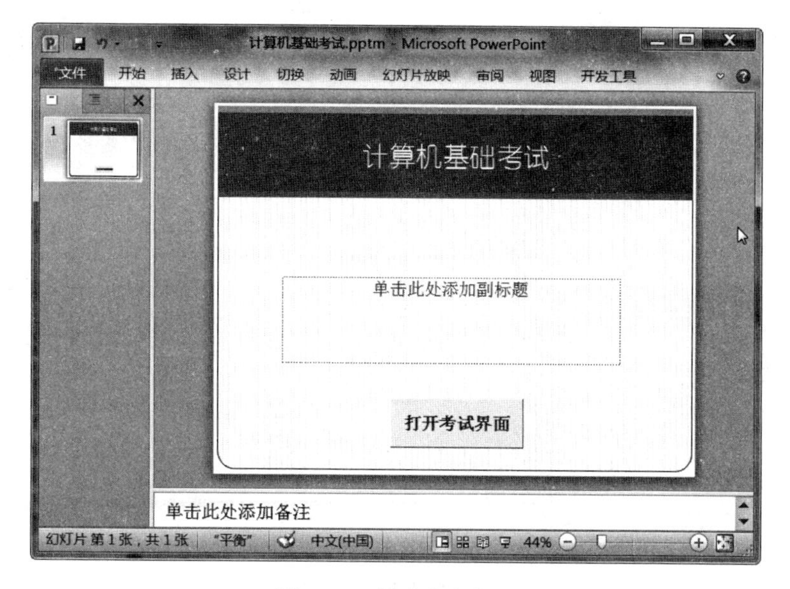

图 3.32 创建命令按钮

(4) 双击“打开考试界面”按钮，进入 VBA 代码编辑状态，输入以下代码。

```
Private Sub CommandButton1_Click()
    计算机基础考试.Show                    '显示"计算机基础考试"窗体
End Sub
```

2. 建立“计算机基础考试”窗体界面

(1) 在 VBA 编辑器中，选择“插入”→“用户窗体”菜单命令，修改其(名称)和 Caption 属性均为“计算机基础考试”。根据如图 3.33 所示的界面设计该窗体，包括 3 个文字框(TextBox1、TextBox2、TextBox3)、2 个标签(Label1、Label2)、5 个命令按钮(CommandButton1、CommandButton2、CommandButton3、CommandButton4、CommandButton5)。

(2) TextBox1、TextBox2 文字框的 MultiLine 属性设置为 True，ScrollBars 属性设置为 3-fmScrollBarsBoth。

(3) Label1、Label2 标签的 Caption 属性分别设置为“答题”和“(请输入答案前面的代码字母)”。5 个命令按钮的 Caption 属性分别设置为“开始答题”、“递交答案”、“下一题”、“上一题”和“退出”，如图 3.33 所示。

(4) VBA 编辑窗口中，选择“工具”→“引用”，打开“引用-VBA Project”对话框，在“可使用的引用”中选择 Microsoft Activex Data Objects 2.8 Library，再按“确定”按钮。

3. 窗体代码

(1) 双击任意一个控件，打开代码编辑窗口，输入通用代码。

```
Dim setpxp As New ADODB.Recordset
Dim cnnpxp As New ADODB.Connection
Dim constring As String
Dim th, tm, da1, da2, da3, da4, da5 As String
```

```
Dim a(50), b(50), c(50)
Dim i, j, row, sum As Integer
```

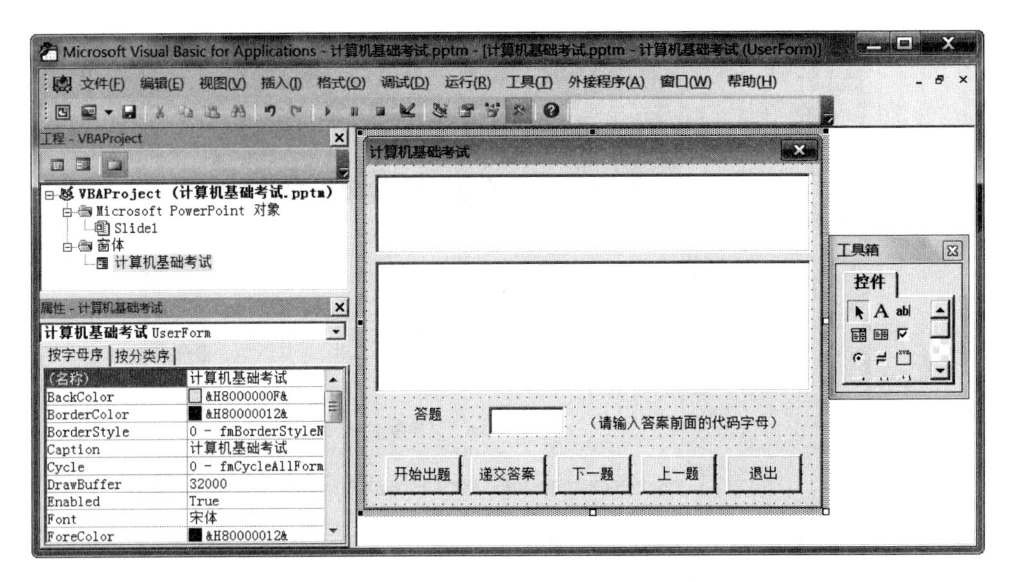

图 3.33 “计算机基础考试”界面设计

(2) 将“test.accdb”数据库文件拷贝到D盘根目录下,“开始出题”按钮代码如下:

```
Private Sub CommandButton1_Click()
constring = "provider = Microsoft.ACE.OLEDB.12.0;" & "data source = " & "d:\test.accdb"
cnnpxp.Open constring
setpxp.Open "选择题", cnnpxp, adOpenStatic, adLockOptimistic
row = 0
With setpxp
   Do While Not .EOF
      row = row + 1
      setpxp.MoveNext
   Loop
End With
setpxp.MoveFirst
If Not setpxp.EOF Then
    i = setpxp("编号"): th = setpxp("题号")
    tm = setpxp("题目")
    da1 = setpxp("A"): da2 = setpxp("B")
    da3 = setpxp("C"): da4 = setpxp("D")
    a(i) = setpxp("正确答案")
    c(i) = setpxp("分数")
    CommandButton1.Enabled = False
    CommandButton2.Enabled = True
    TextBox3.SetFocus
    If i < row Then
        CommandButton3.Enabled = True
    Else
        CommandButton3.Enabled = False
```

```
    End If
    CommandButton4.Enabled = False
    TextBox1.Text = th + ". " + tm
    TextBox2.Text = "答案选项: " & vbCrLf & "A." & da1 & vbCrLf & "B." & da2 & vbCrLf & "C." & da3 & vbCrLf & "D." & da4
    TextBox3.Text = b(i)
End If
End Sub
```

(3)"递交答案"按钮代码如下:

```
Private Sub CommandButton2_Click()
i = 1
sum = 0
For i = 1 To row
  If UCase(b(i)) = UCase(a(i)) Then
    sum = sum + c(i)
  Else
    MsgBox "第" & i & "题" & ":" & vbCrLf & "你的答案是" & b(i) & vbCrLf & "正确答案是: " & a(i)
  End If
Next i
MsgBox "统计总分是: " & sum
End Sub
```

(4)"下一题"按钮代码如下:

```
Private Sub CommandButton3_Click()                         '下一题
setpxp.MoveNext
CommandButton4.Enabled = True
If Not setpxp.EOF Then
    i = setpxp("编号"): th = setpxp("题号")
    tm = setpxp("题目")
    da1 = setpxp("A"): da2 = setpxp("B")
    da3 = setpxp("C"): da4 = setpxp("D")
    a(i) = setpxp("正确答案")
    c(i) = setpxp("分数")
    TextBox1.Text = th + ". " + tm
    TextBox2.Text = "答案选项: " & vbCrLf & "A." & da1 & vbCrLf & "B." & da2 & vbCrLf & "C." & da3 & vbCrLf & "D." & da4
    TextBox3.Text = b(i)
End If
If i < row Then
    CommandButton3.Enabled = True
Else
    CommandButton3.Enabled = False
End If
TextBox3.SetFocus
End Sub
```

(5)"上一题"按钮代码如下:

```
Private Sub CommandButton4_Click()                         '上一题
```

```
If setpxp.BOF Then
    CommandButton4.Enabled = False
Else
    setpxp.MovePrevious
    CommandButton3.Enabled = True
    If Not setpxp.BOF Then
        i = setpxp("编号"): th = setpxp("题号")
        tm = setpxp("题目")
        da1 = setpxp("A"): da2 = setpxp("B")
        da3 = setpxp("C"): da4 = setpxp("D")
        a(i) = setpxp("正确答案")
        c(i) = setpxp("分数")
        TextBox1.Text = th + ". " + tm
        TextBox2.Text = "答案选项: " & vbCrLf & "A." & da1 & vbCrLf & "B." & da2 & vbCrLf &
"C." & da3 & vbCrLf & "D." & da4
        TextBox3.Text = b(i)
    End If
End If
If i > 1 Then
    CommandButton4.Enabled = True
Else
    CommandButton4.Enabled = False
End If
TextBox3.SetFocus
End Sub
```

(6)“退出”按钮代码如下：

```
Private Sub CommandButton5_Click()
    End
End Sub
```

(7) 输入数据时，TextBox3 代码如下：

```
Private Sub TextBox3_Change()
    b(i) = TextBox3.Text
End Sub
```

4. 调试

(1) 关闭 VBA 编辑窗口，切换到幻灯片放映视图，单击“打开考试界面”按钮，可打开“计算机基础考试”窗体，单击“开始出题”按钮，显示第一题，如图 3.34 所示。此时“开始出题”和“上一题”按钮都不可用。

(2) 答题文本框可输入答案前面的代码字母(如 D 或 d)，大小写均可。

(3) 单击“下一题”按钮，进入第 2 题，此时只有“开始出题”按钮不可用，答题后，再单击“下一题”按钮继续答题，如图 3.35 所示。

(4) 如果想在第 4 题作答完毕后就结束的话，可以单击“递交答案”按钮，此时会弹出有错误的答题提示，同时给出正确的答案，再单击“确定”按钮，会出现统计总分提示框，如图 3.36 所示。

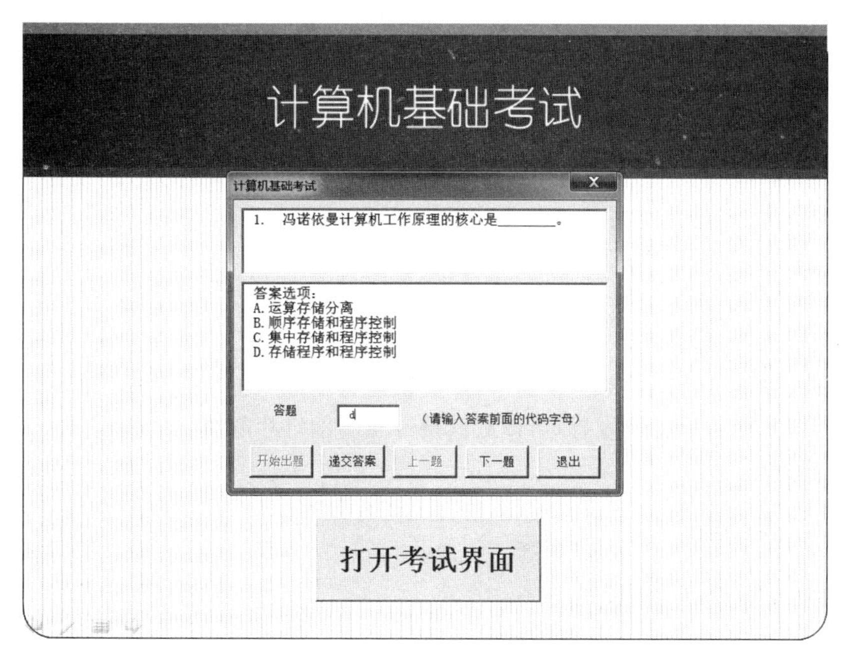

图 3.34 "计算机基础考试"窗体运行

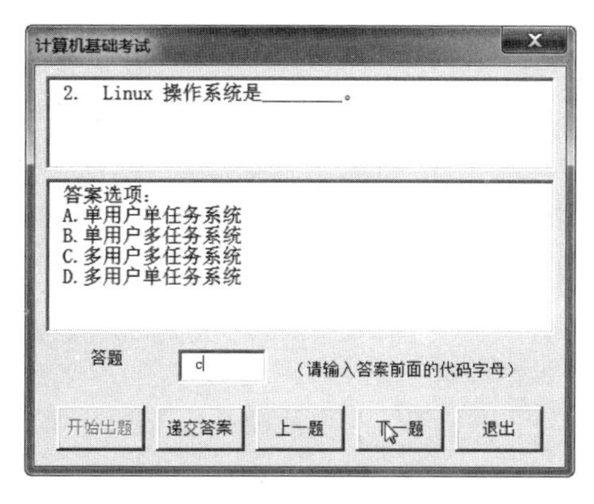

图 3.35 答题界面

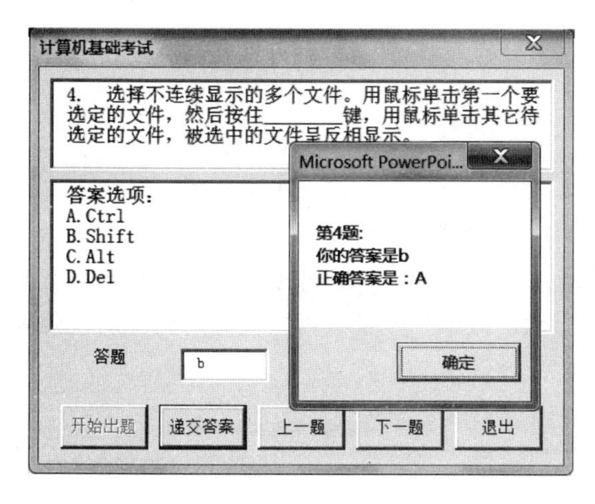

图 3.36 递交后提示出错信息并统计总分

习 题 三

一、判断题

1. 在幻灯片中,超链接的颜色设置是不能改变的。
2. 演示文稿的背景最好采用统一的颜色。
3. 在 PowerPoint 中,旋转工具能旋转文本和图像对象。
4. 在幻灯片中,剪贴图有静态和动态两种。
5. 当在一张幻灯片中将某文本行降级时,使该行缩进一个幻灯片层。
6. 在幻灯片母版中进行设置,可以起到统一整个幻灯片的风格的作用。

二、选择题

1. 在下面哪个视图中,不可以编辑、修改幻灯片?________

   A. 浏览　　B. 普通　　C. 大纲　　D. 备注页

2. Smart 图形不包括下面的________。

   A. 图表　　B. 流程图　　C. 循环图　　D. 层次结构图

3. 幻灯片中占位符的作用是________。

   A. 表示文本长度　　B. 限制插入对象的数量
   C. 表示图形大小　　D. 为文本、图形预留位置

4. 如果希望在演示过程中终止幻灯片的演示,则随时可按的终止键是________。

   A. Delete　　B. Ctrl+E　　C. Shift+C　　D. Esc

5. 在幻灯片放映过程中,右击,在弹出快捷菜单中选择“指针选项”→“荧光笔”选项,在讲解过程中可以进行写和画,其结果是________。

   A. 对幻灯片进行了修改
   B. 对幻灯片没有进行修改
   C. 写和画的内容留在幻灯片上,下次放映还会显示出来
   D. 写和画的内容可以保存起来,以便下次放映时显示出来

6. 可以用拖动方法改变幻灯片的顺序是________。

   A. 幻灯片视图　　B. 备注页视图
   C. 幻灯片浏览视图　　D. 幻灯片放映

7. 改变演讲文稿外观可以通过________。

   A. 修改主题　　B. 修改母版
   C. 修改背景样式　　D. 以上三个都对

8. 在 PowerPoint 中,下列说法中错误的是________。

   A. 可以动态显示文本和对象　　B. 可以更改动画对象的出现顺序
   C. 图表中的元素不可以设置动画效果　　D. 可以设置动画片切换效果

第二部分 多媒体技术应用

自 20 世纪 80 年代末以来，随着电子技术和大规模集成电路的发展，计算机技术、通信技术和广播电视技术迅速发展并相互渗透、相互融合，形成了一门崭新的技术，即多媒体技术。多媒体技术的应用已经渗入日常生活的各个领域，如视频点播、视频会议、远程教育和游戏娱乐等。

第4章 多媒体技术基础

4.1 多媒体技术的基本概念

4.1.1 媒体

媒体(Media)是人与人之间实现信息交流的中介,简单地说,就是信息的载体,也称为媒介。媒体在计算机领域中有两种含义:一是指用以存储信息的实体,如磁盘、磁带、光盘和半导体存储器等;二是指信息的载体,如数字、文字、声音、图形、图像和视频等。多媒体技术中的媒体一般指的是后者。

国际电信联盟远程通信标准化组ITU-T将媒体分为感觉媒体、表示媒体、表现媒体、存储媒体和传输媒体。

感觉媒体是指能够直接作用于人的感觉器官(听觉、视觉、触觉和嗅觉),并使人产生直接感觉的媒体。感觉媒体有人类的各种语言、音乐、自然界的各种声音、图形、静止和运动的图像等。

表示媒体是指为了加工、处理和传播感觉媒体而人为研究和创建的媒体,其目的是将感觉媒体从一个地方向另一个地方传送,以便于加工和处理。表示媒体有各种编码方式,如语音编码、文本编码、静止和运动图像编码等。

表现媒体又称为显示媒体,指感觉媒体和用于通信的电信号之间转换用的一类媒体。显示媒体包括输入显示媒体(如键盘、摄像机和话筒等)和输出显示媒体(如显示器、喇叭和打印机等)。

存储媒体用来存放表示媒体,以方便计算机处理加工和调用,这类媒体主要是指与计算机相关的外部存储设备,如磁带、磁盘和光盘等。

传输媒体是用来将媒体从一个地方传送到另一个地方的物理载体,是通信的信息载体,如双绞线、同轴电缆和光纤等。

媒体之间有一定的联系,如图4.1所示。

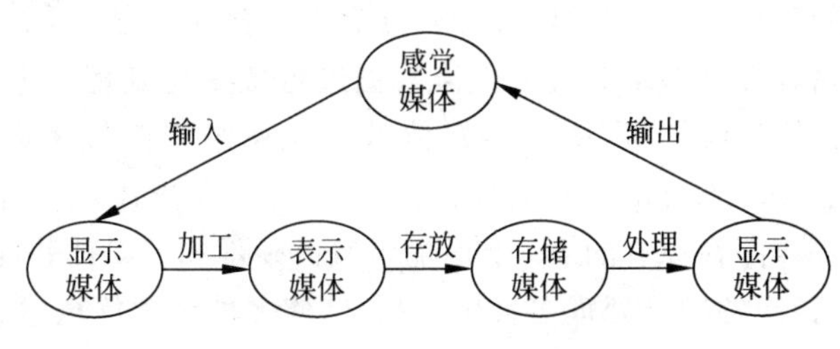

图4.1 媒体之间的联系

4.1.2 多媒体技术

多媒体的英文名称是 Multimedia，它由 media 和 multi 两个词组成。一般理解为多种媒体的综合。多媒体是多种媒体的有机组合，在计算机领域是指计算机与人进行交流的多元化信息，常用的媒体元素主要包括文本、图形、图像、声音、动画和视频等。

多媒体技术就是把文字、图片、声音、视频等媒体通过计算机集成在一起的技术。即利用计算机对文本、图形、图像、音频、视频和动画等多种媒体信息进行采集、压缩、存储、控制、编辑、变换、解压缩、播放、传输等数字化综合处理，使多种媒体信息建立逻辑连接，使之具有集成性和交互性等特征的系统技术。

多媒体技术所处理的文字、声音、图像和图形等媒体信息是一个有机的整体，而不是一个个“分立”的信息类的简单堆积，多种媒体之间无论在时间上还是空间上都存在着紧密的联系。因此多媒体技术有多样性、交互性、集成性和实时性等基本特征。

(1) 多样性。多样性是多媒体技术的主要特征。信息载体的多样性是相对于计算机而言的，即指信息媒体的多样性。多媒体就是要把计算机处理的信息多样化或多维化，从而改变计算机信息处理的单一模式，使人们能交互地处理多种信息。

(2) 集成性。集成性是指以计算机为中心综合处理多种信息媒体，它包括信息媒体的集成和处理这些媒体的设备的集成。信息媒体的集成包括信息的多通道统一获取、多媒体信息的统一组织和存储、多媒体信息表现合成等方面。多媒体设备的集成包括硬件和软件两个方面。

(3) 交互性。交互性是指用户与计算机之间进行数据交换、媒体交换和控制权交换的一种特性。多媒体的交互性是指用户可以与计算机的多种信息媒体进行交互操作从而为用户提供更加有效地控制和使用信息的手段。

(4) 实时性。对媒体信息的实时处理，实时性意味着多媒体系统在处理信息时有着严格的时序要求和很高的速度要求。

(5) 数字化。媒体信息的数字化，是指各种媒体信息都以数字形式(0 和 1 的方式)进行存储和处理。

4.2 多媒体计算机系统

多媒体计算机系统与一般计算机系统结构原则上是相同的，都是由底层的硬件系统和各层软件系统组成，区别在于多媒体计算机系统需要考虑多媒体信息处理的特性，其系统的层次结构比一般的计算机系统更为丰富。

多媒体计算机系统是一种复杂的硬件和软件有机结合的综合系统。它把多媒体与计算机系统融合起来，并由计算机系统对各种媒体数据进行数字化处理。由于目前开展多媒体应用的主流计算机是个人计算机，所以多媒体计算机系统将围绕多媒体个人计算机，即 MPC(Multimedia Personal Computer)展开讨论。事实上，多媒体计算机是在原有的 PC 上增加多媒体套件而构成，即在原有的 PC 上增加多媒体硬件和多媒体软件。

多媒体计算机是指能够综合处理多种媒体信息，使多种媒体信息建立逻辑连接，集成为一个系统并具有交互性的计算机。多媒体计算机系统一般由多媒体硬件系统和多媒体软件系统组成，如图 4.2 所示。

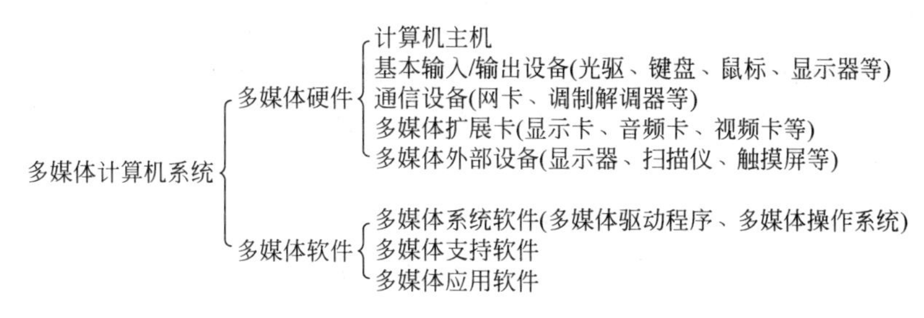

图 4.2　多媒体计算机系统组成

4.2.1　多媒体硬件系统

多媒体计算机的硬件系统层是多媒体计算机系统的物质基础，它包括计算机主机系统和多媒体接口及外部设备等。多媒体输入设备主要有话筒、音响、语音输入等声音输入设备；图像输入设备主要有数码相机、图像扫描仪、数字化仪、触摸屏等；视频输入设备主要有影视录像机、摄录机及光碟机等。多媒体输出设备有投影仪、刻录机、音箱、绘图仪等。随着网络技术和多媒体通信技术的发展，网卡、调制解调器、传真机、电话等通信设备也逐渐成为 MPC 的多媒体配置。为实现音、视频和图像信号的采集与处理，音频卡、视频卡、等成为 MPC 机必需的接口板卡配置。

多媒体硬件系统主要包括计算机传统硬件设备、光盘存储器、音频输入/输出和处理设备、视频输入/输出和处理设备。图 4.3 是典型的多媒体计算机的硬件配置。

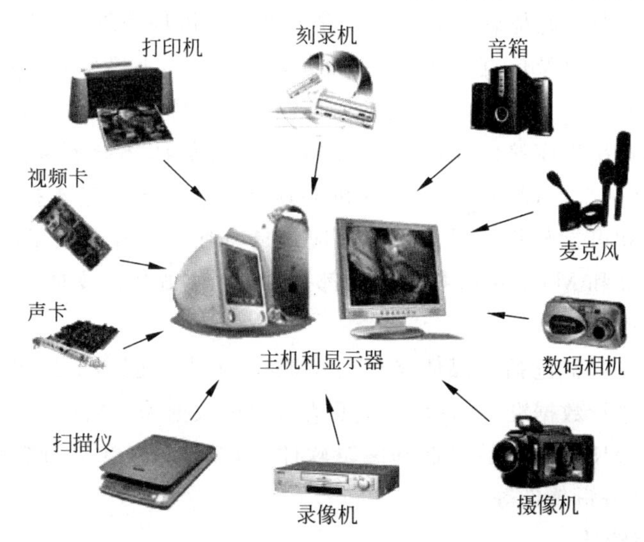

图 4.3　多媒体硬件系统的组成

(1) 音频卡(Sound Card)：用于处理音频信息，它可以把话筒、录音机、电子乐器等输入的声音信息进行模数转换(A/D)、压缩等处理，也可以把经过计算机处理的数字化的声音信号通过还原(解压缩)、数模转换(D/A)后用音箱播放出来，或者用录音设备记录下来。

(2) 视频卡(Video Card)：用来支持视频信号(如电视)的输入与输出。

(3) 采集卡：能将电视信号转换成计算机的数字信号，便于使用软件对转换后的数字信号进行剪辑处理、加工和色彩控制，还可将处理后的数字信号输出到录像带中。

(4) 扫描仪：一种图形输入设备，将摄影作品、绘画作品或其他印刷材料上的文字和图像等纸制材料的数据电子化，扫描到计算机中，以便进行加工处理。

(5) 光驱：分为只读光驱(CD-ROM)和可读写光驱(CD-R、CD-RW)，可读写光驱又称刻录机。用于读取或存储大容量的多媒体信息。

(6) 数码照相机：一种数字成像设备，是一种与计算机配套使用的照相机。它是集光、机、电于一体的数字化产品。与普通光学照相机相比，最大区别在于数码照相机用存储器保存图像资料，而不通过胶片保存图像。

4.2.2 多媒体软件系统

多媒体软件系统主要包括多媒体驱动程序、多媒体操作系统、多媒体支持软件和多媒体应用软件等。

1. 多媒体驱动程序

多媒体驱动程序(也称驱动模块)是最底层硬件的软件支撑环境，直接与计算机硬件打交道，完成设备初始化、各种设备操作、设备的打开和关闭、基于硬件的压缩/解压缩、图像快速变换及功能调用等。通常驱动软件有视频子系统、音频子系统以及视频/音频信号获取子系统等。一种多媒体硬件需要一个相应的驱动程序，驱动程序一般随硬件产品提供，它常驻内存。

2. 多媒体操作系统

多媒体操作系统是多媒体软件的核心。它负责多媒体环境下多任务的调度和管理，保证音频和视频同步控制以及信息处理的实时性，提供各种基本操作和管理。多媒体操作系统是系统软件的核心，作为多媒体计算机的操作系统除了传统的管理功能之外，还要有标准化的对硬件透明的应用程序接口、图形用户接口，实现多媒体环境下多任务的调度，保证音频、视频同步控制及信息处理的实时性；提供多媒体信息的各种基本操作和管理；具有对设备的相对独立性和可操作性。操作系统还应该具有独立于硬件设备的较强的可扩展能力。Windows、OS/2 和 Macintosh 操作系统都提供了对多媒体的支持。

3. 多媒体支持软件

多媒体支持软件通常包括多媒体素材制作工具、多媒体创作工具和多媒体编程工具。为多媒体应用程序进行数据准备的程序，主要为多媒体数据采集软件，其中包括数字化音频的录制和编辑软件、MIDI 文件的录制和编辑软件、图像扫描及预处理软件、全动态视频采集软件、动画生成和编辑软件等。

4. 多媒体应用软件

多媒体应用软件是在多媒体硬件平台上设计开发的面向应用的软件系统。目前多媒体应用软件种类很多，既有可以广泛使用的公共型应用支持软件，如多媒体数据库系统等；又有不需要二次开发的应用软件，像 Windows 以前自带的豪杰超级解霸播放器，现在的 Windows Media Player 以及 RealPlayer、暴风影音等播放器类软件，它们都是“多媒体应用软件”的一部分。这类软件与用户有直接接口，用户只要使用有关的操作命令，就能方便地进行如 MP3 播放、DVD 播放等操作。

4.3 多媒体中的媒体元素及特征

多媒体媒体元素是指多媒体应用中可显示给用户的媒体组成。

1. 文本(Text)

文本是以文字和各种专用符号表达的信息形式,它是现实生活中使用得最多的一种信息存储和传递方式。文本是计算机中基本的信息表示方式,包含数字、字母、符号和汉字,以文本文件形式存储。用文本表达信息给人充分的想象空间,它主要用于对知识的描述性表示,如阐述概念、定义、原理和问题以及显示标题、菜单等内容。

文本分为非格式化文本文件和格式化文本文件。非格式化文本文件指只有文本信息而没有其他任何有关格式信息的文件,又称为纯文本文件。如.TXT 文件。格式化文本文件指带有各种文本排版信息等格式信息的文本文件,如.DOC 文件。可用文字处理软件(如记事本和 Word 等)对文本进行编辑,也可对文本进行识别、翻译和发声等操作。

2. 图形(Graphics)

图形一般是指由计算机通过绘图软件绘制的画面,由点、线、面、体等组合而成,以矢量图形文件形式存储,如直线、圆、圆弧、矩形、任意曲线和图表等。图形的格式是一组描述点、线、面等几何图形的大小、形状及其位置等的集合。在图形文件中只记录生成图的算法和图上的某些特征点,因此也称为矢量图。

由于图形只保存算法和特征点,因此占用的存储空间很小。但显示时需经过重新计算,因而显示速度相对慢些。

3. 图像(Image)

图像是指由输入设备捕捉的实际场景的静止画面,或以数字化形式存储的任意画面,经数字化后以位图格式存储,如照片等。图像是多媒体应用软件中最重要的信息表现形式之一,它是决定一个多媒体软件视觉效果的关键因素。

静止的图像是一个矩阵,阵列中的各项数字用来描述构成图像的各个点(称为像素点 pixel)的强度与颜色等信息。这种图像也称为位图(bit-mapped picture)。图像文件在计算机中的存储格式有多种,如 BMP、PCX、TIF、TGA、GIF、JPG 等,一般数据量都较大。

4. 音频(Audio)

声音是人们用来传递信息、交流感情最方便、最熟悉的方式之一。自然界的声音经数字化后以音频文件格式存储。数字音频可分为波形声音、语音和音乐。波形声音实际上已经包含了所有的声音形式,它可以将任何声音都进行采样量化,相应的文件格式是.WAV 文件或.VOC 文件。语音也是一种波形,所以和波形声音的文件格式相同。音乐是符号化了的声音,其中乐谱可转变为符号媒体形式,对应的文件格式是.MID 或.CMF 文件。

5. 动画(Animation)

动画是利用人的视觉暂留特性,快速播放一系列连续运动变化的图形图像,也包括画面的缩放、旋转、变换、淡入淡出等特殊效果。动画是活动的画面,实质是一幅幅静态图像的连续播放。动画的连续播放既指时间上的连续,也指图像内容上的连续。当一系列图形或图像的画面按一定时间间隔在人的视线中经过时,人脑就会产生物体运动的印象。

通过动画可以把抽象的内容形象化,使许多难以理解的教学内容变为生动有趣。合理使用动画可以达到事半功倍的效果。

6. 视频(Video)

视频是由一幅幅单独的画面序列(帧 frame)组成,这些画面以一定的速率(fps)连续地投射在屏幕上,使观察者具有图像连续运动的感觉。由摄像机等输入设备获取的活动画面,数字化后以视频文件格式存储。视频影像具有时序性与丰富的信息内涵,常用于交代事物的发展过程。视频非常类似于我们熟知的电影和电视,在多媒体中充当起重要的角色。

4.4 多媒体数据压缩技术

多媒体信息经过数字化处理后其数据量是非常大的,如果不进行数据压缩处理,计算机系统就无法对它进行存储、传输和处理。解决这一难题的有效方法就是数据压缩编码。

数据压缩是通过数学运算将原来较大的文件变为较小文件的数字处理技术,数据解压缩是把压缩数据还原成原始数据或与原始数据相近的数据的技术。数据压缩是通过编码技术减少数据冗余来降低数据存储时所需空间,当数据使用时,再进行解压缩。根据对压缩数据经解压缩后是否能准确地恢复压缩前的数据来分类,分成无损压缩和有损压缩两类。

1. 无损压缩

无损压缩是利用数据的统计冗余进行压缩,可完全恢复原始数据而不引入任何失真,但压缩率受到数据统计冗余度的理论限制,一般为 2∶1 到 5∶1。无损压缩的压缩过程是可逆的,也就是说,从压缩后的数据能够完全恢复出原来的数据,信息没有任何丢失。无损压缩的原理是统计被压缩数据中重复数据的出现次数来进行编码。这类方法广泛用于文本数据、程序和特殊应用场合的图像数据(如指纹图像、医学图像等)的压缩。典型的无损压缩编码有哈夫曼编码、行程编码、Lempel zev 编码和算术编码等。由于压缩比的限制,仅使用无损压缩方法不可能解决图像和数字视频的存储和传输问题。

2. 有损压缩

有损压缩是利用人类视觉对图像中的某些频率成分不敏感的特性,允许压缩过程中损失一定的信息,不对这些不敏感频率成分进行还原。虽然不能完全恢复原始数据,但是所损失的部分对理解原始图像的影响较小,却换来了更大的压缩比。有损压缩的压缩过程是不可逆的,无法完全恢复出原始数据,信息有一定的丢失。有损压缩广泛应用于语音、图像和视频数据的压缩。

3. 常见压缩标准

视频音频数据压缩/解压缩技术选用合适的数据压缩技术,有可能将字符数据量压缩到原来的 1/2 左右,语音数据量压缩到原来的 1/2～1/10,图像数据量压缩到原来的 1/2～1/60。如今已有压缩编码/解压缩编码的国际标准 JPEG 和 MPEG。

1) JPEG(Joint Photographic Experts Group)静止图像压缩编码

国际标准化组织(ID)和国际电报电话咨询委员会(CCITT)联合成立的专家组 JPEG 于 1991 年 3 月提出了 ISO CDIO918 号建议草案:多灰度静止图像的数字压缩编码(通常简称为 JPEG 标准)。这是一个适用于彩色和单色多灰度或连续色调静止数字图像的压缩标准,由于综合采用多种压缩编码技术,因此经其处理的图像质量高、压缩比大,包括无损(压缩比 2∶1)与各种类型的有损模式(压缩比可达 30∶1 且没有明显的品质退化)。

2) MPEG(Moving Pictures Experts Group)运动图像压缩编码

ISO/IEC/JTC/SC2/WG11 的一个小组，于 1992 年制定了运动图像数据压缩编码的标准 ISO CD11172，简称 MPEG(Motion Picture Expert Group)标准。它旨在解决视频图像压缩、音频压缩及多种压缩数据流的复合与同步，它很好地解决了计算机系统对庞大的音像数据的吞吐、传输和存储问题，该编码技术的发展十分迅速，从 MPEG-1、MPEG-2 到 MPEG-4，不仅图像质量得到了很大的提高，而且在编码的可伸缩性方面也有了很大的灵活性。

MPEG-1 是针对传输速率为 1Mbps 到 1.5Mbps 的普通电视质量的视频信号的压缩。

MPEG-2 是针对每秒 30 帧的 720×572 分辨率的视频信号的压缩，在扩展模式下，MPEG-2 可以对分辨率达 1440×1152 高清晰度电视(HDTV)的信号进行压缩。

4.5 多媒体技术应用软件

多媒体作品的开发是一个系统而又复杂的工程，涉及文本、图形、图像、动画、视频等诸多处理软件。

下面介绍一些常见的多媒体处理软件。

图形图像处理和浏览软件：Photoshop、PhotoStyler、CorelDRAW、PageMaker。

音频处理软件：Windows 自带的“录音机”程序、Adobe Audition、GoldWave、Cool Edit Pro。

视频处理软件：Adobe Premiere、Corel Video Studio。

动画制作软件：Flash、GIF Animator、Animator Pro、3DS MAX、Morph、Cool 3D、MAYA。

习 题 四

1. 多媒体技术有哪些特征？
2. 简述多媒体系统的组成。
3. 多媒体压缩分为哪几类？常见的压缩标准有哪些？

第5章 图像编辑与处理——Photoshop CS5

5.1 图像基础知识

图像作为一种视觉媒体，很久以前就已成为人类传输信息、表达思想的重要方式之一。在计算机出现以前，图像处理主要是依靠光学、照相、相片处理和视频信号处理等模拟技术的处理。随着多媒体计算机的产生与发展，数字图像代替了传统的模拟图像技术，形成了独立的“数字图像处理技术”。多媒体技术借助数字图像处理技术得到迅猛发展，同时又为数字图像处理技术的应用开拓了更为广阔的前景。

利用 Photoshop 对图像进行各种编辑与处理之前，应该先了解有关图像大小、分辨率、图像色彩模式以及图像格式等基础知识。掌握了这些图像处理的基本概念，才不至于使处理出来的图像失真或达不到预想的效果。

5.1.1 图形和图像

1. 矢量图(图形)

数字图像按照图面元素的组成可以分为两类，即矢量式图像(Vector Image)和点阵式图像(Raster Image)。两类图像各有优缺点，可以搭配使用，互相取长补短。

矢量式图像也叫矢量图，有时也称为图形，它是一种基于图形的几何特性来描述的图像。矢量图一般由绘图软件生成，由直线、圆、圆弧和任意曲线等图元素组成，利用数学的矢量方式来记录图像内容。矢量图中的各种图形元素称为对象，每一个对象都是独立的个体，都具有大小、颜色、形状、轮廓等属性。

矢量图文件的大小与图像大小无关，只与图像的复杂程度有关，因此简单的图像所占的存储空间小。矢量图像可无级缩放，并且不会产生锯齿或模糊效果，在任何输出设备及打印机上，矢量图都能以打印机或印刷机的最高分辨率进行打印输出。

矢量图有两个优点：

(1) 矢量式图像文件所占的容量较小，处理时需要的内存空间也少。

(2) 矢量图与分辨率无关，可以将它设置为任意大小，其清晰度不变，也不会出现锯齿状的边缘。在进行各种变形(如缩放、旋转、扭曲)时几乎没有误差产生，不失真。如图 5.1 所示，放大 3 倍、24 倍都几乎没有失真。

矢量图的缺点是不易制作色调丰富或色彩变化太多的图像，所绘制出来的图形不很逼真，无法像照片一样精确地描写自然界的景物，同时也不易在不同的软件之间交换文件。

2. 位图图像

位图图像也叫点阵式图像，它是由许多不同颜色的小方块组成的，每一个小方块称为像

图 5.1　矢量图放大

素点，每个像素点都有特定的位置和颜色值。像素点越多，图像的分辨率越高，相应地，图像的文件量也会随之增大。使用放大工具放大后，可以清晰地看到像素的小方块形状与不同的颜色。

图像是由扫描仪、数码照相机和摄像机等输入设备捕捉的真实场景画面产生的映像，数字化后以位图形式存储。存储构成图像每个像素点的亮度和颜色，位图文件的大小与分辨率和色彩的颜色种类有关。

位图图像的优点：色彩和色调变化丰富，可以较逼真地反映自然界的景物，同时也容易在不同软件之间交换文件。

位图图像的缺点：在放大缩小或者旋转处理后会产生失真，同时文件数据量巨大，对内存容量要求较高。例如一条线段在点阵式图像中是由许多像素组成的，每一个像素独立的，因此可以表现复杂的色彩纹路，但数据量相对增加，而且构成这条线段的像素是固定且有限的，在变换时就会影响其分辨率，产生失真。如图 5.2 所示。放大 3 倍、24 倍都有一定程度的失真。

图 5.2　位图图像放大

位图图像的大小与图像的分辨率与尺寸有关，图像较大，其所占用的存储空间也较大，当图像分辨率较小时，其图像输出的品质也较低，位图比较适合制作细腻、轻柔缥缈的特殊效果，Photoshop 生成的图像一般都是位图图像。

5.1.2　图像的基本属性

1. 像素

像素(Pixel)是组成图像的最基本单元，是一个小的方形的颜色块。一个图像通常由许多像素组成，这些像素被排成横行或纵列，每个像素都是方形的。每个像素都有不同的颜色值。当扫描一幅图像时，我们要设置扫描仪的分辨率(Resolution)，这一分辨率决定了扫描仪从源图像里每英寸取多少个样点。这时，扫描仪将源图像看成是由大量的网格组成，然后在每一网格里取出一点，用它的颜色值来代表这一网格区域里所有点的颜色值。这些被选中的点就称为样点。

2. 图像分辨率

图像中每单位长度上的像素数目，称为图像的分辨率，其单位为像素/英寸或是像素/厘米。图像由像素点构成，而像素点密度决定了分辨率的高低。图像分辨率的高低直接影响图像质量，在相同尺寸的两幅图像中，高分辨率的图像包含的像素比低分辨率的图像包含的像素多。在一定显示分辨率情况下，图像分辨率越高，图像越清晰，同时图像文件也越大。

在 Photoshop 系统中，新建文件默认分辨率值为 72 像素/英寸，如果要进行精美彩色印刷，图片的分辨率最少应不低于 300 像素/英寸。

3. 像素深度

像素深度也称为颜色深度、图像深度，是指描述图像中每个像素的数据所需要的二进制位数(bit)，用来存储像素点的颜色、亮度等信息。像素深度决定了彩色图像的每个像素点可能有的颜色数，或者确定灰度图像中每个像素点可能有的灰度等级数。目前深度有 1、8、16、24、32 几种。深度为 1 时，表示像素的颜色只有 1 位，可以表示两种颜色(黑色和白色)；深度为 8 时，表示像素的颜色有 8 位，可以表示 $2^8=256$ 种颜色；深度为 24 时，表示像素的颜色有 24 位，可以表示 $2^{24}=16\ 777\ 216$ 种颜色，它用 3 个 8 位来分别表示 R、G、B 颜色，这种图像叫作真彩色图像；深度为 32 时，也是用 3 个 8 位来分别表示 R、G、B 颜色，另一个 8 位用来表示图像的其他属性(透明度等)。

5.1.3 色彩

颜色是外界光刺激作用于人的视觉器官而产生的主观感觉。颜色分两大类：非彩色和彩色。非彩色是指黑色、白色和介于这两者之间深浅不同的灰色，也称为无色系列。彩色是指除了非彩色以外的各种颜色。

1. 色彩的产生

在自然界中，物体本身没有颜色，是光赋予了自然界一切非光源物体以丰富多彩的颜色，没有光就没有颜色。一个发光的物体称为光源，光源的颜色由其发出的光波来决定。而非光源物体的颜色则由该物体吸收或者反射的光波来决定。非光源物体从被照射的光里选择性地吸收了一部分波长的色光，并反射或透射剩余的色光。人眼看到的剩余的色光就是物体的颜色。比如红色的花是因为吸收了白色光中的蓝色光和绿色光，而仅仅反射了红色光。

人眼可以分辨的是可见光，可见光是由各种不同波长的彩色光谱组合而成，波长范围在 350～750nm 之间，如图 5.3 列出了不同颜色的波长范围。

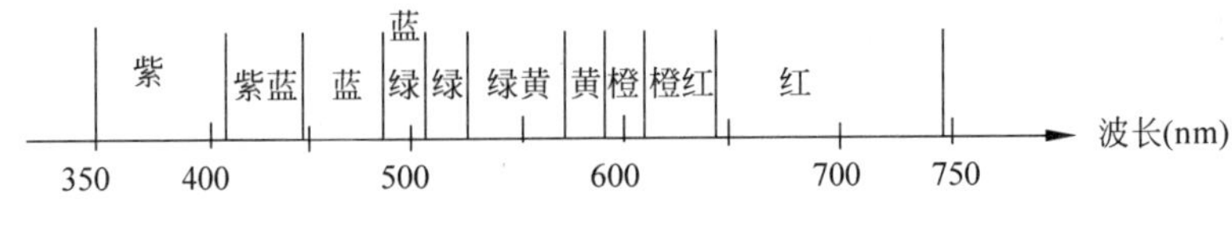

图 5.3　可见光谱

2. 色彩的三要素

人的视觉系统对彩色色度的感觉和亮度的敏感性是不同的。从人的视觉特性看，色彩可用色调、饱和度和亮度三个要素来描述。

- 色调：色调也称为色相，表示彩色的外观，在不同波长的光的照射下人眼感觉到的颜色，如红色、绿色、黄色等。用于区别颜色种类。
- 亮度：亮度也称为明度，它是指彩色光作用于人眼时引起人眼视觉的明亮程度。它与彩色光线的强弱有关，而且与彩色光的波长有关。亮度最小时即为黑色，亮度越大，该彩色越鲜明。
- 饱和度：饱和度也称为色度，表示颜色的深浅程度，色彩的浓淡程度。它取决于彩色光中白光的含量，掺入的白光越多，色彩越淡，饱和度越低，直至淡化为白色；未掺入白光的彩色最纯，亦即饱和度最高。

3. 色彩的三原色

三原色（也称为三基色）是指红、绿、蓝 3 种颜色。这是因为自然界中常见的各种颜色都可以由红、绿和蓝 3 种色光按一定比例混合而成的。红、绿和蓝 3 种色光也是白光分解后得到的主要色光，与人眼网膜细胞的光谱响应区间相匹配，符合人眼的视觉生理效应。红、绿和蓝 3 种颜色混合得到的彩色范围最广，而且这 3 种色光相互独立，其中任意一种都不能由另外两种色光混合而成，因此称红、绿、蓝为色彩的三原色。

5.1.4 颜色模式

颜色模式是将某种颜色表现为数字形式的模型，或者说是一种记录图像颜色的方式。分为 RGB 模式、CMYK 模式、HSB 模式、Lab 颜色模式、位图模式、灰度模式、索引颜色模式、双色调模式和多通道模式等。颜色模式除确定图像中能显示的颜色数之外，还影响图像的通道数和文件大小。

1. RGB 模式

RGB 模式是一种加色模式，它通过红、绿、蓝 3 种色光相叠加而形成更多的颜色，RGB 分别是 Red、Green 和 Blue。任何一种颜色由红、绿、蓝三原色通过不同的强度混合而成。一幅 24 位的 RGB 图像有 3 个色彩信息的通道：红色(R)、绿色(G)和蓝色(B)；将红、绿、蓝 3 种颜色分别按强度不同分成 256 个级别（值为 0～255），组合可以得到 256×256×256＝167 777 216 种颜色。

当这 3 个分量的值均为 255 时，点为纯白色，当所有分量的值为 0 时，结果是纯黑色。因为 RGB 色彩模式产生颜色的方法是加色法，没有光时为黑色，加入 RGB 色的光产生颜色，RGB 每一色都有 0～255 种亮度的变化，当光亮达到最大时就为白色。

RGB 颜色模式是编辑图像的最佳颜色模型。新建 Photoshop 图像的默认模式为 RGB，计算机显示器总是使用 RGB 模型显示颜色。屏幕、扫描仪和投影仪都属于 RGB 设备，因为它们是由红、绿、蓝 3 个电子射线枪构成的。

2. CMYK 模式

CMYK 模型颜色系统中任何一种颜色可以由青、洋红、黄和黑 4 种颜色混合而成。CMYK 分别代表 Cyan（青）、Magenta（洋红）、Yellow（黄）、Black（黑）。

CMYK 模式是一种印刷模式，与 RGB 模式不同的是，RGB 是加色法，CMYK 是减色法。在CMYK模式中，每个像素的每种印刷油墨会被分配一个百分比值。最亮的颜色分配较低的印刷油墨颜色百分比值，较暗的颜色分配较高的百分比值。

CMYK模型是最佳的颜色打印模式，RGB模型尽管色彩多，但不能完全打印出来。一般先用RGB模型编辑，打印时转换为CMYK模型，因此，打印时的色彩会有一定的失真。

3. HSB模式

HSB颜色系统中任何一种颜色由色调、饱和度和亮度3个要素定义而成。H代表色相，S代表饱和度，B代表亮度。

色相的意思是纯色，即组成可见光谱的单色。红色为0度，绿色为120度，蓝色为240度。饱和度代表色彩的纯度，其值在0～100之间，0为灰色。亮度是色彩的明亮程度，最大亮度是色彩最鲜明的状态，其值在0～100之间，0为全黑。该模式是基于人眼对颜色的感觉。利用该模式可以任意选择不同明亮度的颜色。

4. 灰度模式

灰度模式，灰度图又叫8 bit深度图。每个像素用8个二进制位表示，能产生2^8的次方(即256)级灰色调。灰度图像的每个像素有一个0(黑色)～255(白色)之间的亮度值。使用黑白或灰度扫描仪产生的图像常以“灰度”模式显示。

当一个彩色文件被转换为灰度模式文件时，所有的颜色信息都将从文件中丢失，所以要转换为灰度模式时，应先做好图像的备份。

5. Lab颜色模式

Lab是一种国际色彩标准模式，它由L、a、b三个通道组成。L通道是透明度，代表光亮度分量，范围为0～100。其他两个是色彩通道，即色相和饱和度，用a和b表示，两者范围都是＋120 ～－120。a通道包括的颜色值从深绿色(低亮度值)到灰色(中亮度值)，再到亮粉红色(高亮度值)；b通道是从亮蓝色(低亮度值)到灰色(中亮度值)，再到焦黄色(高亮度值)。

Lab颜色是在不同颜色模式之间转换时使用的内部颜色模式。它能毫无偏差地在不同系统和平台之间进行转换。计算机将RGB模式转换成CMYK模式时，实际上是先将RGB模式转换成Lab颜色模式，然后再将Lab颜色模式转换成CMYK模式。

6. 位图模式

位图模式为黑白位图模式，使用两种颜色值即黑色和白色来表示图像中的像素。它通过组合不同大小的点，产生一定的灰度级阴影。其位深度为1，并且所要求的磁盘空间最少，在该图像模式下不能制作出色彩丰富的图像，只能制作一些黑白图像。

需要注意的是，只有灰度模式的图像或多通道模式的图像才能转换为位图图像，其他色彩模式的图像文件必须先转换为这两种模式，然后才能转换为位图模式。

7. 色彩模式转换

由于实际需要，常常会将图像从一种模式转换为另一种模式。但由于各种颜色模式的色域不同，所以在进行颜色模式转换时会永久性地改变图像中的颜色值。

转换注意事项：

- 图像输出方式：以印刷方式输出必须使用CMYK模式存储；在屏幕上显示输出，以RGB或索引颜色模式较多。
- 图像输入方式：在扫描输入图像时，通常采用拥有较广阔的颜色范围和操作空间的

RGB 模式。

- 编辑功能：CMYK 模式的图像不能使用某些滤镜，位图模式不能使用自由旋转、层功能等。面对这些情况，在编辑时通常选择 RGB 模式来操作，图像制作完毕之后再另存为其他模式。这主要是基于 RGB 图像可以使用所有的滤镜和其他的一些功能。
- 颜色范围：RGB 和 Lab 模式可选择颜色范围较广，通常设置为这两种模式以获得较佳的图像效果。
- 文件占用内存及磁盘空间：不同模式保存时占用空间是不同的，文件越大占用内存越多，因此可选择占用空间较小的模式，但综合而言选择 RGB 模式较佳。

5.1.5 图像数字化

图形是用计算机绘图软件生成的矢量图形，矢量图形文件存储的是描述生成图形的指令，因此不必对图形中的每一点进行数字化处理。现实中的图像是一种模拟信号。图像数字化是指将一幅真实图像转变成为计算机能够接受的数字形式，这涉及对图像的采样、量化和编码等。

1. 采样

采样就是将连续图像转换成离散点的过程。采样实质就是要决定在一定面积内取多少个点来描述一幅图像，或者叫多少个像素点，称为图像的分辨率。分辨率越高，图像越清晰，存储量也越大。

2. 量化

量化是在图像采样离散化后，将表示图像色彩浓淡的值取为整数值的过程。将量化时可取整数值的个数称为量化级数。表示色彩（或亮度）所需的二进制位数为量化字长，称为颜色深度。一般用 8 位、16 位、24 位、32 位等来表示图像颜色。24 位可以表示 $2^{24}=16\ 777\ 216$ 种颜色，称为真彩色。

3. 编码

图像文件的数据量与组成图像像素数量和颜色深度有关，可由以下公式计算：

$$s=(h\times w\times c)/8$$

其中，s 是图像文件数据量；h 是图像水平方向像素数；w 是图像垂直方向像素数；c 是颜色深度数值；8 是将二进制位（bit）转换成字节（Byte）。

例如，某图像采用 24bit 真彩色，其图像尺寸为 800×600，则图像文件体积为：

$$s=(800\times 600\times 24)/8=1\ 440\ 000(\text{B})(1.37\text{MB})$$

可见数字化后图像数据量大，必须采取编码技术来压缩信息，它是图像存储与传输的关键。图像的压缩编码请参考其他书籍。

4. 图像大小

图像大小可用两种方法表示：第一种是“图像大小”，是指图像在计算机中占用的随机存储器（RAM）的大小；第二种则是“文件大小”，是指图像保存文件后的长度。两者之间基本上是正比的关系，但并不一定相等。因为图像信息从 RAM 保存到文件时，会在文件中加上头部信息，再进行压缩。因此，文件大小通常会比图像大小小一些。

5.1.6 图像文件格式

在图形图像处理中，对于同一幅数字图像，采用不同文件格式保存时，会在图像颜色和层次还原方面产生不同的效果，这是由于不同文件格式采用不同压缩算法的缘故。

常用文件格式有以下几种。

1. BMP 格式

BMP 格式是 Windows Bitmap 的缩写。BMP(Bitmap 位图)格式文件扩展名是.bmp，是标准的 Windows 图形图像基本位图格式，绝大多数图形图像软件都支持 BMP 文件格式文件。

BMP 格式文件的特点是数据几乎不进行压缩，包含的图像信息较丰富，但文件占用存储空间过大。目前在单机上 BMP 格式文件比较流行。BMP 文件有压缩和非压缩之分，一般作为图像资源使用的 BMP 文件都是不压缩的；BMP 支持黑白图像、16 色和 256 色的伪彩色图像以及 RGB 真彩色图像。

2. GIF 格式

GIF 格式是 Graphics Interchange Format 的缩写，格式文件扩展名是.gif。GIF 格式的图像文件容量比较小，它形成一种压缩的 8bit 图像文件，是美国联机服务商针对当时网络传输带宽的限制，开发出的图像格式。

GIF 格式使用 LZW 压缩方法，其优点是压缩比高，磁盘空间占用较少，下载速度快，是网络中重要文件格式之一。目前 Internet 上大量采用的彩色动画文件多为这种格式文件。如果在网络中传送图像文件，GIF 格式的图像文件要比其他格式的图像文件快得多。GIF 格式支持透明图像属性，还采用了渐显方式，即在图像传输过程中，用户先看到图像的大致轮廓，然后随着传输过程的继续而逐渐看清图像中的细节。

GIF 压缩图像存储格式支持黑白图像、16 色和 256 色的彩色图像，目的是便于在不同的平台上进行图像交流和传输。GIF 图像缺点是不能存储超过 256 色的图像。

3. JPEG 格式

JPEG 格式是常见的一种图像格式，它由联合照片专家组(Joint Photographic Experts Group)开发并命名为 ISO 10918-1，JPEG 是一种俗称。JPEG 文件的扩展名为.jpg 或.jpeg。JPEG 格式是压缩格式中的“佼佼者”，与 TIF 文件格式采用的 LIW 无损失压缩相比，它的压缩比例更大。JPEG 格式文件是一种很灵活的格式，具有调节图像质量的功能，允许用不同压缩比例对这种文件压缩。作为先进的压缩技术，它用有损压缩方式去除冗余图像和彩色数据，在获取较高压缩率的同时能够展现十分丰富生动的图像。但它使用的有损失压缩会丢失部分数据。用户可以在存储前选择图像的最后质量，这就能控制数据的损失程度。经过压缩，其容量较小，常用于网页制作。

同一图像 BMP 格式的大小是 JPEG 格式的 5～10 倍。而 GIF 格式最多只有 256 色，JPEG 格式适用于处理 256 色以上图像和大幅面图像。JPEG 是一种有损压缩的静态图像文件存储格式，压缩比可以选择，支持灰度图像、RGB 真彩色图像和 CMYK 真彩色图像。

4. TIFF 格式

TIFF(Tagged Image File Format，标志图像文件格式)格式文件扩展名是.tif。TIFF 格式文件以 RGB 真彩色模式存储，常被用于彩色图像扫描和桌面出版业。

TIFF 格式可以用于 PC、Macintosh 以及 UNIX 工作站 3 大平台，是这 3 大平台上使用最广泛的绘图格式。用 TIFF 格式存储时应考虑到文件的大小，因为 TIFF 格式的结构要比其他格式更复杂。TIFF 格式文件包含两部分：第一部分是屏幕显示低分辨率图样，便于图像处理时预览和定位；第二部分则包含各分色与单独信息。

TIF 格式支持 24 个通道，能存储多于 4 个通道的文件格式，还允许使用 Photoshop CS5 中的复杂工具和滤镜特效，可以设置背景为透明色。TIFF 格式是一种无损压缩方式。

5. PNG 格式

PNG 格式文件是一种新兴的网络图像格式，扩展名是.png。PNG 是目前最不失真的格式；能将图像文件压缩到极限，即利于网络传输，又能保留所有与图像品质有关的信息，因为 PNG 采用无损压缩方式来减少文件大小，所以显示速度很快，只需下载 1/64 的图像信息就可以显示出低分辨率的预览图像；PNG 同样支持透明图像制作，这样可以让图像和网页背景和谐地融合在一起。PNG 的缺点是 PNG 文件不支持动画应用效果。

6. PSD 格式和 PDD 格式

PSD 格式和 PDD 格式是 Photoshop CS5 自身的专用文件格式，能够支持所有图像类型。PSD 格式和 PDD 格式能够保存图像数据的细小部分，它支持所有文件类型，能保存没有合并的图层、通道和蒙版等信息。但缺点是很少有其他的图像软件能读取这种格式，其通用性不强，且存盘容量极大。

7. TGA 格式

TGA 格式与 TIFF 格式相同，都可用来处理高质量的色彩通道图像。TGA 格式支持 32 位图像，它吸收了广播电视标准的优点，包括 8 位 Alpha 通道。另外，这种格式使 Photoshop CS5 软件和 UNIX 工作站相互交换图像文件成为可能。

8. EPS 格式

EPS 格式是 Illustrator CS3 和 Photoshop CS5 之间可交换的文件格式。Illustrator 软件制作出来的流动曲线、简单图形和专业图像一般都存储为 EPS 格式。Photoshop 可以获取这种格式的文件。在 Photoshop CS5 中，也可以把其他图形文件存储为 EPS 格式，在排版类的 PageMaker 和绘图类的 Illustrator 等其他软件中使用。

5.1.7 图像编辑软件

图像处理是对已有的位图图像进行编辑、加工、处理以及运用一些特殊效果；常见的图像处理软件有 Photoshop、Photo Painter、Photo Impact、Paint Shop Pro 和 Design Painter 等。

图形创作是按照自己的构思创作。常见的图形创作软件有 Freehand、Illustrator、CorelDraw 和 AutoCAD 等，主要应用于平面设计、网页设计、数码暗房、建筑效果图后期处理以及影像创意等。

5.2 Photoshop CS5 相关知识

Photoshop 以其直观的界面，全面的功能成为最流行的图像处理软件，是我们学习的首选软件。这里将以 Photoshop CS5 为例介绍 Photoshop 的使用。Photoshop 的窗口由标题栏、菜单栏、工具箱、工作窗口、面板、状态栏 6 部分组成。

5.2.1 常用工具

Photoshop 的基本工具存放在工具箱中，一般置于 Photoshop 界面的左侧。有些工具的图标右下角有一个小三角，表示此工具图标中还隐藏了其他工具。用鼠标点中此图标不放，便可以打开隐藏的工具栏。选中隐藏的工具后，所选工具便会代替原先工具出现在工具箱里。当把鼠标停在某个工具上时，会出现此工具的名称及快捷键。

Photoshop 工具箱的工具十分丰富，功能也十分强大，它为图像处理提供了方便快捷的工具。Photoshop 的工具分为如下几大类：选取工具、着色工具、编辑工具、路径工具、切片工具、注释、文字工具等。工具箱下部是 3 组控制器：色彩控制器可以改变着色色彩；蒙版控制器提供了快速进入和退出蒙版的方式；图像控制窗口能够改变桌面图像窗口的显示状态。Photoshop CS5 工具箱如图 5.4 所示。

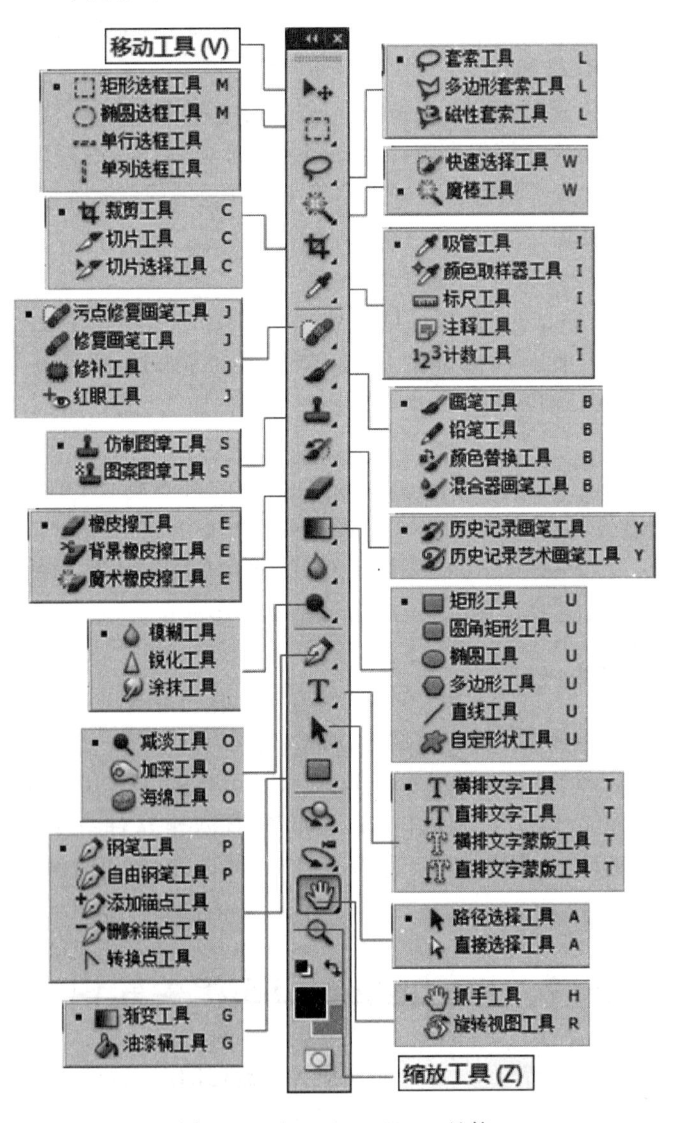

图 5.4　Photoshop CS5 工具箱

Photoshop CS 中每个工具都会有一个相应的工具选项属性栏，这个属性栏出现在主菜单的下面，使用起来十分方便，可以设置工具的参数。大多数图像编辑工具都拥有一些共同属性，如色彩混合模式、不透明度、动态效果、压力和笔刷形状等。

1. 规定图片区域的选择

1）规则选框工具

规则选框工具只能选择矩形和圆形的内容，此类选框工具用来产生规则的选择区域，包括矩形选框工具、椭圆选框工具、单行选框工具和单列选框工具。正图形需要先按住 Shift 键。

2）套索工具

套索选取工具在实际中是一组非常有用的选取工具，它包括 3 种套索选取工具：套索工具、多边形套索工具和磁性套索工具。拖拉套索工具，可以选择图像中任意形态的部分。磁性套索工具的使用方法是，按住鼠标在图像中不同对比度区域的交界附近拖拉，Photoshop 会自动将选区边界吸附到交界上，当鼠标回到起始点时，磁性套索工具的小图标的右下角会出现一个小圆圈，这时松开鼠标即可形成一个封闭的选区。使用磁性套索工具，可以轻松地选取具有相同对比度的图像区域。

3）快速选择工具

快速选择工具类似于笔刷，并且能够调整圆形笔尖大小绘制选区。在图像中单击并拖动鼠标即可绘制选区。这是一种基于色彩差别而用画笔智能查找主体边缘的新颖方法。

4）魔棒工具

魔棒工具是根据相邻像素的颜色相似程度来确定选区的选取工具，适合选取图像中颜色相近或有大色块单色区域的图像（以鼠标的落点颜色为基色）。当使用魔棒工具时，Photoshop 将确定相邻近的像素是否在同一颜色范围容许值之内，这个容许值可以在魔棒选项浮动窗口中定义，所有在容许值范围内的像素都会被选上。容差即调整选区颜色的敏感性，取值范围 0～255，值越小与所指定的像素点颜色相似度越高，选择的颜色范围则越窄，值越大反之。

5）移动工具

使用移动工具可以将图像中被选取的区域移动（此时鼠标必须位于选区内，其图标表现为黑箭头的右下方带有一个小剪刀）。移动选区内容、辅助线或层的内容；也可以将内容置入其他文档中。移动对象时，按 Alt 键可以复制对象，在其他工具（钢笔、抓手、缩放和切片工具除外）下，按 Ctrl＋Alt 键也可复制对象。如果图像不存在选区或鼠标在选区外，那么用移动工具可以移动整个图层。如果想将一幅图像或这幅图像的某部分复制后粘贴到另一幅图像上，只需用移动工具把它拖放过去就可以了。

2. 取样工具

1）吸管工具

可以利用吸管工具在图像中取色样以改变工具箱中的前景色或背景色。用此工具在图像上单击，工具箱中的前景色就显示所选取的颜色，如果在按住 Alt 键的同时，用此工具在图像上单击，工具箱中的背景色就显示为所选取的颜色。

2）颜色取样器工具

颜色取样器工具可以获取多达 4 个色样，并可按不同的色彩模式将获取的每一个色样的色值在信息浮动窗口中显示出来,从而提供了进行颜色调节工作所需的色彩信息,能够更准确、更快捷地完成图像的色彩调节工作。

3. 修复工具

修复工具是非常实用的工具,对于照片的修复很有用处。

1) 修复画笔工具

运用修复画笔工具可以将破损的照片进行仔细修复。首先要按下 Alt 键,利用光标定义好一个与破损处相近的基准点,然后放开 Alt 键,反复涂抹破损处就可以修复。

2) 修补工具

先勾勒出一个需要修补的选区,会出现一个选区虚线框,移动鼠标时这个虚线框会跟着移动,移动到适当的位置(比如与修补区相近的区域)单击即可。

3) 颜色置换工具

颜色置换工具可以用一种新的颜色来代替选定区域的颜色。

4. 填充工具

1) 渐变填充工具

渐变填充工具可以在图像区域或图像选择区域填充一种渐变混合色。此类工具的使用方法是按住鼠标拖动,形成一条直线,直线的长度和方向决定渐变填充的区域和方向。如果在拖动鼠标时按住 Shift 键,就可保证渐变的方向是水平、竖直或成 45°角。包括 5 种基本渐变工具:线性渐变工具、径向渐变工具、角度渐变工具、对称渐变工具、菱形渐变工具。每一种渐变工具都有其相对应的选项浮动窗口。可以在选项浮动窗口中任意定义、编辑渐变色,并且无论多少种颜色都可以。

2) 油漆桶工具

用来对指定的区域填充指定的颜色,填充闭合区域或整个图层区域,默认填充色为前景色。可以根据图像中像素颜色的近似程度来填充前景色或连续图案。

5. 图章工具

1) 仿制图章工具

仿制图章工具功能是从图像中取样,将样本应用到其他图像或同一个图像的其他部分,仿制图章工具使用时,按住 Alt 键单击左键是吸取颜色,再到想要覆盖的区域将颜色覆盖上去,这个工具可复制整幅图像。具体使用方法为:单击工具箱中的仿制图章工具按钮,按住键盘上的 Alt 键,将鼠标光标移动到打开图像中要复制的图案上单击(鼠标单击处的位置为复制图像的印制点),松开 Alt 键,然后将鼠标移动到需要复制图像的位置拖曳鼠标,即可将图像进行复制。重新取样后,在图像中拖曳鼠标,将复制新的图像。

2) 图案图章工具

图案图章工具功能是可以用图案绘画,可以从图案库中选择图案或创建自己的图案。在使用图案图章工具之前,必须先选取图像的一部分并选择“编辑”菜单下的“定义图案”命令定义一个图案,然后才能使用图案印章工具将设定好的图案复制到鼠标的拖放处。具体使用方法为:单击工具箱中“矩形选框工具”选取需要复制的图案,然后选取菜单中的“编辑”→“定义图案”命令,将其定义为样本;单击工具箱中的“图案图章工具”按钮,并在其属性选项的“图案”下拉列表框中选择刚定义的图案,并将鼠标光标移动到画面中拖曳即可复制图像。

6. 文字工具

Photoshop CS 文字工具组中主要包括横排文字工具、直排文字工具、横排蒙版文字工具和直排蒙版文字工具。单击工具栏上的文字工具按钮，调整好字体、字号、颜色，可以在图像编辑区中完成文字的录入及美化。在 Photoshop CS 中，可以将输入的文字转换成工作路径和形状进行编辑，也可以将其进行栅格化处理，即将输入文字生成的文字层直接转换为普通图层。另外还可以将输入的美工文字和段落文字进行互换。

5.2.2 图层

图层，也称层、图像层，是 Photoshop 中十分重要的概念，这一概念几乎贯穿了所有的图形图像软件，极大地方便了图形设计和图像的编辑。图层就如同含有文字、图像等内容的胶片，一张张按顺序叠放在一起，组合起来形成一张完整的图像。图层把很多层画面叠加在一起，编辑修改都可分别进行。一个图像文件最多可设置 100 个图层。

图层上有图像的部分可以是透明或不透明的，而没有图像的部分一定是透明的。如果图层上没有任何图像，透过图层可以看到下面的可见图层。制作图片时，用户可以先在不同的图层上绘制不同的图形并编辑它们，最后将这些图层叠加在一起，就构成了想要的完整的图像。当对一个图层进行操作时，图像文档的其他图层将不受影响。

先打开一个图像文件，然后执行"窗口"→"图层"命令，则窗口中出现图层控制面板。如果未事先打开图像文件，则该面板为空面板。图层内容的缩览图显示在图层名称的左边，它随编辑而被更新。Photoshop 中图层主要有背景图层、普通图层、文字图层、形状图层等类型，如图 5.5 所示。

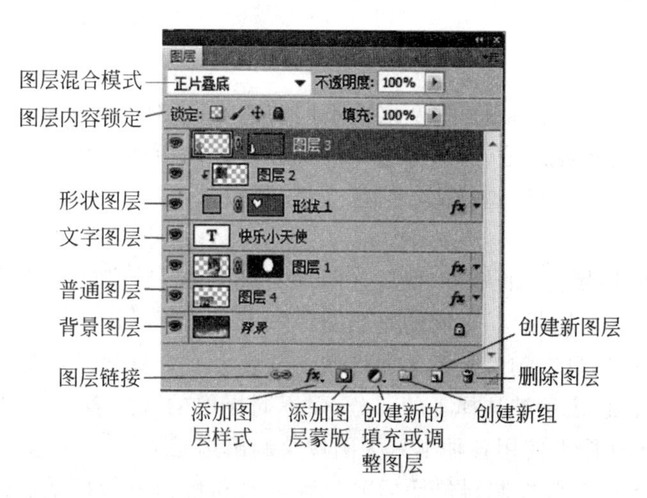

图 5.5 图层面板

图层面板上的右上角有一个黑色小三角，单击该图标会弹出"图层"下拉菜单。其子菜单含有新建图层、复制图层、删除图层、链接图层、选择链接图层、删除隐藏图层、新建组、锁定图层、图层属性、混合选项、向下合并、合并可见图层、拼合图像、动画选项及面板选项等。

Photoshop CS 可以在一个图像中创建多个图层，每个图层都有自己的图层混合模式和不透明度。图层样式的主要作用是给当前图层中的图像添加各种图层效果。

5.2.3 路径

路径是由一条或几条相交或不相交的直线或曲线组合而成的。也就是说，路径可以是封闭的、没有起点的，也可以是开放的、有两个不同的端点。路径是一种 Photoshop 中的矢量对象，它是由锚点和路径段组成的。锚点是定义路径中每条线段开始和结束的点。移动和编辑锚点，以修改路径的形状。路径分为开放路径和闭合路径。锚点（节点）分为平滑点和转角点。

路径可以绘制精确的选取框线，使用钢笔或自由钢笔等工具，通过调整线段的控制手柄，可以绘制任意的、精确的选取外框。在图像中使用钢笔工具开始描绘路径时，如果没有选取在已有路径上工作，则会在路径浮动面板上建立一个暂时的新工作路径。由于是暂时的工作路径，在取消对路径选择后再描绘路径时，新的工作路径会取代原来的。所以必须存储此工作路径以避免遗失其内容。

可以通过路径存储选取区域，路径与选区之间可以互相转换。以路径形式存储选取区域，需要时再把它们转成选取区域就可以重新修改图像的某个部分。

1. 将选区转换成路径

通过路径面板上单击“从选区生成工作路径”按钮，把用任何选取工具所建立的选区转换成路径。

2. 将路径转换为选区

将一个路径转换为选区的步骤如下：单击路径浮动面板底部的“将路径作为选区载入”按钮，即可将路径转换成选取区域。

5.2.4 蒙版

所谓的蒙版，实际上是利用黑白灰之间不同的色阶，来对所蒙版的图层实现不同程度的遮挡。蒙版中用黑色填充的地方，图像被彻底遮挡了。白色填充的地方则显示如初。用灰色填充的地方，则被隐隐约约遮挡住了。在这里，黑白灰不同于一般的颜色，它仅仅代表对图像的遮挡程度。

蒙版是一种通常为透明的模板，覆盖在图像上保护某一特定的区域，从而允许其他部分被修改。蒙版与选择区域相似，不同的是当图像加上了蒙版后，蒙版蒙住的图像区域将受到保护，所做的各种操作只影响没被蒙上的区域。蒙版由一个灰度图来表示，黑色表示图像中没被选择的部分，白色表示被选择了的部分，而不同层次的灰度表示蒙住的程度（即羽化效果），我们可以在灰度图里使用各种工具为图像绘制出选区。

Photoshop CS 的蒙版控制器包括标准蒙版模式和快速蒙版模式。这两种模式提供了两种制作选区的不同方式。在标准模式下，是利用工具箱中的选取工具制作选区，这也是通常使用的工作模式。而在快速蒙版模式下，可利用绘图工具制作复杂的选区。

5.2.5 通道

所谓通道，就是在 Photoshop 环境下，将图像的颜色分离成基本的颜色，每一个基本的颜色就是一条基本的通道。因此，当打开一幅以颜色模式建立的图像时，通道工作面板将为其色彩模式和组成它的原色分别建立通道。

通道主要是用来存储图像色彩的，多个通道的叠加就可以组成一幅色彩丰富的全彩图像。由于对通道的操作具有独立性，用户可以分别针对每个通道进行色彩、图像的加工。此外，通道还可以用来保存蒙版，它可以将图像的一部分保护起来，使用户的描绘、着色操作仅仅局限在蒙版之外的区域，可以说，通道是 Photoshop 最强大的特点之一。

例如，打开 RGB 图像文件时，通道工作面板会出现主色彩通道 RGB 和 3 个颜色通道（红、绿、蓝）。单击颜色通道左边的“眼睛”图标将使图像中的该颜色隐藏，单击颜色通道的标注部分，则可以见到能通过该颜色滤光镜的图像。将其中的一种颜色通道删除，RGB 色彩通道也会随之消失，而此时图像将由删除颜色和相邻颜色的混合色组成。而对于 CMYK 模式的图像，则删除颜色通道的操作会使一种油墨颜色消失，同时 CMYK 颜色通道消失。这种由两个颜色通道组成的色彩模式称为多通道模式。

5.2.6 Photoshop 快捷键

Photoshop 中常用的快捷键如表 5.1 所示。

表 5.1 Photoshop 常用快捷键

操　作	快　捷　键
默认前景色和背景色	D
切换前景色和背景色	X
切换标准模式和快速蒙版模式	Q
标准屏幕模式、带有菜单栏的全屏模式、全屏模式切换	F
还原/重做前一步操作	Ctrl+Z
一步一步向前还原	Ctrl+Alt+Z
一步一步向后重做	Ctrl+Shift+Z
剪切选取的图像或路径	Ctrl+X 或 F2
复制选取的图像或路径	Ctrl+C
合并复制	Ctrl+Shift+C
将剪贴板的内容粘到当前图形中	Ctrl+V 或 F4
将剪贴板的内容粘到选框中	Ctrl+Shift+V
自由变换	Ctrl+T
应用自由变换（在自由变换模式下）	Enter
从中心或对称点开始变换	（在自由变换模式下）Alt
限制（在自由变换模式下）	Shift
扭曲（在自由变换模式下）	Ctrl
取消变形（在自由变换模式下）	Esc
自由变换复制的像素数据	Ctrl+Shift+T
再次变换复制的像素数据并建立一个副本	Ctrl+Shift+Alt+T
删除选框中的图案或选取的路径	Del
用背景色填充所选区域或整个图层	Ctrl+BackSpace 或 Ctrl+Del
用前景色填充所选区域或整个图层	Alt+BackSpace 或 Alt+Del
弹出“填充”对话框	Shift+BackSpace
从历史记录中填充	Alt+Ctrl+Backspace
以默认选项建立一个新的图层	Ctrl+Alt+Shift+N
通过复制建立一个图层（无对话框）	Ctrl+J

续表

操　　作	快　捷　键
从对话框建立一个通过复制的图层	Ctrl+Alt+J
通过剪切建立一个图层(无对话框)	Ctrl+Shift+J
从对话框建立一个通过剪切的图层	Ctrl+Shift+Alt+J
合并可见图层	Ctrl+Shift+E
盖印或盖印联接图层	Ctrl+Alt+E
盖印可见图层	Ctrl+Alt+Shift+E
全部选取	Ctrl+A
取消选择	Ctrl+D
重新选择	Ctrl+Shift+D
羽化选择	Ctrl+Alt+D
反向选择	Ctrl+Shift+I
载入选区	Ctrl+单击图层、路径、通道面板中的缩略图
放大视图	Ctrl++
缩小视图	Ctrl+-
满画布显示	Ctrl+0
实际像素显示	Ctrl+Alt+0
向上卷动一屏	PageUp
向下卷动一屏	PageDown
向左卷动一屏	Ctrl+PageUp
向右卷动一屏	Ctrl+PageDown
将视图移到左上角	Home
将视图移到右下角	End
显示/隐藏选择区域	Ctrl+H
显示/隐藏路径	Ctrl+Shift+H
显示/隐藏标尺	Ctrl+R
锁定参考线	Ctrl+Alt+;
显示/隐藏所有命令面板	TAB
显示或隐藏工具箱以外的所有调板	Shift+TAB

5.3　案例一　快乐小天使

要求：通过“快乐小天使”的制作，熟悉和掌握图层蒙版、剪贴蒙版、矢量蒙版、图层样式、路径文字输入等的应用，熟练掌握 Photoshop CS5 工具箱中各种工具的使用技巧。最终效果如图 5.6 所示。

1. 背景图片处理

(1) 选择菜单“开始”→“所有程序”→Adobe→Adobe Photoshop CS5 命令，打开 PS 应用程序。

(2) 选择菜单“文件”→“打开”命令，出现“打开”对话框，如图 5.7 所示。选择“快乐小天使”文件夹下所有的图片文件“背景.jpg、girl1.jpg、girl2.jpg、girl3.jpg、girl4.jpg”。单击“打开”按钮，这几幅图片都会在 PS 窗口打开。

图 5.6 “快乐小天使”效果图

图 5.7 “打开”对话框

(3) 单击已打开的图片 背景.jpg ，使得当前窗口为背景图片窗口。单击工具箱中的“缩放工具”按钮，菜单栏下方出现该工具的“选项”属性，如图 5.8 所示。单击“适合屏幕”按钮。

图 5.8 “缩放工具”选项属性

(4) 此时 PS 界面如图 5.9 所示。可观察到图片下方有该图片下载网站的一些信息，下面将这些信息去除。

图 5.9 PS 界面

(5) 单击工具箱中的“修补工具”按钮 修补工具，拖动鼠标围着要删除的信息“昵图网……”画一个圆圈，释放鼠标，出现要修补的区域，如图 5.10 所示。

图 5.10 修补的区域

(6) 拖动选中的修补选区到图右边(右边的内容为目标信息)，如图 5.11 所示。释放鼠标，左边部分区域被替换成了右边内容。

图 5.11 一个修补区域完成

(7) 使用同样的方法,修补图中其他不需要的信息。执行菜单"选择"→"取消选择"命令(或者按 Ctrl+D 键)取消选区。此时背景图片处理完毕,如图 5.12 所示。使用"文件"→"存储为"菜单命令,将图片文件保存为"快乐小天使.jpg"。

图 5.12 修补全部完成

2. 图层蒙版应用

(1) 单击窗口中的 girl1.jpg 图片文件,单击工具箱中的"移动工具"按钮,拖动 girl1.jpg 图片到"快乐小天使"图片中。观察"图层"面板,多了"图层 1"图层。

(2) 执行菜单"编辑"→"自由变换"命令(或者按 Ctrl+T 键),使图片出现 8 个控点,按住 Shift 键(能保持图片纵横比)适当缩小图片。

(3) 将鼠标移向四角,当光标变成时,拖动鼠标适当旋转图片。单击菜单下面"选项"窗口中的"进行变换"按钮,完成变换。

(4) 单击工具箱中的"椭圆选框工具"按钮 椭圆选框工具,拖动选择小女孩图片,虚线椭圆部分就是选中部分,如图 5.13 所示。可以通过"选择"→"变换选区"调整选定内容。

图 5.13 椭圆选框选取

(5) 单击"图层"面板中的"添加图层蒙版"按钮。此时"图层"面板和图片效果如图 5.14 所示。椭圆以外的部分已经隐藏起来。图层蒙版中的黑色表示图层的透明部分,白色表示图层的不透明部分。

3. 剪贴蒙版应用

(1) 单击"图层"面板中的"创建新图层"按钮。

图 5.14　图层蒙版效果

(2) 单击工具箱中的“自定形状工具”按钮 自定形状工具 ,该工具选项中,选中“形状图层”按钮 ,形状选择“红心形卡” ,如图 5.15 所示。在背景图中拖动鼠标,画上一个心形形状。此时多了“形状 1”图层。

图 5.15　“自定形状工具”选项属性

(3) 单击窗口中打开着的 girl2.jpg 图片文件,按 Ctrl+A 键全选图片后,按 Ctrl+C 键复制图片。单击“快乐小天使”图片,按 Ctrl+V 键将 girl2.jpg 图片复制过来。观察“图层”面板,其中多了“图层 2”图层。

(4) 按 Ctrl+T 键,适当缩小图片,使图片与心形基本吻合;右击图片,在弹出的快捷菜单中选择“水平翻转”命令,按 Enter 键确定翻转图片。

(5) 右击“图层 2”,在弹出的快捷菜单中选择“创建剪贴蒙版”命令。选中“图层 2”,利用单击工具箱中的“移动工具”按钮 适当移动心形中的图片。如果要移动图片和心形形状,就需要用 Ctrl 键一起选中“图层 2”和“形状 1”图层,才可以移动。此时图片和图层面板如图 5.16 所示。

(6) 使用“文件”→“存储为”菜单命令,将图片文件保存为“快乐小天使.PSD”。

4. 矢量蒙版应用

(1) 复制窗口中的 girl3.jpg 图片到“快乐小天使”图片左下角中,生成“图层 3”图层。按 Ctrl+T 键,适当缩小图片。

(2) 使用缩放工具 放大图片显示,再使用“抓手工具”按钮 或者使用“窗口”→“导航器”命令,使 girl3.jpg 图片显示到屏幕最大。

(3) 单击工具箱中的“钢笔工具”按钮 钢笔工具 ,在其属性选项中,选中“路径”选项 ,

图 5.16　图片和图层面板显示

选中“添加到路径区域”选项；绕着 girl3.jpg 图片周围多次单击鼠标，直到完成封闭图形，如图 5.17 所示，这样就完成了女孩图路径的创建。

图 5.17　钢笔工具创建路径

(4) 选择菜单“图层”→“矢量蒙版”→“当前路径”命令，创建图层 3 矢量蒙版。选择“路径”面板，选择“将路径作为选区载入”按钮，按 Ctrl+D 键取消选区。

(5) 使用缩放工具缩小图片显示，此时图层、路径和图片效果如图 5.18 所示。

5. 图层样式应用

(1) 在“图层”面板中，单击选择“背景”图层。单击工具箱中的“椭圆选框工具”按钮，按 Shift 键并拖动到背景中下方位置绘制一个正圆。

图 5.18　矢量蒙版效果

(2) 复制窗口中的 girl4.jpg 图片，选择菜单“编辑”→“选择性粘贴”→“贴入”命令，在背景层上方生成了“图层 4”图层。按 Ctrl+T 键，利用变换缩小图片。使得效果如图 5.19 所示。思考一下：这种使用选择性粘贴的方法实质上是使用上述哪种蒙版？

图 5.19　选择性粘贴效果

(3) 选择“图层 4”图层，选中“图层”面板中的“添加图层样式”按钮 fx，在弹出的菜单中选择“描边”命令，弹出“图层样式”对话框，描边颜色选择白色(rgb:255,255,255)，同时选中“内发光”复选框，如图 5.20 所示。

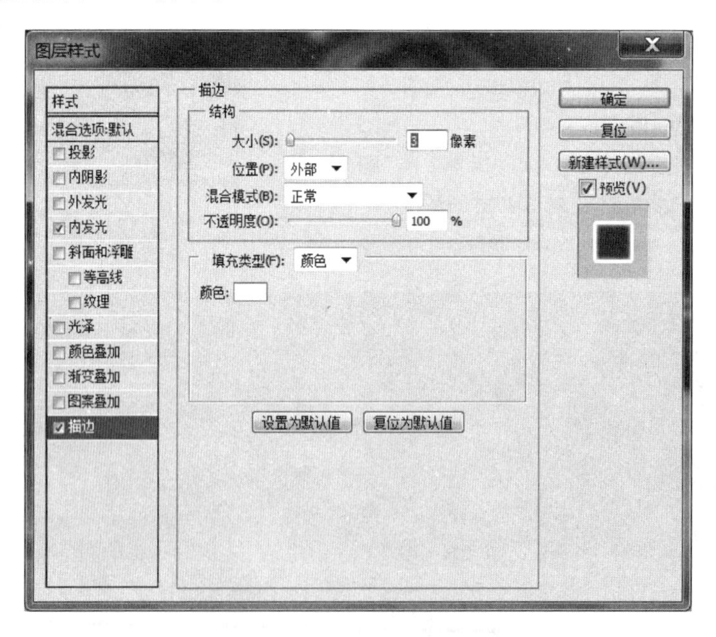

图 5.20　“图层样式”内发光

(4) 选择“形状 1”图层，选中“图层”面板中的“添加图层样式”按钮 fx，在弹出的菜单中选择“描边”命令，打开“图层样式”对话框，描边颜色选择红色(rgb:255,0,0)，同时选中“内发光”复选框。

(5) 选择“图层 1”图层，选中“图层”面板中的“添加图层样式”按钮 *fx*，在弹出的菜单中选择“投影”命令，弹出“图层样式”对话框，投影角度 180，距离 30 像素；单击描边选项进行设置，描边颜色选择黄色(rgb:255,255,0)，同时选中“内发光”复选框，如图 5.21 所示。

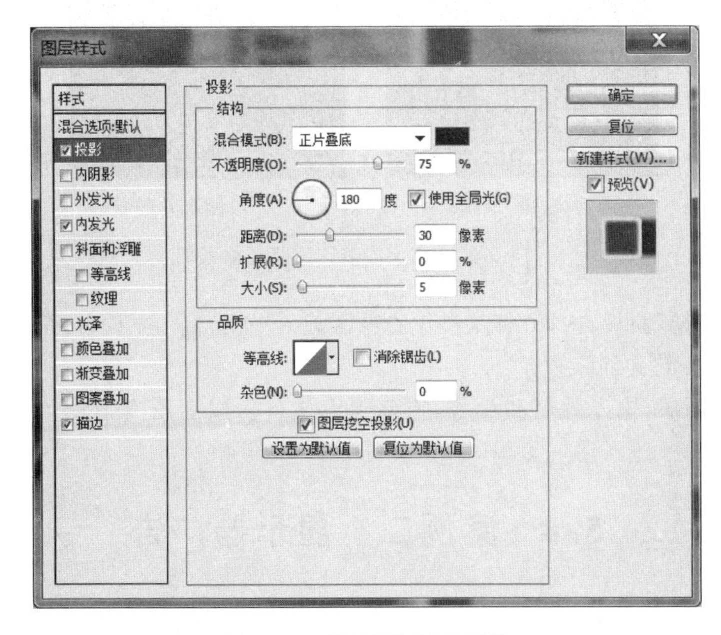

图 5.21 “图层样式”投影等

6. 路径文字输入

(1) 光标移向背景图右上角，单击工具箱中的“钢笔工具”按钮，如图 5.22(a)所示，鼠标先单击①点，再单击②点，不要松开鼠标，再拖动鼠标向箭头方向拖动到③点；如图 5.22(b)所示，松开鼠标，再单击④点，按 Esc 键结束钢笔路径绘制。

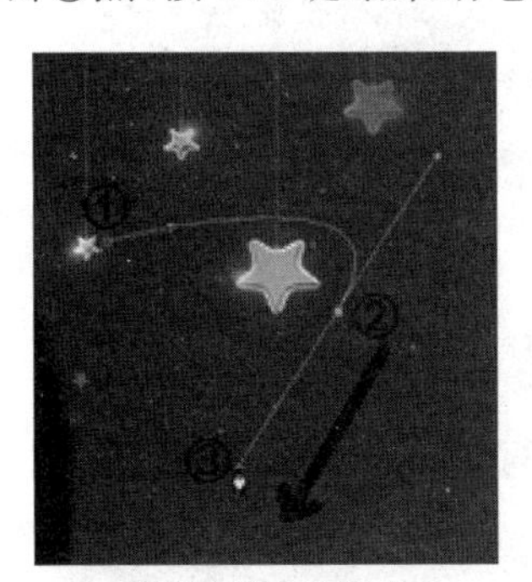

(a) 钢笔工具方向拖动

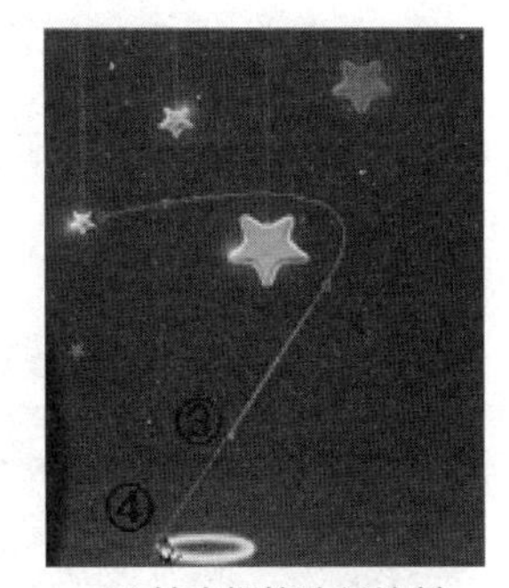

(b) 结束钢笔路径绘制

图 5.22 钢笔路径绘制

(2) 单击工具箱中的“横排文字工具”按钮 T 横排文字工具，如图 5.23(a)所示，光标指向路径左上角起点附近，当光标变成 ⌶ 时，单击鼠标；如图 5.23(b)所示，输入中文字“快乐小天使”，文字会沿着钢笔路径输入，选中文字设置字体为隶书，大小 68 点，字体颜色为(rgb:255,100,100)。

(a) 绘制钢笔路径

(b) 输入文字

图 5.23 文字沿着钢笔路径输入

(3) 选择“路径”面板，选择“将路径作为选区载入”按钮 ，按 Ctrl+D 键取消选区。存储“快乐小天使.psd”文件。

(4) 新建一图层，输入姓名和学号，重新保存文件。以后所有案例均要求显示姓名和学号。

5.4 案例二 显示器广告

要求：通过“显示器广告”的制作，熟悉和掌握蒙版、图层样式、文字输入等的应用，进一步熟悉 Photoshop CS5 工具箱中各种工具的使用技巧。最终效果如图 5.24 所示。

图 5.24 “显示器广告”效果图

1. 魔棒工具使用

(1) 启动 Photoshop CS5 应用程序，打开素材“显示器广告”文件夹中“大海.jpg”、“海豚.jpg”、“显示器.jpg”图片文件。

(2) 切换到“显示器.jpg”图片，选择“魔棒工具”按钮 魔棒工具，设置该选项中容差为

10，单击显示器外纯白色区域，此时纯白色区域将全部被选中。

（3）选择菜单“选择”→“反向”命令，这样就选中了显示器部分，按 Ctrl+C 键复制选中内容。

（4）切换到“大海.jpg”图片，按 Ctrl+V 键将显示器复制过来，生成了“图层 1”图层。按 Ctrl+T 键，图片出现控点可自由变换，按 Shift 键的同时，拖动显示器四角控点，适当放大显示器。

（5）将“海豚.jpg”图片也复制到“大海.jpg”，生成了“图层 2”图层。将图层 2“不透明度”设置为 70%，调整位置和大小如图 5.25 所示。调整透明度是为了能够看清楚下面显示器图层，方便之后选取。注意要将海豚图覆盖显示屏部分，并保留海豚头超出显示器，这是为了突出显示器画面的逼真效果，让人有海豚要从显示器中跃出的感觉。

图 5.25　海豚图覆盖显示屏

2. 钢笔工具使用

（1）单击工具箱中的“钢笔工具”，单击显示屏右下角位置开始，沿顺时针方向选择路径，基本上沿着显示屏即可，要注意的是海豚身体部分也要选在内，钢笔路径如图 5.26 所示。返回到起点，闭合路径。

（2）选择菜单“图层”→“矢量蒙版”→“当前路径”命令，创建了图层 2 矢量蒙版。选择“路径”面板，选择“将路径作为选区载入”按钮，按 Ctrl+D 键取消选区。

（3）将图层 2“图层面板”中的“不透明度”恢复为 100%。此时显示器与海豚图基本操作完毕，如图 5.27 所示。

3. 文字蒙版应用

（1）单击工具箱中的“直排文字蒙版工具” 直排文字蒙版工具，选项中设置字体为“华文琥珀”，大小为 22 点，单击左边输入“任屏冲击”文字，单击工具选项中“提交所有当前编辑”按钮。这时文字为虚线选中状态。

图 5.26　钢笔工具选取区域

图 5.27　显示器与海豚图

(2) 单击"图层"面板的"创建新图层"按钮，创建"图层 3"图层。单击工具箱中的"渐变工具"渐变工具，工具选项中的渐变选项设置为"色谱"，沿着"任屏冲击"文字从上到下拖动鼠标，这样完成了给文字填充渐变色，此时图层和文字如图 5.28 所示。按 Ctrl＋D 键取消选择。

图 5.28　渐变工具填充文字

(3) 单击工具箱中的"横排文字蒙版工具"横排文字蒙版工具，选项中设置字体为"华文琥珀"，大小为 22 点，单击上方输入"虚拟视界"文字，单击工具选项中"提交所有当前编辑"按钮。这时文字为虚线选中状态。

(4) 单击工具箱中的"油漆桶工具"油漆桶工具，工具选项中的"设置填充区域的源"设置为"图案"，图案样式设置为"扎染"，单击"虚拟视界"文字，这样完成了给文字填充图案。按 Ctrl＋D 键取消选择。将图片另存为"显示器广告. psd"。

5.5 案例三 特效边框

要求：通过“特效边框”的制作，熟悉快速蒙版、滤镜、路径选区转化等应用，进一步熟悉 Photoshop CS5 工具箱中各种工具的使用技巧。最终效果如图 5.29 所示。边框为黄色。

图 5.29 “特效边框”效果

1. 快速蒙版

(1) 用 Photoshop CS5 打开素材“女孩.jpg”，如图 5.30 所示。

图 5.30 女孩原图

(2) 双击"图层"面板中背景层,弹出"新建图层"对话框,如图 5.31 所示,单击"确定"按钮。通过双击该图层,将背景层转换为普通层"图层 0"。

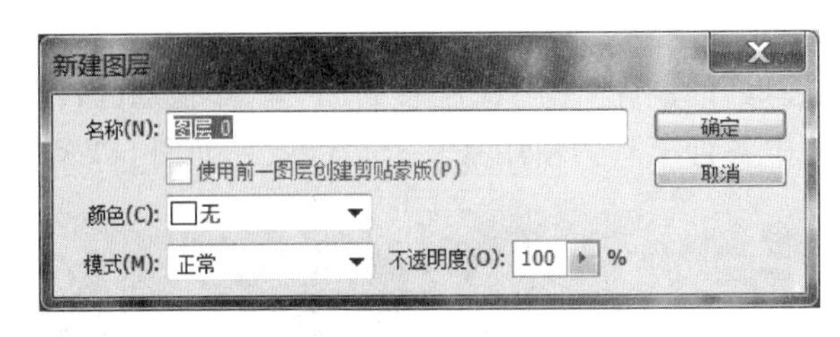

图 5.31 转换背景层为普通图层

(3) 选择"图像"→"画布大小"命令,弹出"画布大小"对话框。选中"相对"复选框,宽度和高度都设置为 1 厘米,如图 5.32 所示,单击"确定"按钮。此时在图像周围拓宽了 1 厘米的透明边缘。

(4) 单击选择工具箱中矩形工具,选中其工具选项栏中"路径"按钮,沿图像边缘拖动鼠标画出一个矩形区域。单击"路径"面板中的"将路径作为选区载入"按钮,创建矩形选区,如图 5.33 所示。

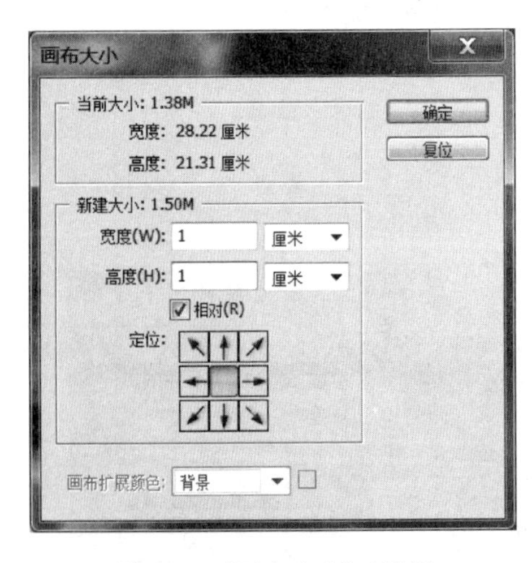

图 5.32 "画布大小"对话框

图 5.33 创建矩形选区

(5) 单击选中工具箱中"以快速蒙版模式编辑"按钮,将所选区域转换为蒙版。

2. 滤镜

(1) 选择"滤镜"→"像素化"→"彩色半调"命令,弹出"彩色半调"对话框。设置"最大半径"为 20 像素,其他默认,如图 5.34 所示,单击"确定"按钮。

(2) 选择"滤镜"→"像素化"→"碎片"命令,对当前蒙版进行碎片处理。

(3) 选择"滤镜"→"锐化"→"锐化"命令,对当前蒙版进行锐化处理。再执行选择"滤镜"→"锐化"命令两次。

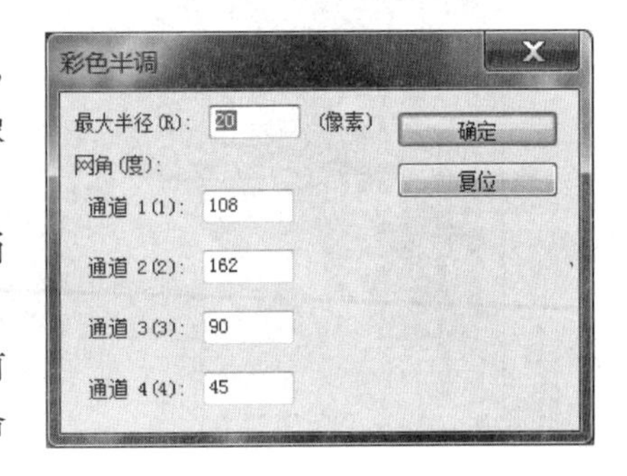

图 5.34 "彩色半调"对话框

(4) 单击工具箱中“以标准模式编辑”按钮 ，将蒙版转换为选区。选择“选择”→“反向”命令，反向选择选区。按 Delete 键删除选区内的图像。

(5) 利用颜色面板将背景色设置为黄色(255,255,0)；按 Ctrl +Backspace 键，将选区内的颜色填充为黄色；按 Ctrl +D 键取消选区。即可得到最终的边框特效效果。

5.6 案例四 雨景效果

要求：通过“雨景效果”的制作，熟悉图层混合模式、滤镜、图像调整等的应用，进一步熟练 Photoshop CS5 工具箱中各种工具的使用技巧。最终效果如图 5.35 所示。

图 5.35 “雨景效果”图

1. 图像调整

(1) 打开素材中“小镇风景”图像，如图 5.36 所示。

图 5.36 小镇风景原图

(2) 在图层面板中，右击背景层，在弹出的快捷菜单中选择“复制图层”命令，弹出“复制图层”对话框，如图 5.37 所示，单击“确定”按钮。

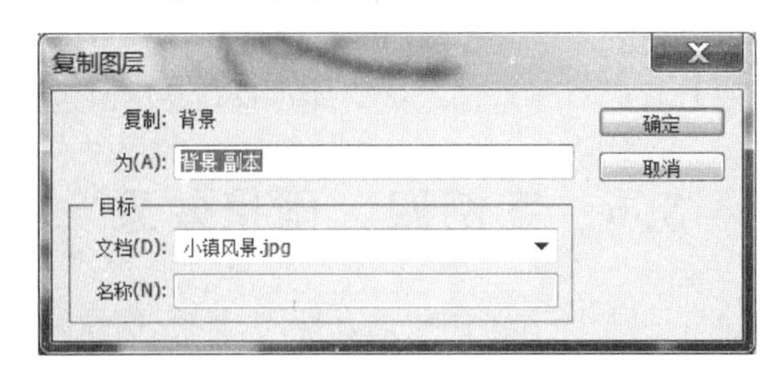

图 5.37 “复制图层”对话框

(3) 选择“滤镜”→“像素化”→“点状化”命令，弹出“点状化”对话框，设置“单元格大小”为 3，如图 5.38 所示，单击“确定”按钮。

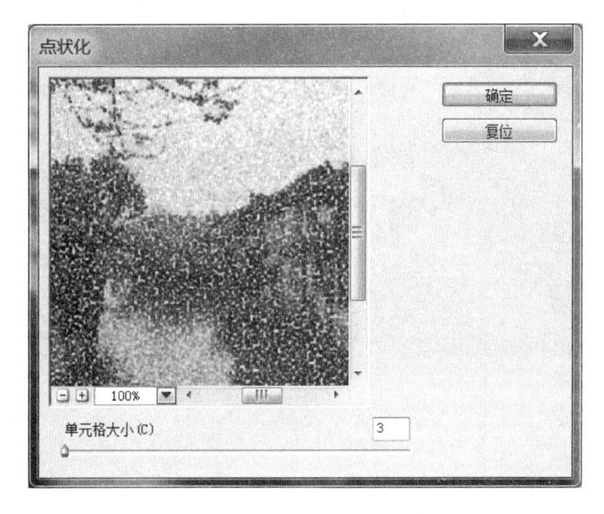

图 5.38 “点状化”对话框

(4) 选择“图像”→“调整”→“阈值”命令，弹出“阈值”对话框，设置“阈值色阶”为 227，如图 5.39 所示，单击“确定”按钮。

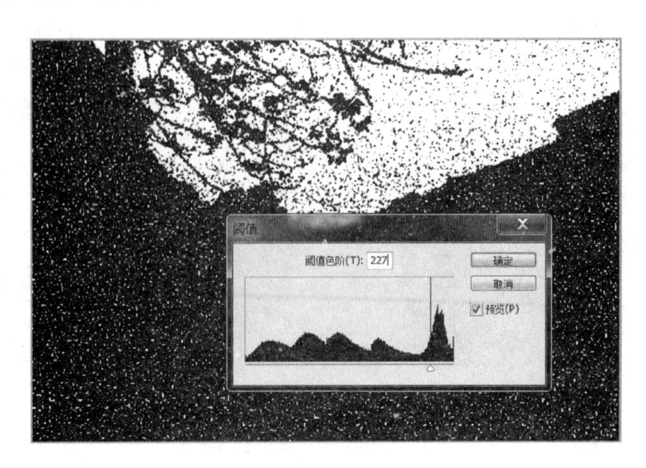

图 5.39 “阈值”对话框

2. 图像混合模式

(1) 在"图层"面板中的"设置图层的混合模式"下拉列表框中选择"滤色"选项。

(2) 选择"滤镜"→"模糊"→"动感模糊"命令,弹出"动感模糊"对话框,设置"角度"为80°,"距离"为28像素,单击"确定"按钮。

(3) 选择"滤镜"→"锐化"→"USM锐化"命令,弹出"USM锐化"对话框,设置"数量"为500%,"半径"为0.5像素,单击"确定"按钮。

5.7 案例五 动态水波效果

要求:通过"动态水波效果"的制作,熟悉和掌握仿制图章工具、修复画笔工具、裁剪工具、魔棒工具、模糊工具等的应用,进一步掌握变形、形状和图层混合模式等应用,理解Photoshop CS5动画的使用。最终效果如图5.40所示。

图5.40 "动态水波效果"效果图

1. 鱼缸图片处理

(1) 打开素材"鱼缸"图片文件,单击工具箱中"裁剪工具"按钮 裁剪工具 ,在"鱼缸.jpg"图片中拖动选择中间部分,松开鼠标后,也可以拖动控点重新调整裁剪区域(如图5.41所示)。单击工具选项中的"提交当前裁剪操作"按钮 ✔ ,完成裁剪操作。保存"鱼缸"图片文件。

(2) 打开如图5.42所示的图片"鱼1.jpg"、"鱼2.jpg"、"鱼3.jpg"、"鱼4.jpg"。

(3) 单击打开的图片"鱼1.jpg",采用魔棒工具选中黑色区域,然后反向选择,即可选中鱼。将"鱼1.jpg"选中的鱼使用移动工具拖动到"鱼缸"图片中,生成"图层1"图层。将该图层鱼进行自由变换、变形、水平翻转等操作,放在鱼缸右中部合适的位置。

(4) 单击工具箱中的"模糊工具" 模糊工具 ,拖动鼠标在鱼与鱼缸边缘涂抹,将鱼1的边缘模糊化。

(5) 单击打开的图片"鱼2.jpg",采用魔棒工具选中白色区域,然后反向选择,即可选中鱼。将"鱼2.jpg"选中的鱼使用移动工具拖动到"鱼缸"图片中,生成"图层2"图层,将该图层鱼进行自由变换操作,放在鱼缸左下部合适位置。

(6) 单击工具箱中移动工具,按Alt键,同时拖动鱼2到其右边一点,即完成复制鱼2

图 5.41　裁剪区域

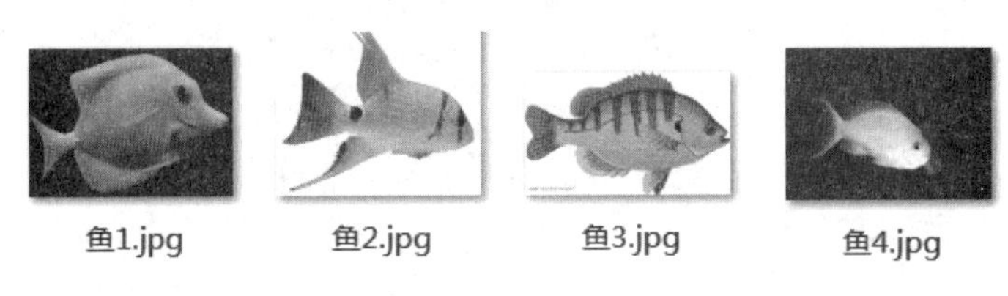

图 5.42　鱼原始图

操作，同时生成“图层 2 副本”图层。

2. 修复画笔工具

(1) 单击打开的图片“鱼 3.jpg”，采用魔棒工具选中白色区域，工具选项中，选中“添加到选区”项左下角文字部分采用快速选择工具选中，然后反向选择，即可选中鱼。将“鱼 3.jpg”选中的鱼使用移动工具拖动到鱼缸图片中，生成“图层 3”图层，将该图层鱼进行自由变换、旋转等操作，放在鱼缸左中部合适的位置。

(2) 单击工具箱中“修复画笔工具” 修复画笔工具，按 Alt 键，单击鱼 3 中间部分一点(如图 5.43 所示左边图，鱼身的图标⊕就是单击位置，也是复制源部分)，到图左下角合适位置开始拖动鼠标涂抹即可完成部分图片的复制，如图 5.43 所示。

图 5.43　画笔修复工具运用

3. 仿制图章工具

（1）单击打开的图片“鱼 4.jpg”图片，采用磁性套索工具来选择：单击工具箱中“磁性套索工具”按钮 磁性套索工具，单击鱼身边沿一点，光标慢慢沿着边缘移动，如果偏离了鱼身可以采用单击鼠标来定点，如果删除一个点可以按 Delete 键，当形成闭合路径时，则磁性套索选择结束。如图 5.44 所示，左边为套索过程，右边为套索结束后自动闭合选择区域。

图 5.44　套索过程和套索结束

（2）将“鱼 4.jpg”选中的鱼使用移动工具拖动到鱼缸图片中，生成“图层 4”图层，将该图层鱼进行自由变换、旋转等操作，放在合适位置。将图层 4 混合模式设置成“点光”。

（3）单击工具箱中“仿制图章工具” 仿制图章工具，按 Alt 键，单击鱼中间部分一点。新建“图层 5”图层，到图右下角合适位置开始拖动鼠标涂抹即可完成图片的部分复制。

（4）适当放大图层 5 中鱼，将图层 5 混合模式设置成“排除”，产生让鱼儿到水泡后面的效果。

4. 保存图片

（1）使用“文件”→“存储”命令，保存图片为“鱼缸.psd”。此时各个图层都是可以修改的。图层和图片效果如图 5.45 所示。

图 5.45　图层和图片效果

（2）使用“文件”→“存储为”命令，保存图片为“动态水波效果.jpg”，文件格式改为 JPG。此图片格式不再保留图层信息，所有图层合并到背景层。

（3）使用“文件”→“关闭全部”命令，关闭打开的所有图片文件。

5. 同心圆环制作

(1) 新建一个 20×18 厘米、分辨率为 72 像素/英寸的“同心圆环”文档。

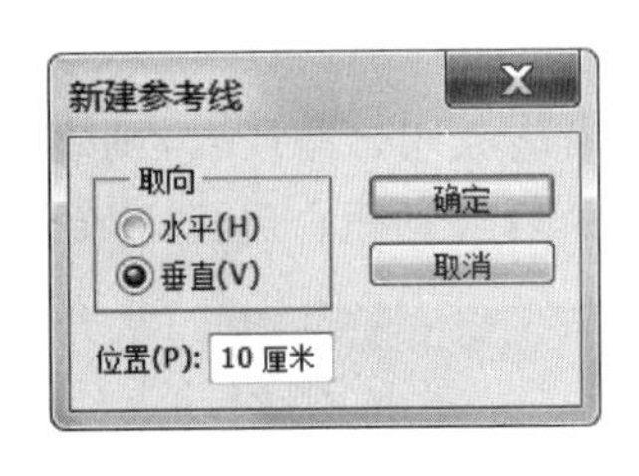

图 5.46 “新建参考线”对话框

(2) 选择“视图”→“新建参考线”命令，弹出“新建参考线”对话框，垂直方向位置为 10 厘米，如图 5.46 所示，单击“确定”按钮。另新建水平方向参考线为 9 厘米，形成一个交点作为同心圆圆心的位置。

(3) 单击工具箱按钮 ，将前景色设置为黑色，背景色设置为白色，使用“编辑”→“填充”命令弹出“填充”对话框，单击“确定”按钮。将文档背景色设置为黑色。单击工具箱按钮 ，将前景色设置为白色，背景色设置为黑色。

(4) 单击工具箱“椭圆工具”按钮，工具选项中，选中“形状图层”，按 Shift 键，在文档中拖动，绘制覆盖文档的白色圆。按 Ctrl+T 组合键，使白色圆处于变换状态；按 Shift 键同时拖动圆边缘控点，使白色圆等比例放大或缩小；移动圆，使圆心正好处在参考线交点，如图 5.47 所示。此时生成了“形状 1”图层。

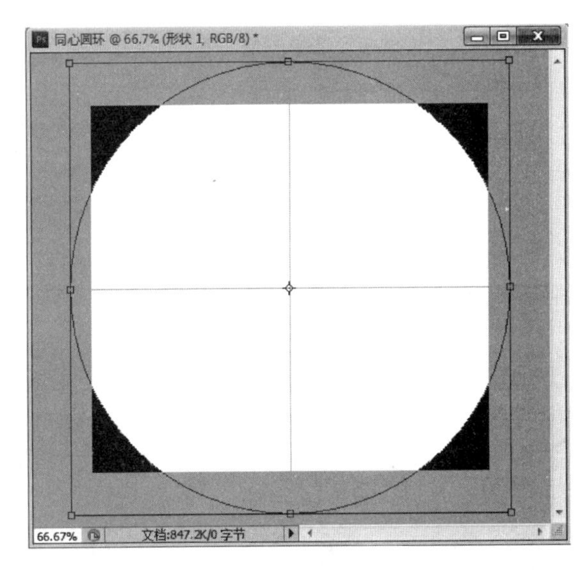

图 5.47 画圆

(5) 单击工具箱按钮 ，新建图层 1。使用“椭圆工具”按钮，按 Shift 键，在文档中拖动，绘制比上一步圆小一点的同心黑色圆。此时生成了“形状 2”图层。

(6) 同时选中“形状 1”和“形状 2”图层，右击选择“复制图层”。生成了“形状 1 副本”和“形状 2 副本”图层。单击“形状 2 副本”图层前面的 按钮，暂时隐藏该图层。单击“形状 1 副本”图层，按 Ctrl+T 键使其处于变换状态；按 Shift 键并同时拖动边缘控点，缩小圆，移动圆，使圆心正好处在参考线交点，如图 5.48 所示。

(7) 单击“形状 2 副本”图层前面的 按钮，显示该图层，单击该图层。按 Ctrl+T 变换圆的大小，移动圆，使圆心正好处在参考线交点。

(8) 复制“形状 1 副本”图层，生成了“形状 1 副本 2”图层，将此图层移动到最上面，同样变换圆的大小，移动圆，使圆心正好处在参考线交点。

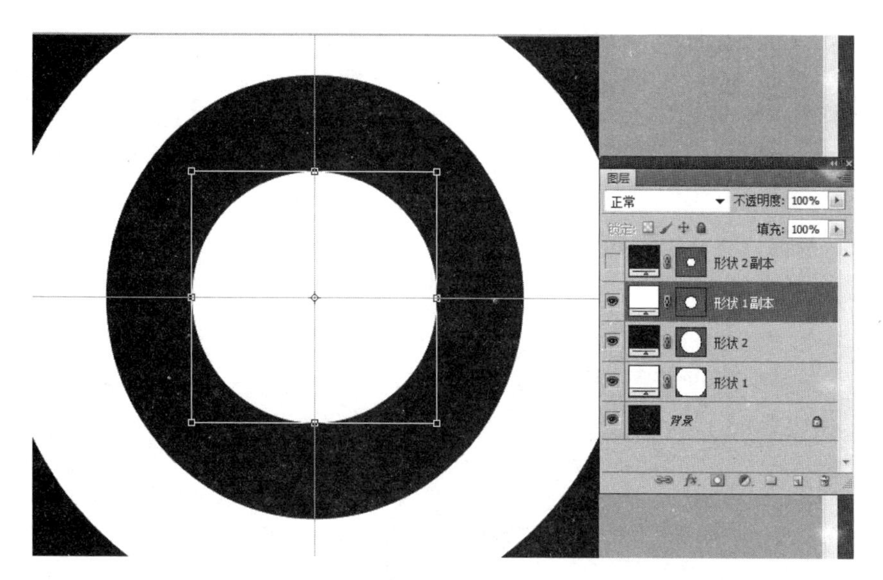

图 5.48　画同心圆 3

（9）选中所有形状图层，右击选择“合并图层”，合并在“形状 1 副本 2”图层。用磨棒工具选中所有黑色部位，按 Delete 键删除。按 Ctrl 键并单击该图层前面缩略图，选中该图层，如图 5.49 所示。保存图片文件为“同心圆环.psd”。

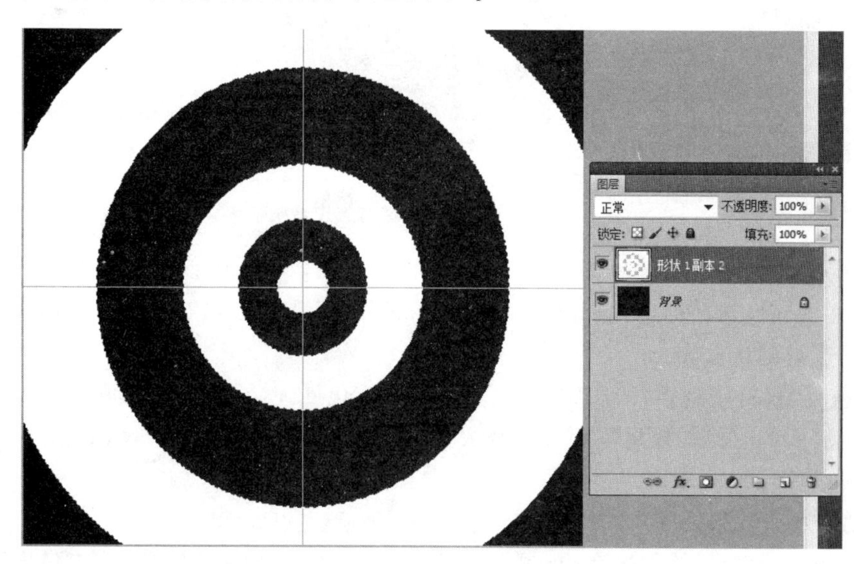

图 5.49　同心圆环

6. 液化处理

（1）使用“文件”→“打开”命令打开“动态水波效果.jpg”图片文件。用移动工具将“同心圆环”选中的图层复制过来，生成了“图层 1”图层，调整图层大小和背景图一致。按 Ctrl 键并单击该图层前面缩略图，选中该图层。

（2）选择“选择”→“修改”→“羽化”命令，弹出“羽化选区”对话框，设置羽化半径为 6 像素，如图 5.50 所示。

（3）单击背景层，选择“图层”→“新建”→“通过拷贝的图层”命令（或者按 Ctrl+J 键），这样就完成了图层的复制，图层名为“图层 2”。

图 5.50 “羽化选区”对话框

（4）选择“滤镜”→“液化”命令，弹出“液化”对话框，选择该对话框左边工具箱的“膨化工具”，然后在圆环上涂抹，这样涂抹的部分就会膨胀，涂的时候要顺着圆圈涂，用力要均匀。大的圆环需要大一点的笔画，如图 5.51 所示，涂好单击“确定”按钮。

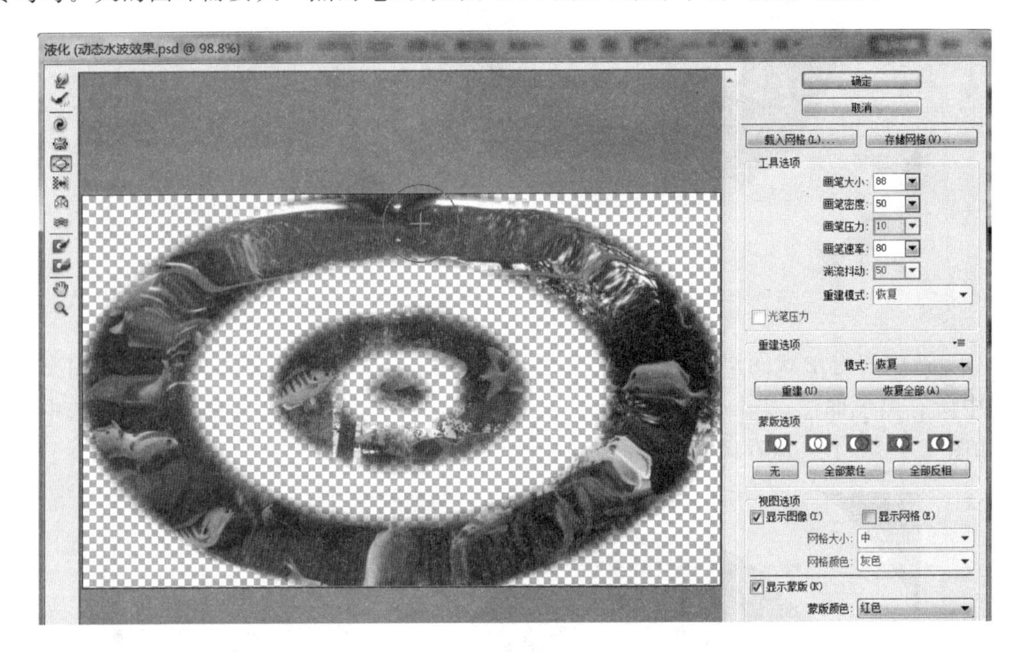

图 5.51 “液化”对话框

（5）按 Ctrl 键并单击圆环图层“图层 1”前面缩略图，选中该图层。按 Ctrl + T 键，然后在上面的属性选项栏把宽和高等比例放大 20%，即设置 W：120%、H：120%，如图 5.52 所示，按回车键确认放大。

（6）重复第（2）步到第（5）步（按照上面的方法液化处理，然后把圆环再放大 20%），这样重复 4 次，放大的时候如果最里面的圆环太大，需要适当补充一个小圆环，如图 5.53 所示为制作好的所有图层。

7. 动态水波效果处理

（1）隐藏除背景层外的所有层，单击背景层。选择“窗口”→“动画”命令，弹出“动画”面板，修改动画（帧）持续时间为 0.5 秒。

（2）只显示“图层 2”和背景层，单击动画面板中“复制所选帧”，产生第 2 帧。

（3）只显示“图层 3”和背景层，单击“复制所选帧”，产生第 3 帧。

（4）只显示“图层 4”和背景层，单击“复制所选帧”，产生第 4 帧。

（5）只显示“图层 5”和背景层，单击“复制所选帧”，产生第 5 帧。

（6）如图 5.54 所示。单击动画面板中“播放动画”按钮，可预览动画效果。

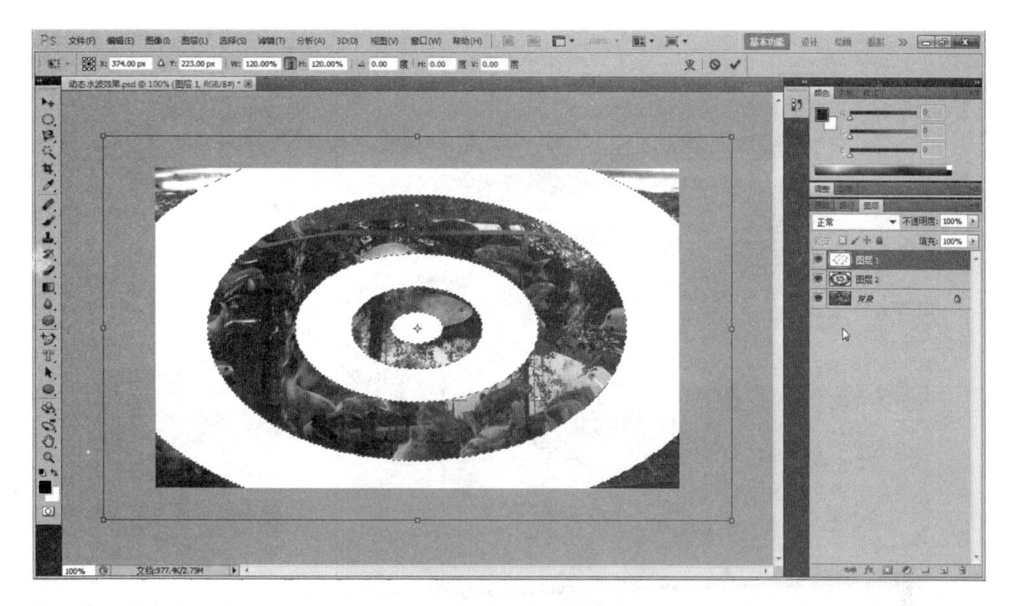

图 5.52　圆环图层效果 1

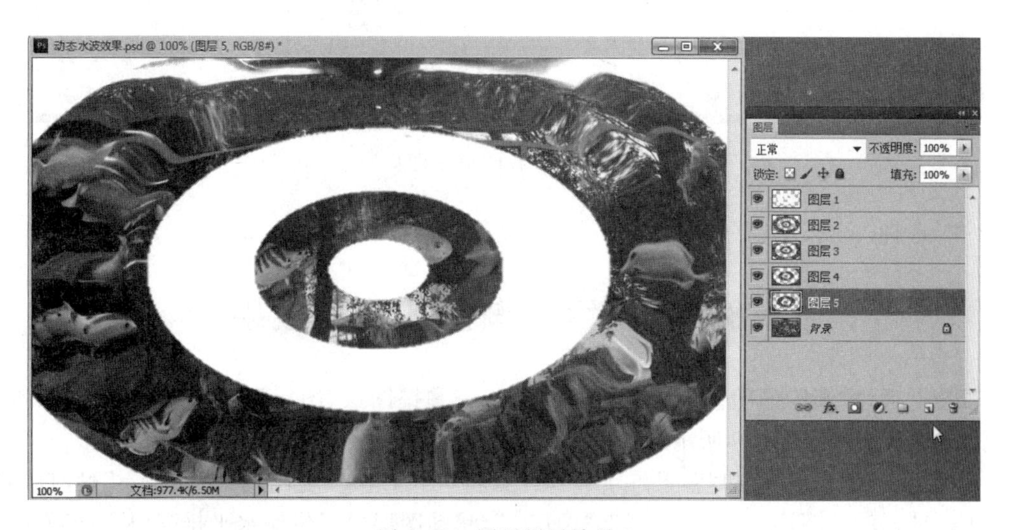

图 5.53　圆环图层效果 2

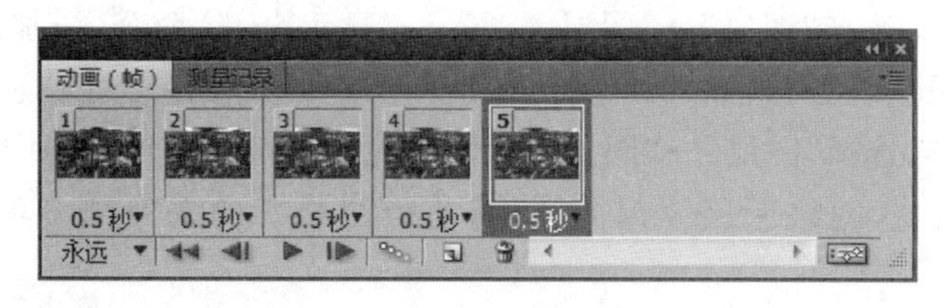

图 5.54　动画制作

（7）选择“文件”→“存储为 Web 和设备所用格式”命令，弹出如图 5.55 所示对话框。这里采用默认设置，单击“存储”按钮。弹出“将优化结果存储为”对话框，取名“动态水波效果.gif”保存。

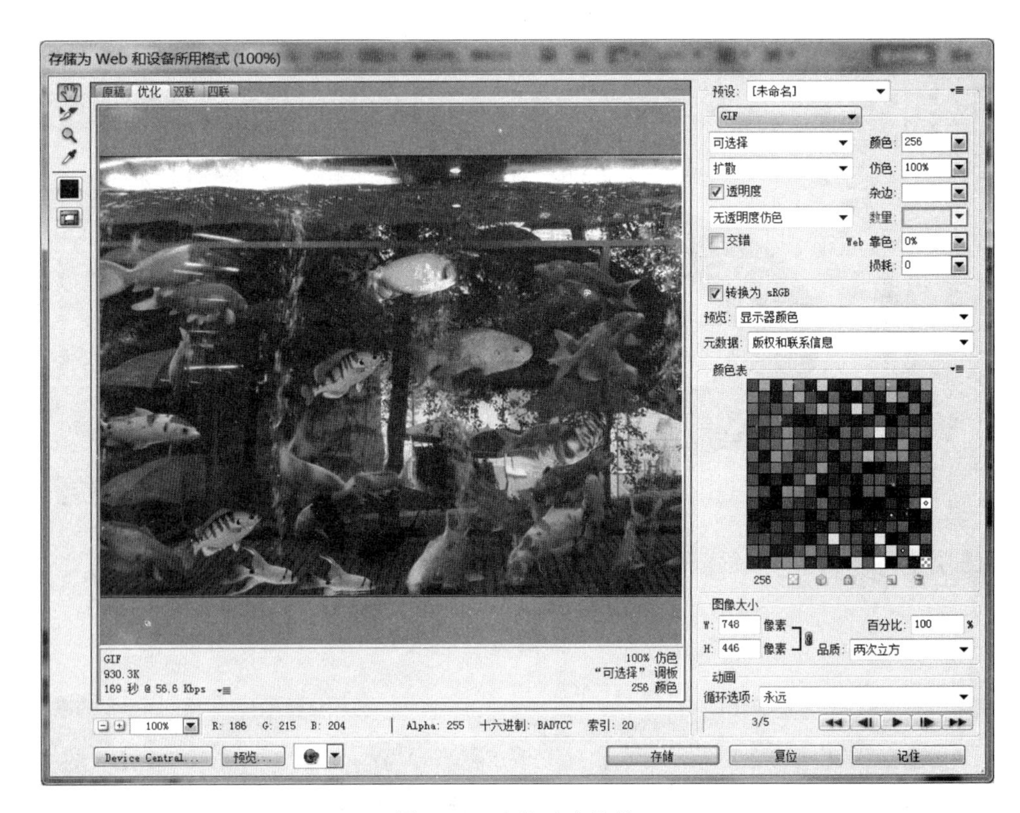

图 5.55　存储动态效果

(8) 选择“文件”→“存储”命令，保存成“动态水波效果.psd”ps 文档。

5.8　案例六　渐隐的图像效果

要求：通过“渐隐的图像效果”的制作，熟悉和掌握图层、图层混合模式、图层蒙版等的应用。最终效果如图 5.56 所示。

(1) 打开“图像.jpg”和“背景.jpg”两幅图，将“图像.jpg”复制到“背景.jpg”里，自动生成“图层 1”，复制“图层 1”到“图层 2”、“图层 3”，移动图层中图像使水平排列(从左到右分别为“图层 3”、“图层 2”、“图层 1”)，如图 5.57 所示。

(2) 选择图层 2，选择“图层”→“图层蒙版” →“显示全部”命令，添加图层蒙版，选中蒙版，设置前景色为黑色，使用画笔工具涂抹，使得图层 1 的人像部分可以显示出来。

(3) 选择图层 3，选择“图层”→“图层蒙版”→“显示全部”命令，添加图层蒙版，使用画笔在图层 2 图像中涂抹，隐藏图层 3 部分图像，使得图层 2 的人像部分可以显示出来。如图 5.58 所示。

(4) 选图层 2，按 Ctrl+ T 快捷键变换图像，缩小图像到原来的 95%，并移动图像使人像脚部对齐，并设置其图层不透明度为 60%。选图层 3，按 Ctrl+ T 快捷键变换图像，将图像缩小到原来的 90%，并移动图像使脚部对齐，并设置其图层不透明度为 40%。

(5) 合并图层 1、2、3 层，并设置图层混合模式为“正片叠底”，保存文件。

图 5.56 “渐隐的图像效果”效果图

图 5.57 复制图层

图 5.58　添加图层蒙版后效果

5.9　案例七　光盘盘贴

要求：通过“光盘盘贴”的制作，熟悉和掌握形状图层、剪贴蒙版等的应用。最终效果如图 5.59 所示。

图 5.59　“光盘盘贴制作”效果图

(1) 显示网格：为准确画圆形选区，可以显示网格线，选择“编辑”→“首选项”→“参考线、网格和切片”命令，设置网格线间隔为 2 厘米，如图 5.60 所示。选择“视图”→“显示”→“网格”命令，显示网格。

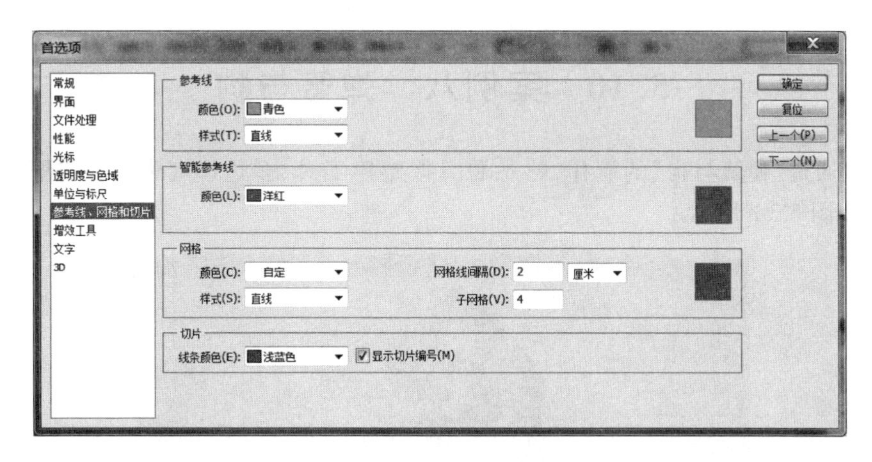

图 5.60　设置网格线等

(2) 新建 12×12 厘米的图片文件“光盘盘贴”，背景内容为“白色”。将背景色设置为黑色，前景色设置为白色。选择椭圆工具，在其属性选项中，选中“形状图层”，再选中“创建新的形状图层”选项▢。

(3) 按 Shift 键(画正圆)，光标从中心点开始向外拖动鼠标，再按住 Alt 键(以中心点为中心画圆)，继续拖动鼠标画出直径 12 厘米(6 个网格)的正圆。

(4) 工具选项选中“从形状区域减去”◰，同上方法，绘制直径 4 厘米(2 个网格)的正圆，如图 5.61 所示。

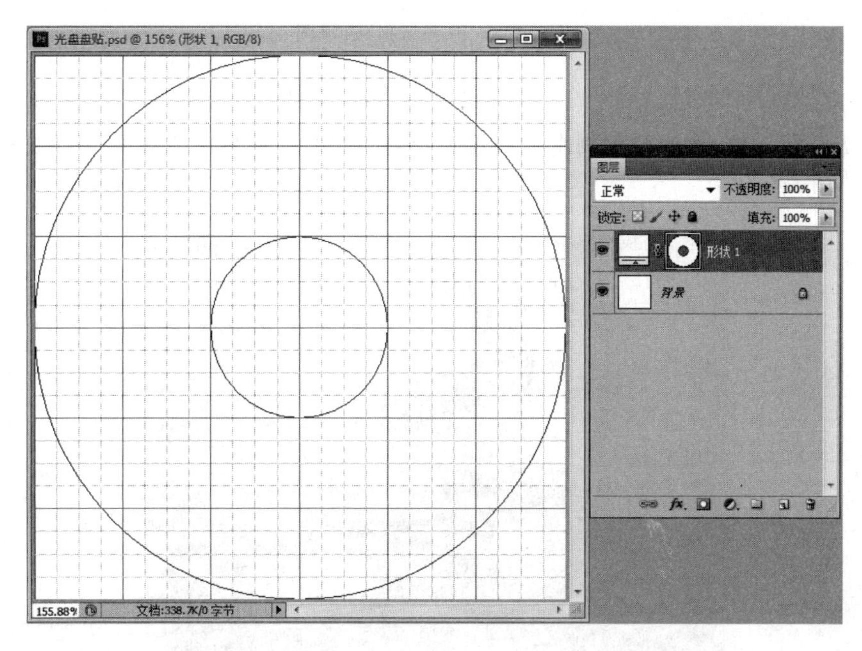

图 5.61　同心圆制作

(5) 在“路径面板”中选择“将路径作为选区载入”选项，将路径转换为选区。

(6) 隐藏网格，打开素材图片文件“贴图.jpg”，复制到“光盘盘贴”，变换图片，缩小到合适位置。选择“图层”→“创建剪贴蒙版”命令，将图片贴入光盘中。

5.10 案例八 弹簧与狗

要求：通过“弹簧与狗”的制作，熟悉和掌握魔棒工具、多边形套索工具、图层等应用。最终效果如图 5.62 所示。

图 5.62 “弹簧与狗”效果图

(1) 打开素材：“水纹.jpg”、“弹簧.jpg”、“狗.jpg”文件。使用魔棒工具将狗与弹簧(两张图都要去除背景色)选中复制到水纹图片中，狗在图层 1，弹簧在图层 2，适当变换图片大小，如图 5.63 所示。

图 5.63 图片叠加开始

(2) 选择弹簧层为当前层，局部放大图像，使用“多边形套索工具”，工具选项选中“添加到选区”，选择应该放到狗后面的弹簧，一共有四个区域，如图 5.64 所示。可以扩大点选区，以保证弹簧部分选中。

(3) 选择“图层”→“新建”→“通过剪切的图层”命令(或者按 Shift+Ctrl+J 快捷键)，将选区内的图像剪切到新图层上，生成“图层 3”。

(4) 打开“图层”面板，拖动图层，将原来图层顺序(从下到上)“背景、图层 1、图层 2、图层 3”改为“背景、图层 3、图层 1、图层 2”，如图 5.65 所示。

图 5.64 套索工具选取重叠隐藏部分

图 5.65 “图层”面板

(5) 此时完成要求，观察效果，保存文件为“弹簧与狗.psd”。

5.11 案例九 旋转文字

要求：通过“旋转文字”的制作，熟悉和掌握文字工具、图层样式、投影、渐变叠加、图层、旋转以及动画等的应用。最终效果如图 5.66 所示。

图 5.66 旋转文字效果图

(1) 新建一张 500×500 像素的图片，创建水平、垂直参考线(均设置为 8.82 厘米)用于定位中心点。

(2) 使用“横排文字工具” T，格式设置为华文琥珀，36 点，浑厚，输入文字“每天有个好心情”，将文字左边放在正中心位置。

(3) 单击选择文字图层，单击图层面板中 fx 按钮，设置图层样式投影和渐变叠加，如图 5.67 所示，“渐变”选“色谱”，其他默认。

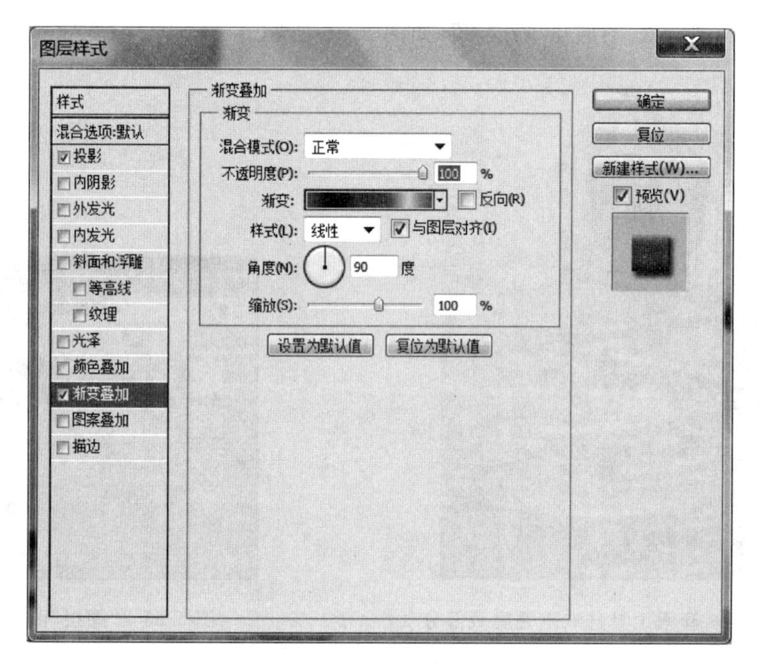

图 5.67　投影和渐变叠加

(4) 按 Ctrl+J 键复制文字图层，按 Ctrl+T 键逆时针旋转 30°，选项中角度 设为 −30，将旋转中心点设置成中心点，变换后效果如图 5.68 所示。

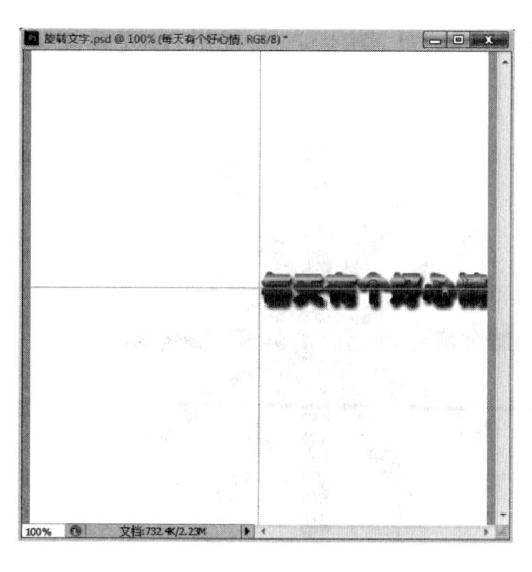

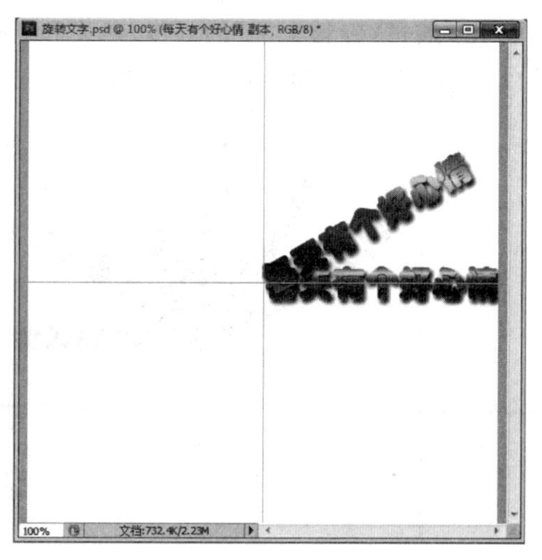

图 5.68　变换后效果

(5) 使用“再次变换”快捷键 Ctrl+Alt+Shift+T 一共 11 次。每按一次，新产生一个和原来文字一样的图层，并且在原来基础之上每次逆时针旋转 30°，如图 5.69 所示。

图 5.69　平面设计完成

(6) 隐藏除了背景层和“每天有个好心情”的其他文字层。使用选择“窗口”→“动画”命令，设置每帧 0.2 秒，第一帧显示图层“每天有个好心情”，复制一帧后，第二帧加上上面一层文字层，以此类推，每次加上一层显示。动画设置如图 5.70 所示，预览动画效果。

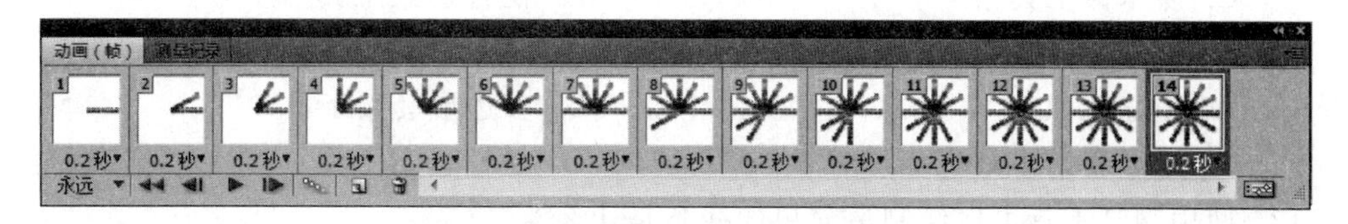

图 5.70　动画效果设置

(7) 图片保存成“旋转文字.psd”，动画图片保存成“旋转文字.gif”。

习　题　五

一、选择题

1. 下列哪个是 Photoshop 图像最基本的组成单元？________

A. 节点　　B. 色彩空间　　C. 像素　　D. 路径

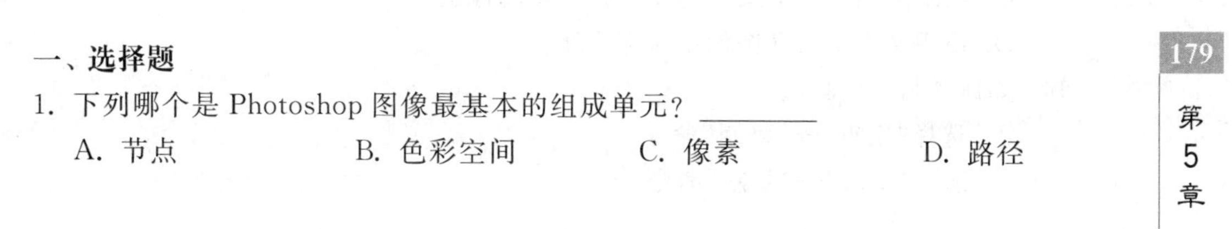

2. 图像分辨率的单位是________。

A. dpi　　B. ppi　　C. lpi　　D. pixel

3. 色彩深度是指在一个图像中________的数量。

A. 颜色　　B. 饱和度　　C. 亮度　　D. 灰度

4. CMYK 模式的图像有________个颜色通道。

A. 1　　B. 2　　C. 3　　D. 4

5. 当 RGB 模式转换为 CMYK 模式时,下列________模式可以作为中间过渡模式。

A. Lab　　B. 灰度　　C. 多通道　　D. 索引颜色

6. 如何移动一条参考线? ________

A. 选择移动工具拖拉

B. 无论当前使用何种工具,按住 Alt 键的同时单击鼠标

C. 在工具箱中选择任何工具进行拖拉

D. 无论当前使用何种工具,按住 Shift 键的同时单击鼠标

7. 下面哪些选择工具形成的选区可以被用来定义画笔的形状? ________

A. 矩形工具　　B. 椭圆工具　　C. 套索工具　　D. 魔棒工具

8. 如何使用仿制图章工具在图像中取样? ________

A. 在取样的位置单击鼠标并拖拉

B. 按住 Shift 键的同时单击取样位置来选择多个取样像素

C. 按住 Alt 键的同时单击取样位置

D. 按住 Ctrl 键的同时单击取样位置

9. 下面哪种工具选项可以将 Pattern(图案)填充到选区内? ________

A. 画笔工具　　B. 图案图章工具

C. 橡皮图章工具　　D. 喷枪工具

10. 下列哪种工具可以选择连续的相似颜色的区域? ________

A. 矩形选择工具　　B. 椭圆选择工具

C. 魔术棒工具　　D. 磁性套索工具

11. 在套索工具中不包含哪一种套索类型? ________

A. 套索工具　　B. 多边形套索工具

C. 矩形套索工具　　D. 磁性套索工具

12. 使用钢笔工具可以绘制最简单的线条是什么? ________

A. 直线　　B. 曲线　　C. 锚点　　D. 像素

13. 下列哪些方法不可以建立新图层? ________

A. 双击图层调板的空白处

B. 单击图层面板下方的新建按钮

C. 使用鼠标将当前图像拖动到另一张图像上

D. 使用文字工具在图像中添加文字

14. 如何复制一个图层? ________

A. 选择"编辑"→"复制"命令

B. 选择"图像"→"复制"命令

C. 选择“文件”→“复制图层”命令

D. 将图层拖放到图层面板下方创建新图层的图标上

二、实践练习

1. 利用剪贴蒙版制作艺术字，使图片填充入字。

2. 制作牵手字效果。

3. 制作火焰字。

4. 为2016年元旦制作一张贺卡。要求：图像高为400像素，宽为200像素；要有“2016”、“元旦”标示；要有祝福语；文本一律美化；要有美化的背景；可以利用网上的图片素材对贺卡进行局部修饰和美化；图像右下角输入文本“*** 制作”。

5. 查找资料，制作奥运五环图。

第6章 动画设计与制作——Flash CS5.5

6.1 动画基础知识

动画由于在多媒体中具有表现手法直观、形象、灵活等诸多特点，所以在多媒体作品中应用十分广泛，同时也深受用户的喜爱。在多媒体作品中，适当使用动画元素，可以增强效果，起到画龙点睛的作用。

6.1.1 动画基本概念

动画是把人和物的表情、动作、变化等分段为许多静止的画面，每个画面之间都会有一些微小的改变，再以一定的速度连续播放，在视觉上形成连续变化的图画。

计算机动画(Computer Animation)是利用人眼视觉暂留的生理特性，采用计算机的图形和图像数字处理技术，借助动画软件直接生成或对一系列人工图形进行一种动态处理后生成的、可以实时播放的画面序列。

运动是动画的要素，计算机动画是采用连续显示静态图形或图像的方法产生景物运动的效果的。当画面的刷新频率在每秒24～50帧的时候，就能使人感觉到运动的效果。在实际计算机动画制作过程中，为了减少存储空间占用和运算数据量，画面的刷新频率常设置在每秒15～30帧之间。

计算机动画的另一个显著特点是画面的相关性，只有在任意相邻两帧画面的内容差别很小时(或者说是画面局部的微小改变)，才能产生连续的视觉效果。

6.1.2 动画的原理

由于人类的眼睛在分辨视觉信号时，会产生视觉暂留的情形，也就是当一幅画面或者一个物体的景象消失后，在眼睛视网膜上所留的映像还能保留大约1/24秒的时间。如果每秒更替24幅或更多幅画面，那么，前一个画面在人脑中消失之前，下一个画面就进入人脑，从而形成连续的影像。只要将若干幅稍有变化的静止图像顺序地快速播放，而且每两幅图像出现的时间小于人眼视觉惰性时间(每秒钟传送24幅图像)，人眼就会产生连续动作的感觉(动态图像)，即实现动画和视频效果。

电视、电影和动画就是利用了人类眼睛的视觉滞留效应，只要快速地将一连串图形显示出来，然后在每一张图形中做一些小小的改变(如位置或造型)，就可以造成动画的效果。

6.1.3 动画的分类

动画的分类方法较多，从制作技术和手段上分，动画可分为以手工绘制为主的传统动画和以计算机为主的电脑动画。传统的动画用手工方式在赛璐珞片上绘制各幅图像，然后通过连续拍摄而得到的。赛璐珞是一种透明胶片，可以覆盖在背景上。计算机动画的原理与传统动画基本相同，只是在传统动画的基础上把计算机技术用于动画的处理和应用，并可以达到传统动画所达不到的效果。

按照画面景物的透视效果和真实感程度，计算机动画分为二维动画(2D)和三维动画(3D)。二维动画又叫"平面动画"，平面上的画面，纸张、照片或计算机屏幕显示，无论画面的立体感多强，终究是在二维空间上模拟真实三维空间效果。计算机二维动画的制作包括输入和编辑关键帧，计算和生成中间帧，定义和显示运动路径，给画面上色，产生特技效果，实现画面与声音同步，控制运动系列的记录等。三维动画又叫"空间动画"，画中的景物有正面、侧面和反面，调整三维空间的观点，能够看见不同的内容。计算机三维动画是根据数据在计算机内部生成的，而不是简单地从外部输入。制作三维动画首先要创建物体模型，然后让这些物体在空间中动起来，如移动、旋转、变形、变色，再通过打灯光等技术生成栩栩如生的画面。

按照计算机处理动画的方式不同，计算机动画分为造型动画(Cast-based Animation)、帧动画(Frame Animation)和算法动画(Palette Animation)三种。

按照动画的表现效果分，计算机动画又可分为路径动画(Path Animation)、调色板动画(Algorithmic Animation)、变形动画(Animation)。

另外，不同的计算机动画制作软件，根据本身所具有的动画制作和表现功能，又将计算机动画分为更加具体的种类，如渐变动画、遮罩动画、逐帧动画、关键帧动画等。

6.1.4 动画制作流程

计算机二维动画是对手工传统动画的一个改进。就是将事先由手工制作的原动画逐帧输入计算机，然后由计算机帮助完成绘线和上色等工作，并且由计算机控制完成记录工作。主要制作过程如图6.1所示。

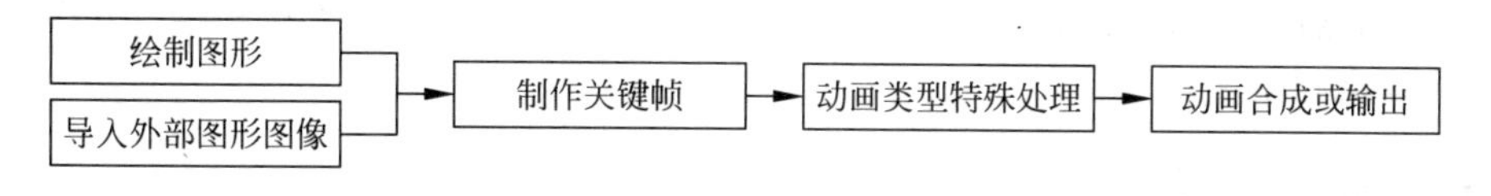

图6.1 动画制作过程

绘制图形：根据动画制作的需要手工绘制一些必要的图形元素。

导入外部图形图像：直接从外部文件中导入已有的图形和图像。

制作关键帧：根据动画制作的需要制作一些必要的关键帧。

动画类型特殊处理：根据动画制作的需要采用不同的制作方法，以产生特殊的动画效果。

动画合成或输出：进行合成及最终作品的输出，可以将动画转换成所需的类型再输出，以便在多媒体作品中引用。

6.1.5 动画文件格式

动画文件有多种格式，不同的动画软件产生不同的文件格式。下面介绍几种常用的动画文件格式。

1. FLA 格式

FLA 格式是 Flash 动画文件源程序格式，程序描述图层、库、时间轴、舞台和场景等对象，可以对描述对象进行多种编辑和加工。

2. SWF 格式

SWF 格式是 Flash 动画文件打包后的格式，是 Flash 成品动画的格式，是一种支持矢量图和点阵图的动画文件格式。该格式的动画可以在网络上演播，不能进行修改和加工，数据量小、动画流畅。该格式是 Micromedia 公司的产品 Flash 的矢量动画格式，它采用曲线方程描述其内容，不是由点阵组成内容，因此这种格式的动画在缩放时不会失真，非常适合描述由几何图形组成的动画，如教学演示等。由于这种格式的动画可以与 HTML 文件充分结合，并能添加 MP3 音乐，因此被广泛地应用于网页上，成为一种“准”流式媒体文件。

3. GIF 格式

GIF 格式是一种图像文件格式，几乎所有相关软件都支持。由于采用了无损数据压缩方法中压缩率较高的 LZW 算法，文件尺寸较小，因此被广泛采用。此格式是用于网页的帧动画文件格式，包括单画面图像和多画面图像(256 色，分辨率 96dpi)，GIF 动画格式可以同时存储若干幅静止图像并进而形成连续的动画。目前 Internet 上大量采用的彩色动画文件多为这种格式的 GIF 文件。

4. FLIC(FLI/FLC)格式

FLIC(FLI/FLC)格式是 Autodesk 公司在其出品的 Autodesk Animator/Animator Pro/3D Studio 等 2D/3D 动画制作软件中采用的彩色动画文件格式，FLI 是最初的基于 320×200 像素的动画文件格式，FLC 是 FLI 的扩展格式，采用了更高效的数据压缩技术，其分辨率也不再局限于 320×200 像素。每帧 256 色，画面分辨率为 320×200～1600×1280，代码效率高、通用型好，大量用在多媒体产品中。

5. 其他格式

AVI 格式是音频视频交错格式，是将语音和影像同步组合在一起的文件格式，其受视频标准制约，画面分辨率不高。其他格式中，MPG 格式即动态图像专家组，MOV 格式即 QuickTime 影片格式。

6.1.6 动画制作软件

计算机动画的关键技术体现在计算机动画制作软件及硬件上。计算机动画软件目前很多，不同的动画效果，取决于不同的计算机动画软、硬件的功能。虽然制作的复杂程度不同，但动画的基本原理是一致的。制作动画的计算机软件包括二维动画制作软件和三维制作软件两大类，且每种软件又按自己的格式存放建立的动画文件。制作二维动画的软件有 Flash、GIF Animator、Animator Pro、Animation Studio 等，制作三维动画的软件有 3D Studio Max、Cool 3D、Maya 等。

6.2 Flash CS5.5 相关知识

Flash 是目前应用最广泛的一种二维矢量动画制作软件，凭借其文件小、动画清晰、可交互和运行流畅等特点，主要用于制作网页、广告、动画、游戏、电子杂志和多媒体课件等。

Flash 的前身是 Future Splash，它是为了完善 Macromedia 的产品 Director 而开发的一款用于网络发布的插件。1996 年原开发公司被 Macromedia 公司收购，其核心产品也被正式更名为 Flash，并相继推出了 Flash 1.0、Flash 2.0、Flash 3.0、Flash 4.0、Flash 5.0、Flash MX、Flash MX 2004、Flash 8。2005 年 Macromedia 被 Adobe 公司收购，并相继推出了 Flash CS3、Flash CS4、Flash CS5、Adobe Flash CS5.5。本书以 Adobe Flash CS5.5 为例进行讲解。

6.2.1 Flash 界面

1. 菜单和舞台

Flash 的工作界面由标题栏、菜单栏、舞台、“时间轴”面板、工具箱、“属性”面板和浮动面板等组成。菜单栏位于窗口的顶部，包括文件、编辑、视图、插入、修改、文本、命令、控制、调试、窗口和帮助共 11 个菜单。

舞台是动画创作的主要工作区域，编辑电影画面的矩形区域。在 Flash 中，舞台只有一个，但场景可以有许多个，在播放过程中可以更换不同的场景。在舞台上可以对动画的内容进行绘制和编辑，这些内容包括矢量图形、位图图形、文本、按钮和视频等。动画在播放时只显示舞台中的内容，对于舞台外灰色区域的内容是不显示的。

2. 面板

面板组是 Flash 中各种面板的集合。面板上提供了大量的操作选项，可以对当前选定对象进行设置。要打开某个面板，只需选择“窗口”菜单中对应的面板名称命令即可。

1）“时间轴”面板

“时间轴”面板是 Flash 界面中十分重要的部分。时间轴的功能是管理和控制一定时间内图层的关系以及帧内的文档内容。与电影胶片类似，每一帧相当于每一格胶片，当包含连续静态图像的帧在时间线上快速播放时，就看到了动画。时间轴面板决定了各个场景的切换以及演员出场、表演的时间顺序。

2）“属性”面板

“属性”面板用于显示和更改当前选定文档、文本、帧或工具等的属性，是 Flash 中变换最为丰富的面板，它是一种动态面板，随着用户在舞台中选取对象的不同或者工具箱面板中选用工具的不同，自动发生变换以显示不同对象或工具的属性。

3）“库”面板

在“库”面板中可以方便地查找、组织和调用资源。“库”面板提供了动画中数据项的许多信息。库中存储的元素被称为元件，可以重复利用。

4）“颜色”面板

使用“颜色”面板可以创建和编辑纯色和渐变填充，调制出大量的颜色，以设置笔触、填充色和透明度等。如果已经在舞台中选定了对象，那么在“颜色”面板中所做的颜色更改就会被应用到该对象。

3. 工具箱

Flash 工具箱中包含一套完整的绘画工具，利用这些工具可以绘制、涂色和设置工具选项等，如图 6.2 所示，要打开或关闭工具箱，可以选择“窗口”→“工具”命令。

- 选择工具：用于选定、拖动对象操作。

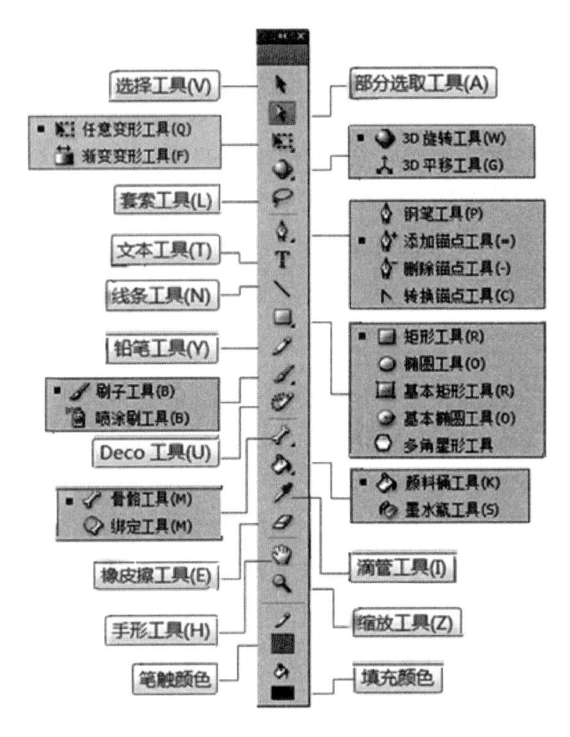

图 6.2　Flash 工具箱

- 部分选择工具：用于选取对象的部分区域。
- 任意变形工具：对选取的对象进行变形。
- 3D 旋转工具：只对影片剪辑发生作用。
- 套索工具：用于选择一个不规则的图形区域，还可以处理位图。
- 钢笔工具：使用此工具可以绘制曲线。
- 文本工具：用于在舞台上添加和编辑文本。
- 线条工具：使用此工具可以绘制各种形式的线条。
- 矩形工具：用于绘制矩形和正方形。
- 铅笔工具：用于绘制直线和折线等。
- 刷子工具：用来在工作区中用笔刷进行各种线条的描绘。刷子工具使用的是笔触色。
- Deco 工具：用于生成各种对称图形，网格图形以及藤蔓式填充效果。
- 骨骼工具：给动画角色添加骨骼，制作各种动作的动画。
- 颜料桶工具：用于编辑填充区域的颜色。
- 滴管工具：用于将图形的填充颜色或线条属性复制到其他的图形线条上，还可以采集位图作为填充内容。
- 橡皮擦工具：用于擦除舞台上的内容。
- 手形工具：当舞台上的内容较多时，可以用来平移舞台以及各个部分的内容。
- 缩放工具：用于缩放舞台中的图形。
- 笔触颜色：用于设置线条的颜色。

• 填充颜色：用于设置图形的填充区域颜色。

6.2.2 帧

在时间轴中，使用帧来组织和控制文档的内容。在时间轴中放置帧的顺序将决定帧内对象最终的显示顺序。不同内容的帧串联就组成了动画。

帧是构成 Flash 动画的基本元素，时间轴上的一小格代表一帧，表示动画内容中的一幅画面。用如图 6.3 所示的时间轴图来解释 Flash 的基本术语图层和帧，以便于以后制作。

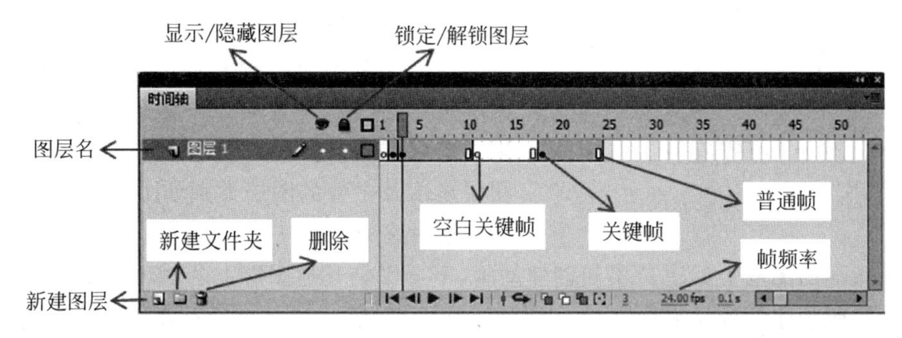

图 6.3 时间轴

1. 帧类型

1）普通帧

普通帧即帧，是用来计量播放时间或过渡时间用的，不能手动设置普通帧的内容，它是播放过程中由前后关键帧以及过渡类型自动填充的，手动插入或删除普通帧，会改变前后两个关键帧之间的过渡时间。普通帧主要是过渡和延续关键帧内容的显示。在时间轴中，普通帧一般是以空心方格表示，每个方格占用一个帧的动作和时间。

2）关键帧

关键帧用来定义动画变化的帧。在动画播放的过程中，关键帧会呈现出主要的动作或内容上的变化。关键帧中的对象与前后帧中的对象的属性是不同的。在时间轴中关键帧显示为黑色实心圆。

3）空白关键帧

空白关键帧中没有任何对象存在，如果在空白关键帧中添加对象，它会自动转化为关键帧，同样，如果将某个关键帧中的全部对象删除，则此关键帧会变为空白关键帧。在时间轴中空白关键帧以空心圆表示。

2. 帧频率

帧频率是动画播放的速度，以每秒播放的帧数来度量。帧频太慢会使动画看起来不连贯，帧频太快会使动画的细节变得模糊。默认情况下，Flash 动画是每秒 24 帧的帧频。选择“修改”→“文档”命令，打开“文档属性”对话框，在对话框的“帧频”文本框中设置帧的频率。或者双击“时间轴”面板下的“帧频率”标签，可直接输入频率值。

6.2.3 图层

如果说帧是时间上的概念，不同内容的帧串联组成了运动的动画，那么图层就是空间上的概念，图层中放置了组成 Flash 动画的所有对象。

1. 图层定义

可以把图层看成是堆叠在一起的多张透明纸。在工作区中，当图层上没有任何内容的时候，就可以透过上面的图层看到下面图层的图像。用户可以通过图层组合出各种复杂的动画。

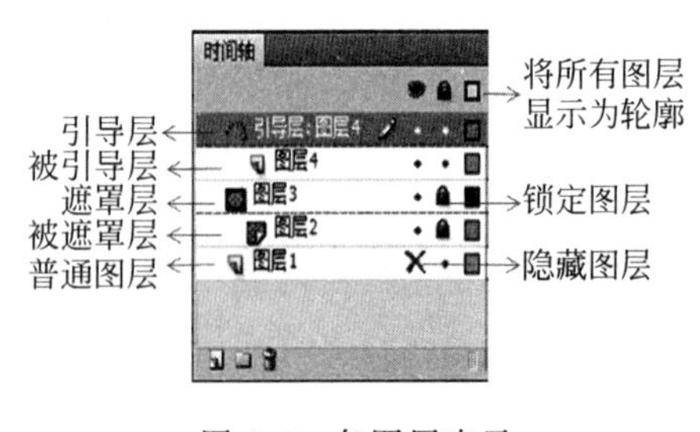

图 6.4　各图层表示

每个图层都有自己的时间轴，且包含了一系列的帧，在各个图层中所使用的帧都是相互独立的。图层与图层之间也是相互独立的，也就是对各图层单独进行编辑不会影响其他图层上的内容。多个图层按一定的顺序叠放在一起则会产生综合的效果。图层位于“时间轴”面板的左侧，Flash 中的各图层显示及主要的图层类别如图 6.4 所示。

通过在时间轴上单击图层名称可以激活相应图层。在激活的图层上编辑对象和创建动画，不会影响其他图层上的对象。默认情况下，新建图层是按照创建的顺序来命名的，用户可以根据需要对图层进行移动、重命名、删除和隐藏等操作。

2. 引导层

引导层是 Flash 引导层动画中绘制路径的图层。引导层中的图案可以为绘制的图形或对象定位，主要用来设置对象的运动轨迹。引导层不从影片中输出，所以它不会增加文件的大小，而且它可以多次使用。创建引导层的方法有两种：一是直接选择一个图层，执行“添加传统运动引导层”命令；二是先执行“引导层”命令，使其自身变成引导层，再将其他图层拖曳到引导层中，使其归属于引导层。任何图层都可以使用引导层，当一个图层为引导层后，图层名称左侧的辅助线图标表明该层是引导层。

3. 遮罩层

遮罩层是一种特殊的图层。创建遮罩层后，遮罩层下面图层的内容就像透过一个窗口显示出来一样。遮罩层中绘制对象时，这些对象具有透明效果，可以把图形位置的背景显露出来。在 Flash 中，使用遮罩层可以制作出一些特殊的动画效果，例如聚光灯效果和过渡效果等。

遮罩层可以将与其相链接的图形中的图像遮盖起来。用户可以将多个层组合放在一个遮罩层下，以创建出多样的效果。遮罩层必须至少有两个图层，上面的一个图层为“遮罩层”，下面的称“被遮罩层”；这两个图层中只有相重叠的地方才会被显示。也就是说，在遮罩层中有对象的地方就是“透明”的，可以看到被遮罩层中的对象，而没有对象的地方就是不透明的，被遮罩层中相应位置的对象是看不见的。

6.2.4　元件

在制作动画时，首先把一个对象定义为“元件”，所有元件都会存储在库窗口中，然后在场景中加入它的“实例”。这样无论一个对象出现几次，在文件中也只需存储一个副本，从而在很大程度上减小了文件的大小。

元件是一种可以在 Flash 中重复使用的特殊的对象，使用元件可以提高动画制作的效率，减小文件的大小。将元件拖放到舞台后称为实例，用户可以对实例进行任意的修改，而不会影响到元件的任何属性；但对元件自身修改，实例也会随之发生改变。

Flash 元件分为 3 类：图形元件、影片剪辑元件和按钮元件。

1. 图形元件

图形元件依赖主时间轴播放的动画剪辑，不可以加入动作代码。把图形元件放到主场景，不会播放。一般用于制作静态图像。

2. 影片剪辑元件

影片剪辑元件可以独立于主时间轴播放的动画剪辑，可以加入动作代码。可以存放影片(即动画)，当影片剪辑有动画时，把影片剪辑元件放到主场景时，会循环地不停地播放。凡是用按钮元件和图形元件可以实现的效果，影片剪辑元件都可以完成，影片剪辑中还能融入多种不同类型的素材，位图、声音、程序等。

3. 按钮元件

按钮元件有“常规”、“弹起”、“按下”和“点击”四帧的特殊影片剪辑，可以加入动作代码。用来创建影片中的相应鼠标事件的交互按钮。实际上是一个只有 4 帧的影片剪辑，但它的时间轴不能播放，只是根据鼠标指针的动作做出简单的响应，并转到相应的帧。

6.2.5 Flash 动画

Flash 动画的基本类型有逐帧动画、补间动画、引导动画、遮罩动画。

1. 逐帧动画

逐帧动画是指不同画面的连续快速播放形成动画效果。在逐帧动画中，每一帧都是关键帧，普通的视频动画就是逐帧动画。

2. 补间动画

补间动画只需制作好几个关键帧的画面，其余中间各帧由 Flash 通过计算生成中间的过渡动作，使得画面从一个关键帧过渡到另一个关键帧，这就称为“补间”动画。补间动画可以修改的属性有位置、大小、颜色、形状、旋转和扭曲。要使图形或者文本产生补间动画效果，可以将它们转换为元件，再创建补间动画。补间动画包括动作补间动画和形状补间动画两种：动作补间动画是指一个对象在两个关键帧之间建立的一种运动补间关系，形状补间动画可以实现两个图形之间颜色、形状、大小和位置的变化。

3. 引导动画

引导动画是沿着一定的轨迹进行运动的一种动画，它由引导层和被引导层组成。引导动画实际上是在动作补间动画的基础上添加一个引导图层，该图层有一条可以引导运动路径的引导线，使另一个图层中的对象依据此引导线进行运动的动画。在制作引导动画时，运动元件的中心必须要与引导线重合，不然就不能产生效果。

4. 遮罩动画

遮罩动画是通过遮罩层创建的动画。遮罩动画是通过遮罩层来达到有选择地显示位于其下方的被遮罩层内容的目的。遮罩层中的内容在动，而被遮罩层中的内容保持静止。在 Flash 的图层中有一个遮罩图层类型，为了得到特殊的显示效果，可以在遮罩层上创建一个任意形状的“视窗”，遮罩层下方的对象可以通过该“视窗”显示出来，而“视窗”之外的对象将不会显示。

6.2.6 Flash 快捷键

Flash 中常用的快捷键如表 6.1 所示。

表 6.1 Flash 中常用的快捷键

快捷键	功能	快捷键	功能
F5	插入普通帧	Ctrl+Shift+V	原位置粘贴
F6	插入关键帧	Ctrl+Shift+A	原位复制粘贴
F7	插入空白关键帧	F11	打开"库"面板
Ctrl+F8	创建新元件	Ctrl+F3	打开"属性"面板
F8	图形转换为元件	Ctrl+'	显示网格
Ctrl+B	将元件打散为图形	Ctrl++	放大视图
F12	以网络形式打开预览	Ctrl+-	缩小视图
Ctrl+Enter	测试影片		

6.3 案例一 旋转的风车

要求：通过"旋转的风车"的制作，熟悉和掌握钢笔工具、颜料桶工具、变形工具、滤镜、补间动画和元件等的应用，掌握 Flash 文档的一般制作过程。最终效果如图 6.5 所示。

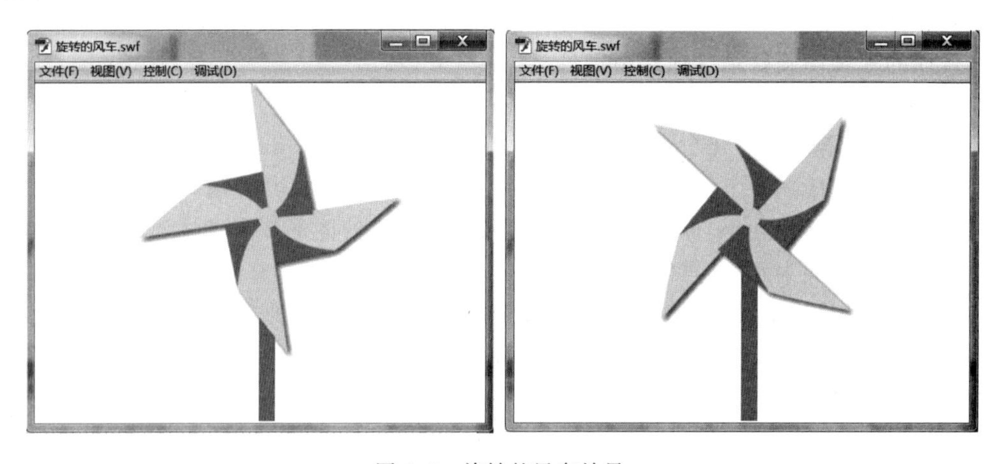

图 6.5 旋转的风车效果

1. 新建 Flash 文档

(1) 选择菜单"开始"→"所有程序"→Adobe→Adobe Flash Professional CS5.5 命令，打开 Flash 程序。

(2) 执行菜单"文件"→"新建"命令，打开"新建文档"对话框，如图 6.6 所示，类型选择 Action Script 3.0，文档默认的宽为 550 像素，高为 400 像素，帧频为 24，背景颜色为白色。单击"确定"按钮。这样就创建了一个 Flash 新文档。

(3) 进入 Flash 主界面，如图 6.7 所示。

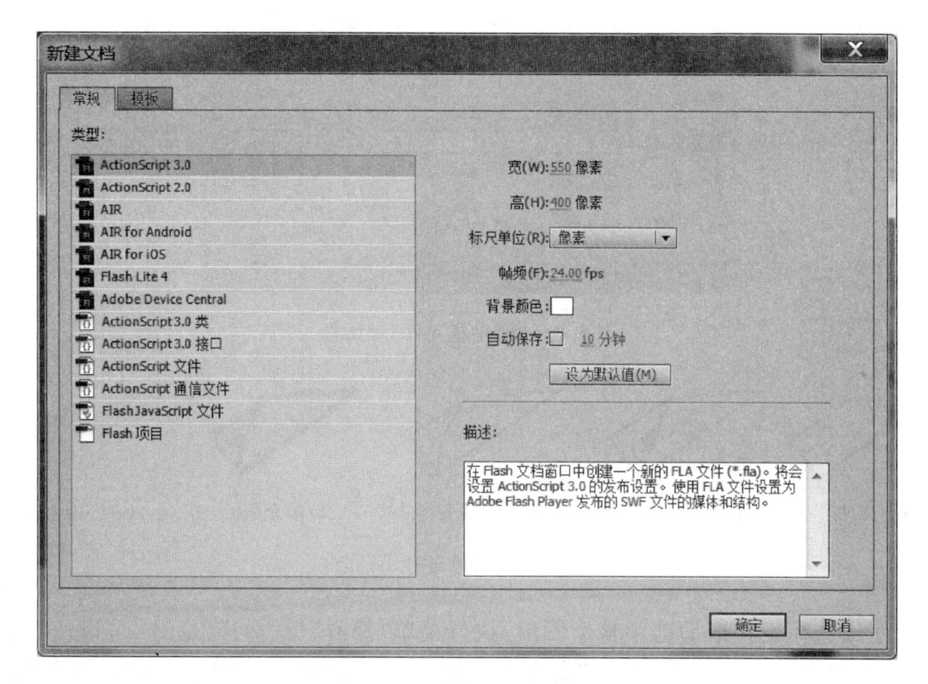

图 6.6 “新建文档”对话框

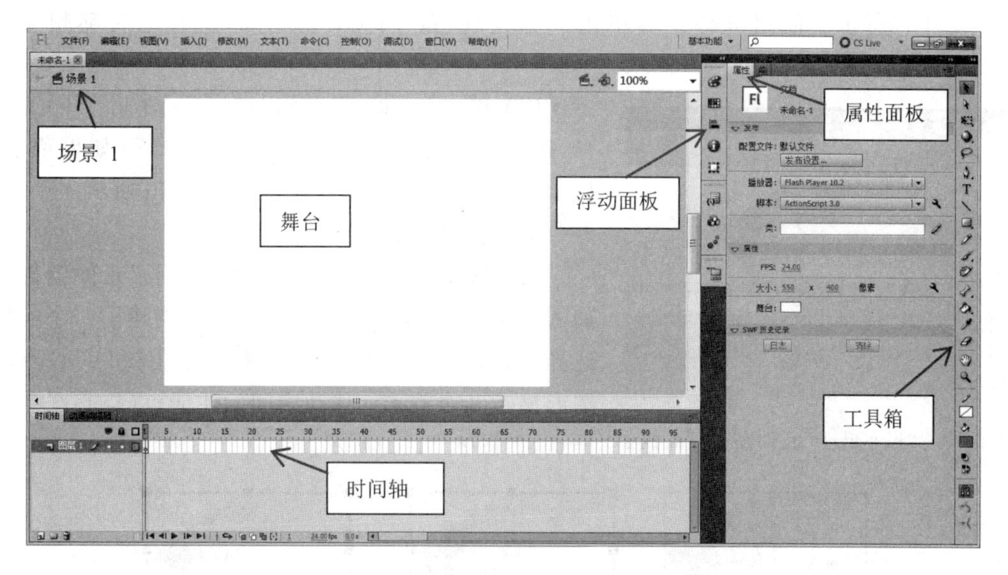

图 6.7 Flash 主界面

2. 新建“风车叶子”元件

(1) 执行菜单“插入”→“新建元件”命令，弹出“创建新元件”对话框，如图 6.8 所示，名称输入“风车叶子”，“类型”选择“图形”，单击“确定”按钮。

(2) 进入元件创建编辑界面，中间有一个＋号。选择工具箱“钢笔工具”，单击＋号，再按顺时针方向单击其他点，建立如图 6.9(a)所示梯形，按 Esc 键结束钢笔绘制。重新选择钢笔工具，单击对角线两个点画上连线如图 6.9(b)所示，选择工具箱“选择工具”，光标移向对角线时，光标显示↖，此时向右上角拖动鼠标，对角线变成了曲线，如图6.9(c)所示。

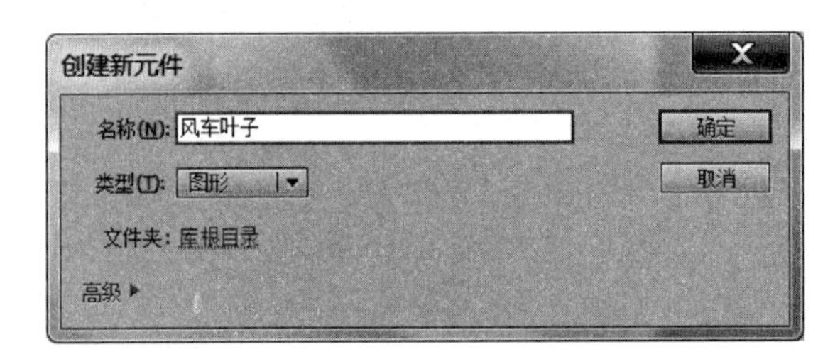

图6.8 “创建新元件”对话框

图6.9 新建“风车叶子”元件

(3) 使用选择工具拖动选中整个图形，执行菜单“修改”→“分离”命令(可以使用快捷键Ctrl+B)，将图形分离。如果“分离”命令为灰色，表示已分离。使用工具箱“颜料桶工具”(右边部分填充色选择颜色#00CC00，左边部分填充色选择颜色#FFFF00)进行填充，如图6.9(d)所示。使用选择工具单击一根连线，按Delete键删除，将其他线都删除，如图6.9(e)所示。

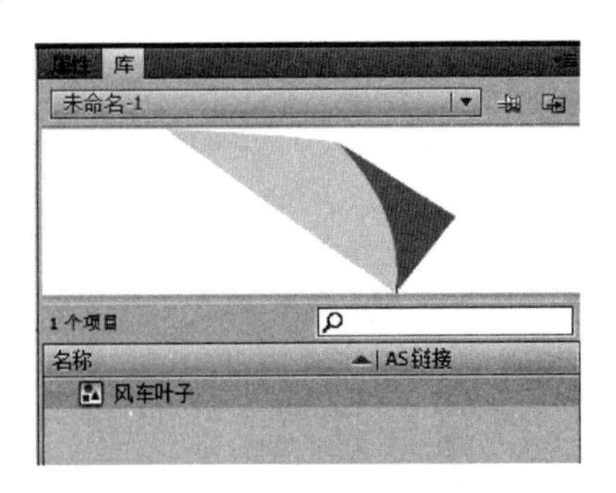

图6.10 “风车叶子”元件在“库”面板中

(4) 单击“场景1”返回，结束“风车叶子”元件编辑，执行菜单“窗口”→“库”命令，打开库(如果菜单中显示 ✓ 库(L)，表示已经打开)，如图6.10所示。

3. 制作“风车”元件

(1) 拖动“库”面板中的“风车叶子”元件到舞台，如图6.11(a)所示，这样就在舞台上创建了一个实例。选择工具箱“任意变形工具”，如图6.11(b)所示，图形显示8个控点；移动中间的注册点(空心圆点)到+点，如图6.11(c)所示。

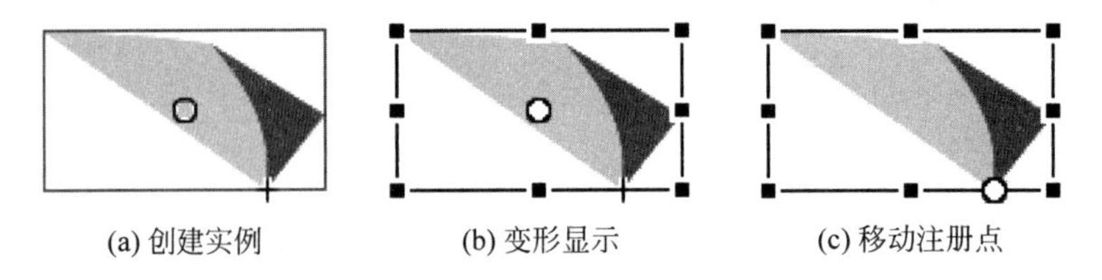

图6.11 拖动“风车叶子”元件

(2) 执行菜单“窗口”→“变形”命令，打开“变形”面板，如图6.12所示，“旋转”处输入90，再单击“重置选区和变形”按钮3次。

(3) 此时复制并旋转生成了共4个风车叶子，如图6.13(a)所示。拖动选中所有叶子，如图6.13(b)所示。

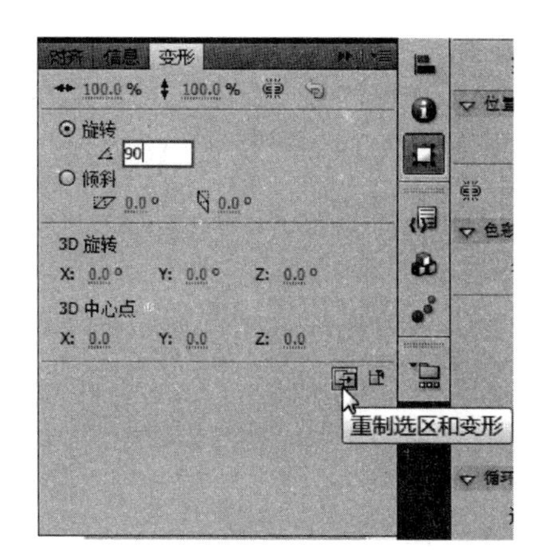

图 6.12　变形旋转

(a) 复制4个风车叶子

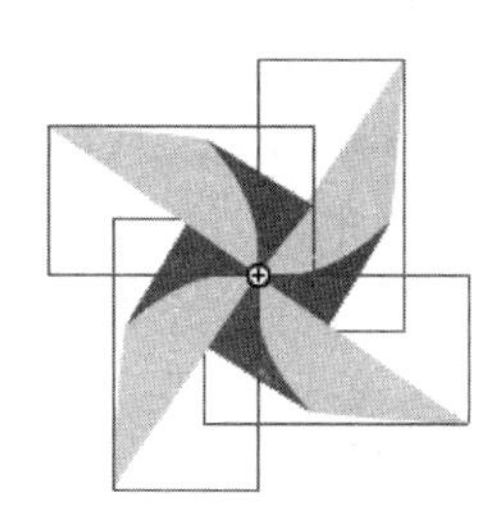

(b) 选中所有叶子

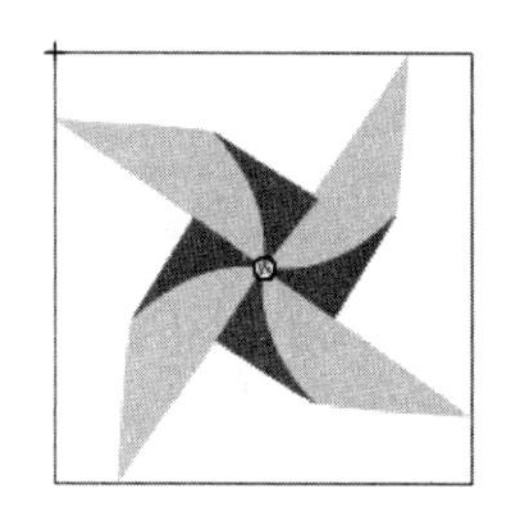

(c) 转换为元件

图 6.13　复制旋转

(4) 执行菜单“修改”→“转换为元件”命令，弹出“转换为元件”对话框，“名称”输入“风车”，“类型”选择“影片剪辑”，如图 6.14 所示，单击“确定”按钮。此时风车如图 6.13(c)所示。

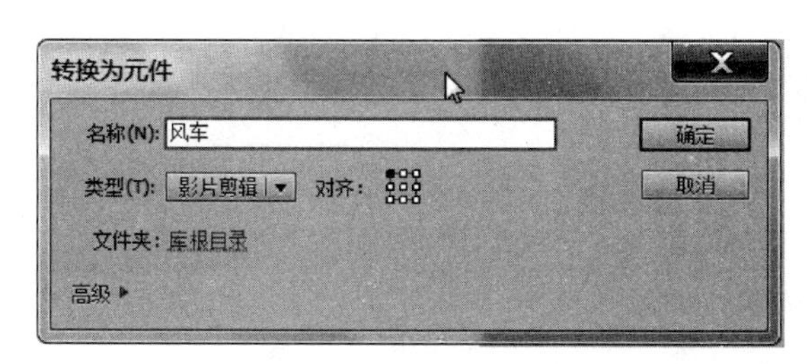

图 6.14　“转换为元件”对话框

4. 滤镜效果

(1) 单击“属性”面板左下角的“添加滤镜”按钮，在出现的菜单中选择“投影”命令，设置滤镜属性投影效果，如图 6.15 所示，模糊 X：8 像素，模糊 Y：8 像素，强度：50%，其他默认。

(2) 设置模糊效果(模糊 X：2 像素，模糊 Y：2 像素)。

5. 动画处理

(1) 使用时间轴左下角的“新建图层”按钮，分别新建“中心”层、“杆”层。将原来图

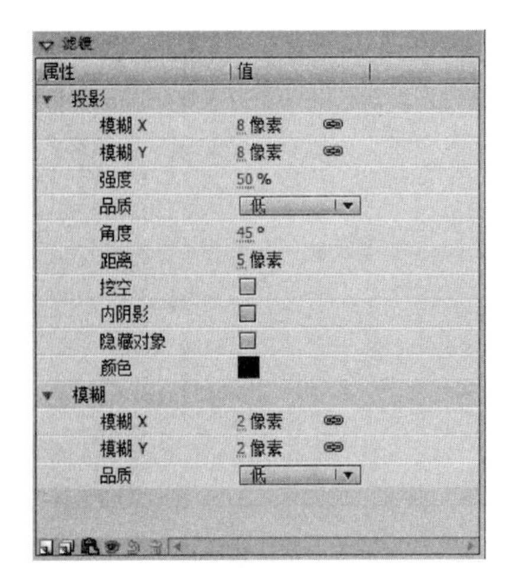

图 6.15　设置滤镜属性

层 1 改名为“风车”。单击“中心”层第 1 帧，选择工具箱“椭圆工具”，笔触为无，填充色为黄色，在风车中心位置画上一个圆。单击“杆”层第 1 帧，选择工具箱“矩形工具”笔触为无，填充色为＃00CC00，从风车中心往下画一个矩形。移动层，使层的顺序(从上到下：中心、风车、杆)如图 6.16 所示。

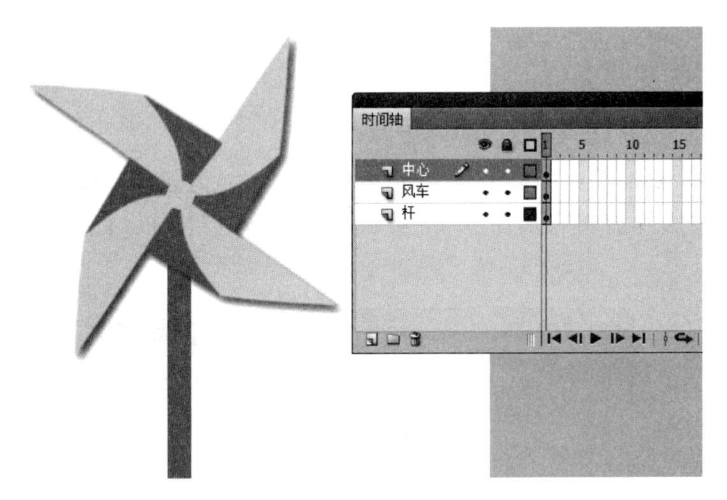

图 6.16　建立各层

(2) 右击“风车”层第 1 帧，在弹出的快捷菜单中选择“创建补间动画”命令。设置“补间动画”属性，方向：顺时针，旋转：1 次，如图 6.17 所示。

(3) 右击“中心”层第 24 帧，在弹出的快捷菜单中选择“插入关键帧”命令。单击“杆”层第 24 帧，按 F6 键插入关键帧。此时时间轴如图 6.18 所示。

(4) 新建一图层，输入自己的名字和学号。以后所有案例要求加入姓名和学号。

(5) 执行菜单“文件”→“保存”命令，保存文件为“旋转的风车.fla”。按 Ctrl＋Enter 键测试影片，测试后自动生成“旋转的风车.swf”。执行菜单“文件”→“导出”→“导出影片”命令，在弹出对话框中将保存类型选择为“GIF 动画”，其他默认，导出文件为“旋转的风车.gif”。

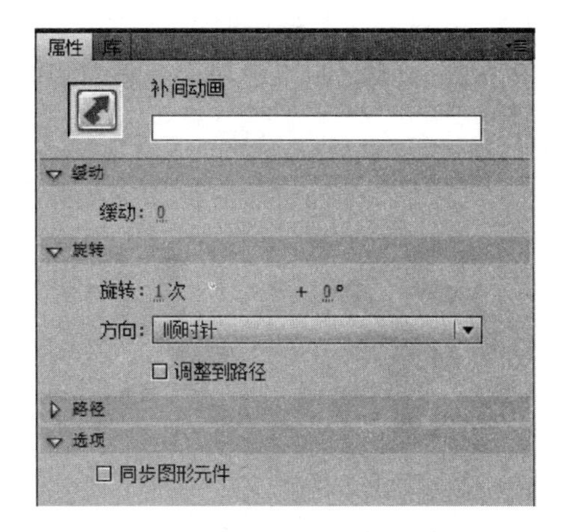

图 6.17　设置“补间动画”属性

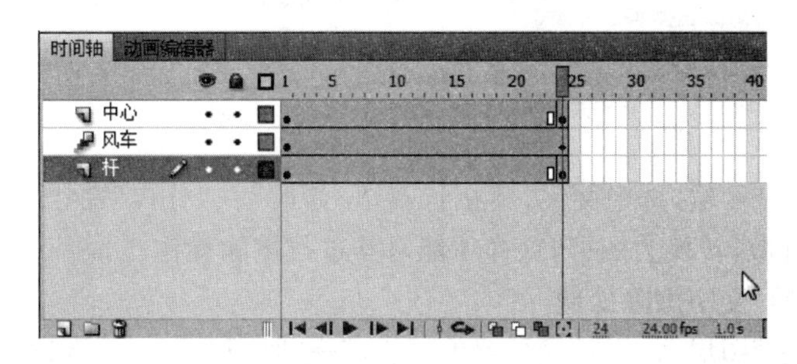

图 6.18　时间轴

6.4　案例二　动态书写文字

要求：通过“动态书写文字”的制作，熟悉和掌握文本工具、选择工具、库文件导入、分离和逐帧动画等的应用，进一步掌握变形、时间轴、图层和元件等应用。最终效果如图 6.19 所示。

图 6.19　动态书写文字效果图

1. 输入文字

(1) 新建一个 Flash 文档，大小设置为 500×300，帧频设置为 6，背景颜色设置为淡黄色(#FFFFCC)。双击“时间轴”面板中选择“图层 1”名称，改名为“文字”。

(2) 选择工具箱“文本工具”**T**，属性窗口中设置，字符系列为“华文行楷”，字符大小

200 点。单击舞台输入“宁大”。用选择工具选中输入的文字，选中“与舞台对齐”选项，单击“对齐”面板中的“垂直居中分布”按钮 和“水平居中分布”按钮 ，使文字居于舞台中间。如图 6.20 所示。

图 6.20 输入文字

(3) 单击“文字”图层，选中文字，共执行菜单“修改”→“分离”命令(或按 Ctrl+B 快捷键)两次，将文本打散，转换为图形，这样才能对其进行擦除操作。

2. 插入关键帧，文字擦除处理

(1) 单击“文字”图层第 1 帧，执行菜单“插入”→“时间轴”→“关键帧”命令(或按快捷键 F6)，使用工具箱“橡皮擦工具” ，将文字按照笔画相反的顺序，倒退着将文字擦除。如图 6.21 所示，“大”字已经被擦除一部分，“文字”图层已经插入了第 2 帧。

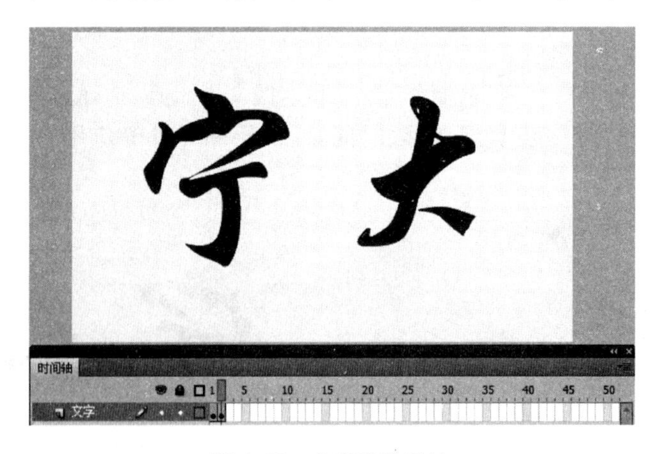

图 6.21 文字擦除开始

(2) 按快捷键 F6 插入第 3 帧，然后再擦除一部分文字，倒退着将文字擦除。擦除时注意重复的笔画应该先保留(先保留大字一横完整，到下一笔画再擦除)，如图 6.22 所示。这样反复，每擦一次按 F6 键一次，每次擦去多少决定写字的快慢，为了使动画效果流畅自然，可根据文本笔画数及复杂程度平均分配帧数。笔者一共使用了约 28 个关键帧，把所有的文字部分擦完。

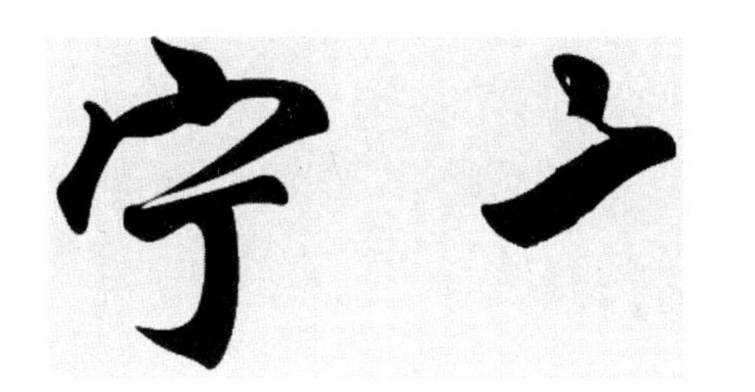

图 6.22　文字擦除过程

(3) 在“文字”图层中，拖动鼠标从第 1 帧一直到最后一帧，选中所有关键帧。执行菜单“修改”→“时间轴”→“翻转帧”命令，或者在右键快捷菜单中选择“翻转帧”命令，将“文字”图层顺序完全颠倒过来。翻转后，第 2 帧就只剩最后一点的一部分了，如图 6.23 所示。此时测试影片已经有文字动态效果了。单击图层上的锁定按钮 将“文字”图层锁定，以免误操作。

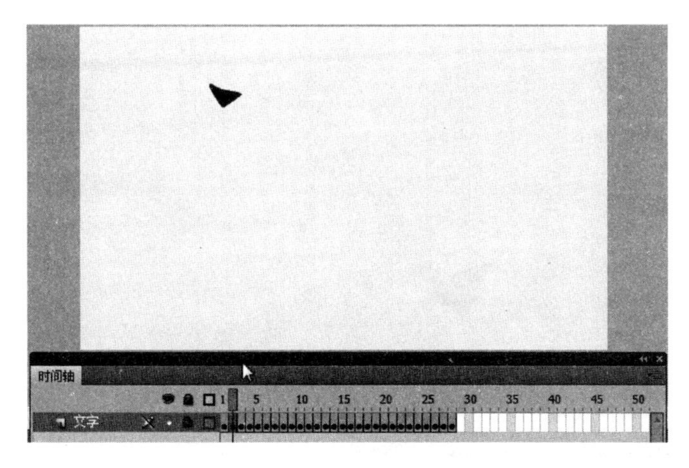

图 6.23　“翻转帧”后效果

3. 添加毛笔

(1) 添加“图层 2”图层，改名为“毛笔”。执行菜单“文件”→“导入”→“打开外部库”命令，打开素材“毛笔元件.fla”，此时会弹出“库-毛笔元件.fla”外部库窗口，该窗口中已有“毛笔”元件，如图 6.24 所示。

(2) 单击“毛笔”图层第 2 帧拖动毛笔元件到舞台中，此时毛笔元件已经被复制到了自己的库中，将外部库窗口关闭。单击“任意变形工具”，缩放、旋转毛笔，使毛笔变形到合适大小和形状。按快捷键 F6 插入关键帧，拖动“毛笔”图形到文字起始位置，如图 6.25 所示。

(3) 单击“毛笔”图层第 4 帧，插入关键帧，拖动“毛笔”图形到当前已写笔画的最后位置，如图 6.26 所示。

(4) 这样反复分别单击“毛笔”图层第 5、7、8、9…帧，插入关键帧，用选择工具移动毛笔，使毛笔始终随着笔画最后的位置走，如图 6.27 所示。

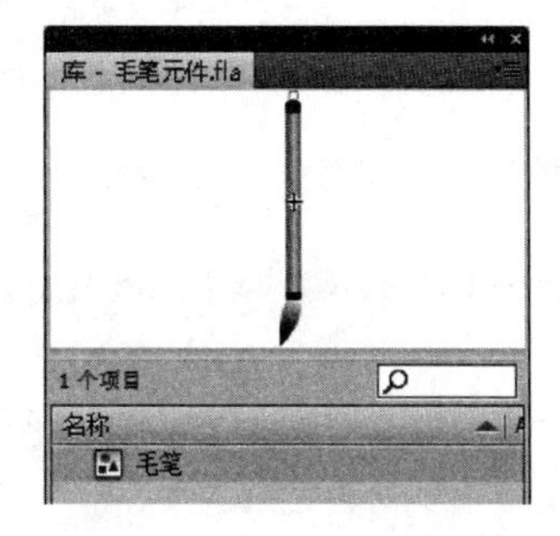

图 6.24　“库-毛笔元件.fla”外部库窗口

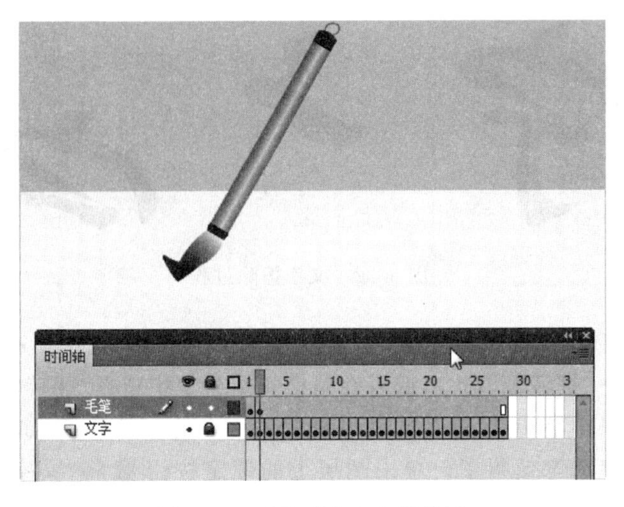

图 6.25　毛笔到文字起始位置

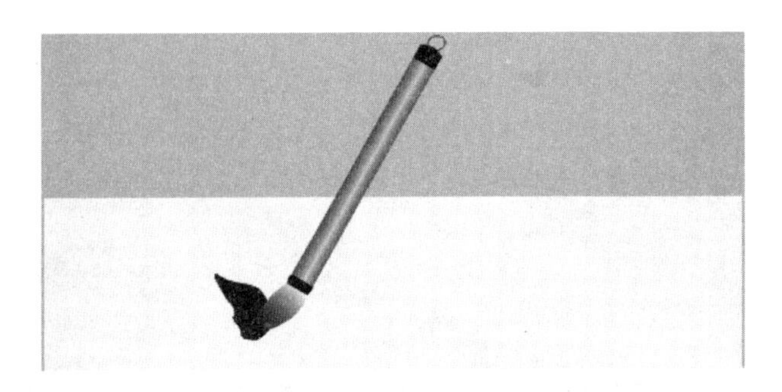

图 6.26　毛笔放在已写笔画的最后位置

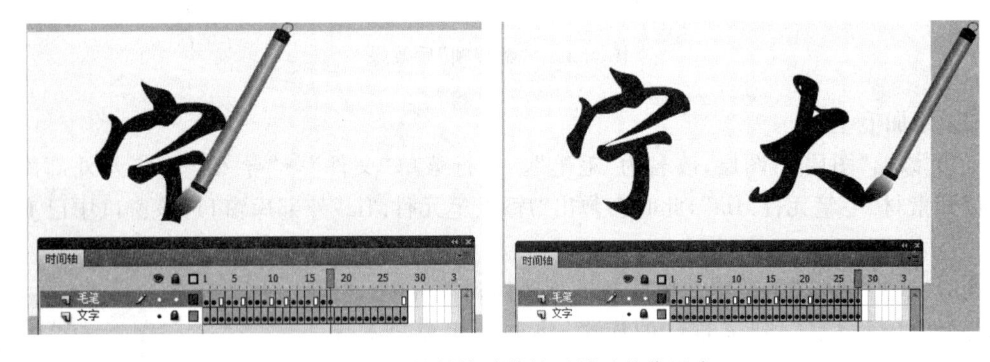

图 6.27　毛笔始终随着笔画最后的位置走

(5) 按 Ctrl+Enter 键测试影片，保存影片为“动态书写文字.fla”。

6.5　案例三　图片遮罩效果

要求：通过“图片遮罩效果”的制作，熟悉和掌握多角星形工具、椭圆工具、遮罩处理和补间形状动画等的应用，进一步掌握文本工具、变形、时间轴、图层等应用。最终效果如

图 6.28 所示。

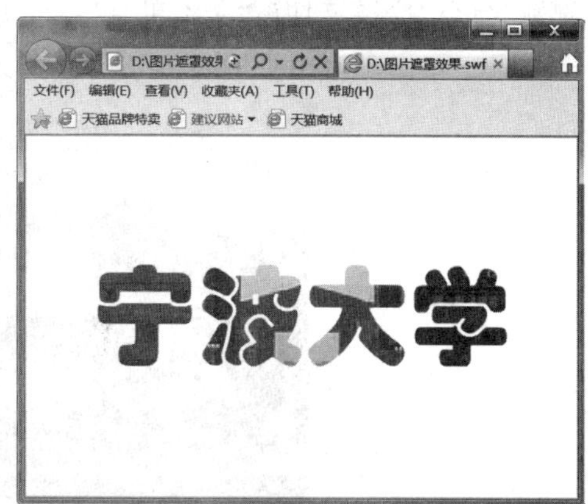

图 6.28 图片遮罩效果

1. 插入形状和文字

(1) 新建一个 Flash 文档,大小设置为 550×400,帧频设置为 24。执行菜单"文件"→"导入"→"导入到舞台"命令,选择图片"宁波大学.jpg"导入到舞台,通过属性窗口更改图片大小与舞台大小一致。执行菜单"窗口"→"对齐"命令,单击"左对齐"按钮和"顶部分布"按钮,将图片正好覆盖舞台。

(2) 在"时间轴"面板中选择"图层 1"第 60 帧,右击,在弹出的快捷菜单中选择"插入关键帧"命令。

(3) 新建"图层 2",单击其第 1 帧,选择工具箱"多角星形工具",单击"属性"窗口的"选项"按钮,弹出"工具设置"对话框,如图 6.29 所示,将样式改为"星形",单击"确定"按钮。

图 6.29 "工具设置"对话框

(4) 拖动鼠标在舞台上画出一个五角星,如图 6.30(a)所示。在时间轴面板中选择"图层 2"第 20 帧,右击,在弹出的快捷菜单中选择"插入空白关键帧"命令,选择工具箱"椭圆工具",在舞台上画一个圆,如图 6.30(b)所示。

(a)

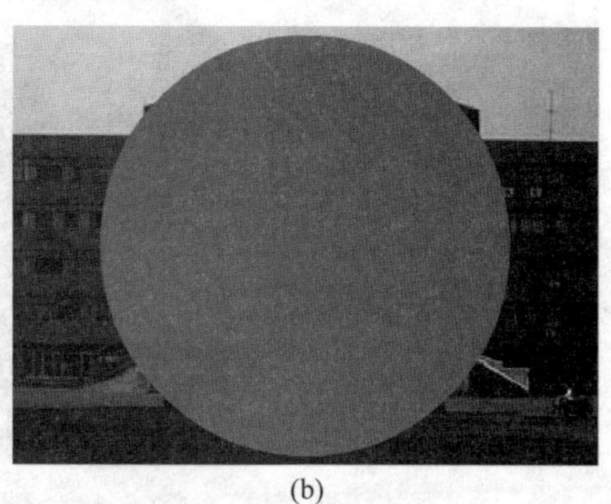

(b)

图 6.30 画五角星和圆

(5) 在“时间轴”面板中选择“图层 2”第 40 帧，右击，在弹出的快捷菜单中选择“插入空白关键帧”命令，选择工具箱“文本工具”T，属性窗口中设置，字符系列为“华文琥珀”，字符大小 120 点。单击舞台中央输入“宁波大学”文本，如图 6.31 所示。

图 6.31　输入文字

2. 遮罩处理和创建补间形状

(1) 选择“图层 2”第 60 帧，右击，在弹出的快捷菜单中选择“插入帧”命令。右击“图层 2”图层，在弹出的快捷菜单中选择“遮罩层”命令。右击“图层 2”中的第 1 帧，在弹出的快捷菜单中选择“创建补间形状”命令。此时，时间轴如图 6.32 所示。

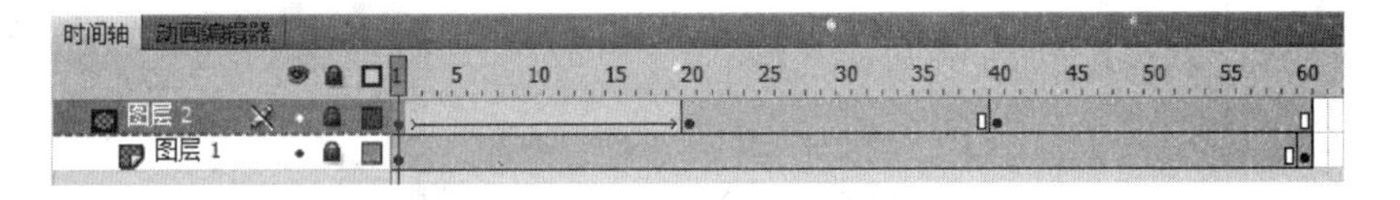

图 6.32　时间轴

(2) 分别单击“图层 2”第 1、10、20、40 帧，可以观察到如图 6.33 所示的结果。从第 1 帧到第 20 帧是形状逐渐变化过程，其他没有变化，有形状遮罩效果和文字遮罩效果等。

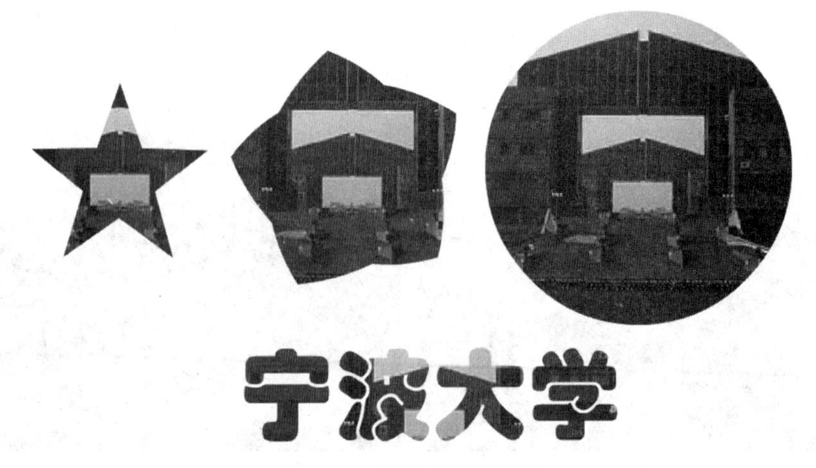

图 6.33　各形状遮罩效果

(3) 按 Ctrl+Enter 键测试影片,从五角星遮罩效果到圆形遮罩效果是一个形状渐变过程和文字遮罩效果。保存影片为“图片遮罩效果.fla”。

6.6 案例四 红星闪闪

要求:通过“红星闪闪”的制作,熟悉和掌握矩形工具、“样本”面板、“变形”面板、“对齐”面板和创建传统补间动画等的应用,进一步掌握遮罩层、多角星形工具、颜料桶工具、变形、时间轴、图层等应用。最终效果如图 6.34 所示。

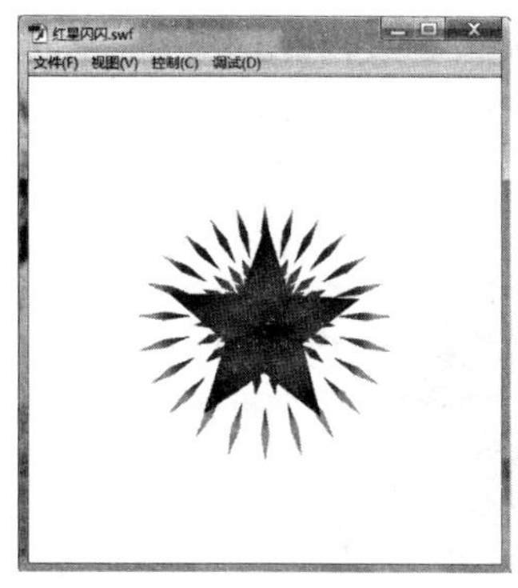
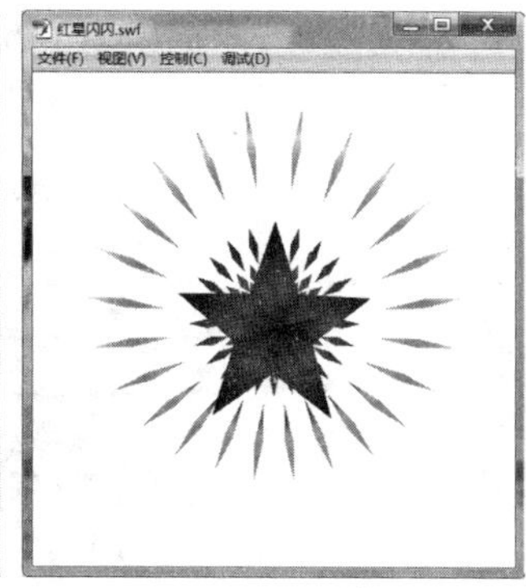

图 6.34 红星闪闪效果图

1. 制作五角红星

(1) 新建一个 Flash 文档,大小设置为 500×500,帧频设置为 12,背景颜色设置为白色。

(2) 单击“多角星形工具”,设置笔触颜色任意,填充颜色为无,在舞台中画一个五角星。用选择工具全选五角星,设置其属性,宽和高均为 200 像素,如图 6.35(a)所示。利用“对齐”面板将五角星水平垂直居中于舞台。

(3) 利用“线条工具”绘制多条线条,将五角星内部用线连接起来,如图 6.35(b)所示。

(4) 利用“颜料桶工具”给五角星填充,填充色选择“样本”面板中左下角中默认颜色的第三个颜色(红色渐变),如图 6.35(c)所示。

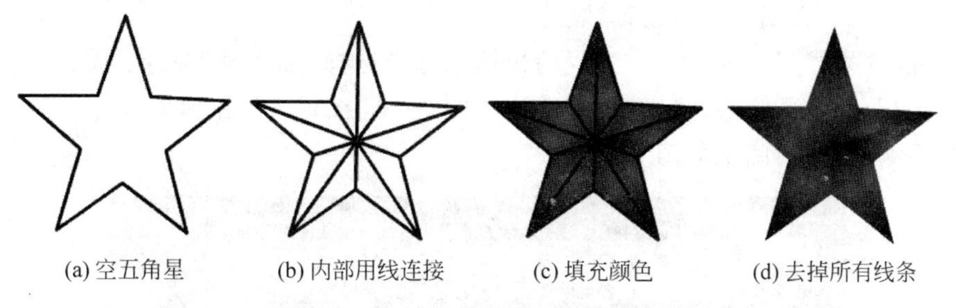

图 6.35 制作五角星

(5) 利用“选择工具”删除五角星所有线条,如图 6.35(d)所示。锁定并隐藏“图层 1”图层。

2. 制作闪光

(1) 新建“图层 2”图层,用工具箱“矩形工具”,填充色为“样本”面板中左下角中默认颜色的第 7 个颜色(彩色渐变),笔触颜色为无。在舞台靠左中位置画一个很细的矩形,选中矩形后,单击“任意变形工具”,此时如图 6.36(a)所示,将中间的注册点(空心圆点)拖动到右下角一点,如图 6.36(b)所示。

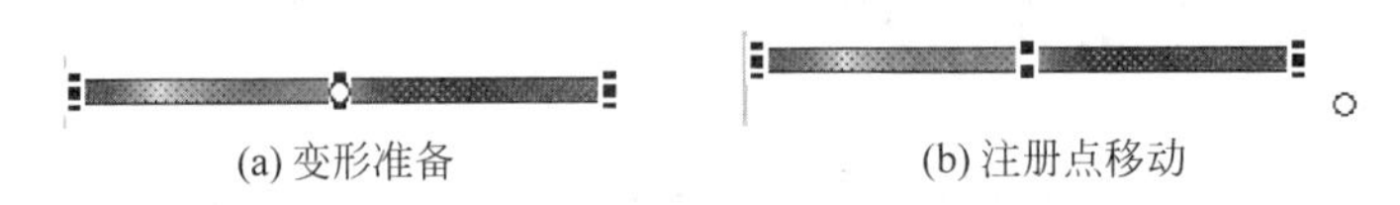

(a) 变形准备　　(b) 注册点移动

图 6.36　制作细长矩形闪光条

(2) 打开“变形”面板,设置旋转角度为 15°,单击“重置选区和变形”按钮多次,使复制完成细长矩形闪光条圆形排列如图 6.37(a)所示。选中所有细长矩形,利用“对齐”面板将其水平垂直居中于舞台。

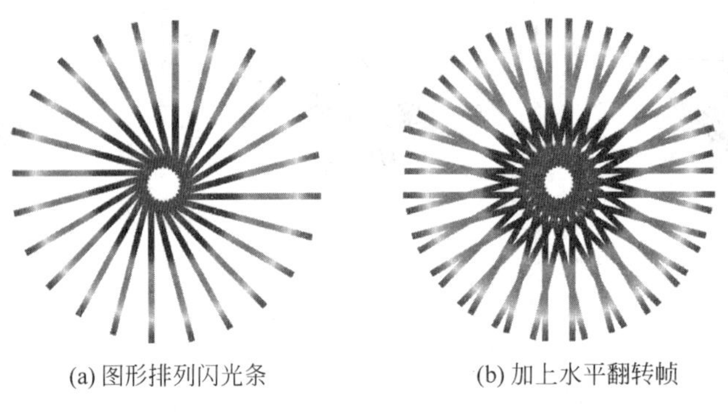

(a) 图形排列闪光条　　(b) 加上水平翻转帧

图 6.37　制作闪光

(3) 新建“图层 3”图层,右击“图层 2”第 1 帧,在弹出的快捷菜单中选择“复制帧”命令,右击“图层 3”第 1 帧,在弹出的快捷菜单中选择“粘贴帧”命令,执行菜单“修改”→“变形”→“水平翻转”命令,此时效果如图 6.37(b)所示。

(4) 单击选择“图层 2”第 40 帧,按 F6 键插入一个关键帧;右击“图层 2”第 1 帧,在弹出的快捷菜单中选择“创建传统补间”命令,在属性窗口设置“逆时针×1”旋转。单击选择“图层 3”第 40 帧,按 F6 键插入一关键帧;右击“图层 3”第 1 帧,在弹出的快捷菜单中选择“创建传统补间”命令,在属性窗口设置“顺时针×1”旋转。

(5) 右击“图层 1”第 40 帧,在弹出的快捷菜单中选择“插入帧”命令。拖动“图层 1”移动到最上面层,并取消隐藏,显示“图层 1”图层。右击“图层 3”,在弹出的快捷菜单中选择“遮罩层”命令,此时时间轴如图 6.38 所示。

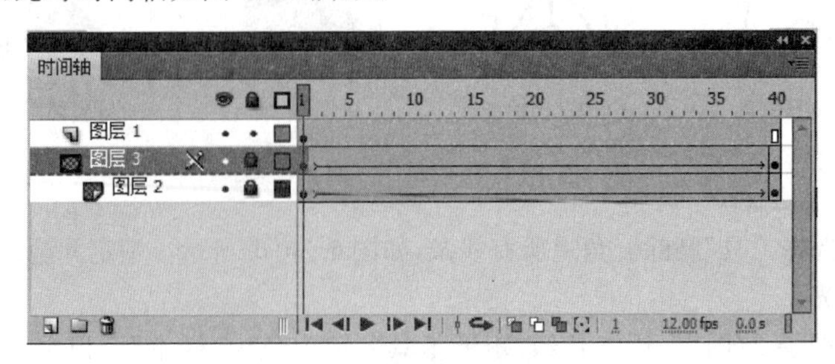

图 6.38　时间轴

(6) 保存影片文件为“红星闪闪.fla”，测试影片效果。

6.7　案例五　兔子跑步

要求：通过“兔子跑步”的制作，熟悉和掌握动画编辑器、垂直翻转旋转等变形、添加传统运动引导层和创建引导动画等的应用，进一步掌握元件、钢笔工具、选择工具、时间轴、图层、补间动画、传统补间动画等应用。最终效果如图 6.39 所示。

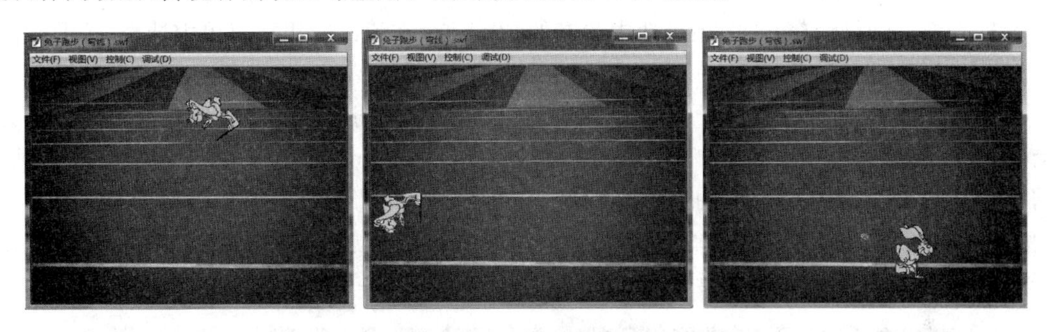

图 6.39　兔子跑步效果图

1. 制作“兔子奔跑”元件

(1) 新建一个 Flash 文档，大小设置为 550×400，帧频设置为 24。执行菜单“文件”→“导入”→“导入到舞台”命令，打开“导入到库”对话框，如图 6.40 所示，选择“兔子奔跑”所有素材文件，包括“跑道.jpg”、“兔子 1.png”、……、“兔子 8.png”。

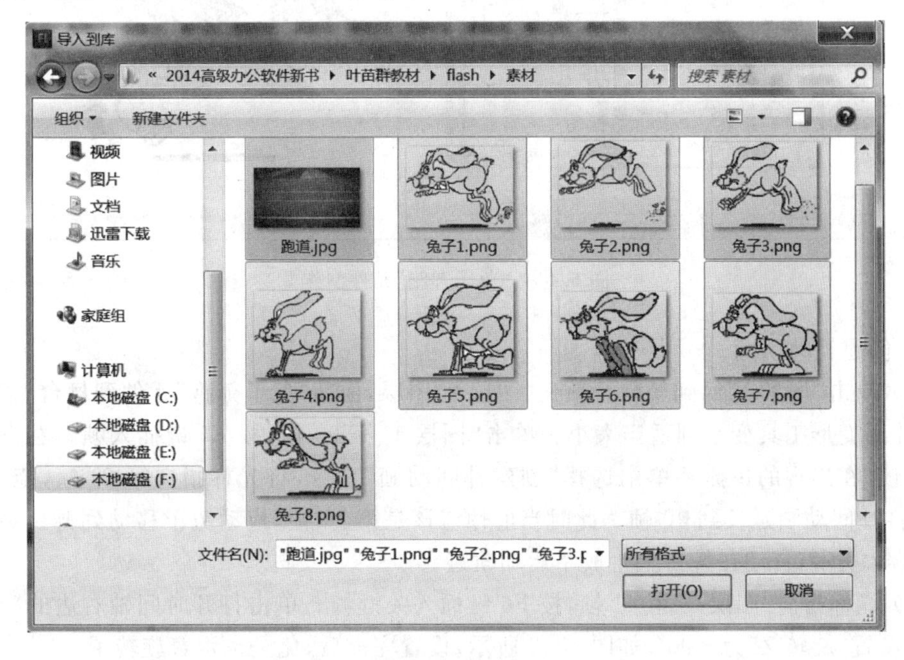

图 6.40　兔子图片

(2) 单击“打开”按钮后，9 个图片文件都以左上角对齐方式重叠地列于舞台中，并且全部选中，光标移到舞台外单击，取消所有选择。将“跑道”图片拖动到旁边，使“跑道”图片和其他图片分开一段距离。

（3）拖动鼠标选中所有兔子图片，右击，在弹出的快捷菜单中选择“转换为元件”命令，弹出“转换为元件”对话框，设置名称“兔子奔跑”，类型“影片剪辑”，单击“确定”按钮。删除舞台中的选中的所有兔子图片。

（4）拖动“跑道”图片回到舞台左上角对齐，设置属性图片大小为舞台大小550×400，使图片恰好覆盖舞台。

（5）右击“库”面板中的“兔子奔跑”元件，在弹出的快捷菜单中选择“编辑”命令，进入元件编辑界面，此时所有兔子图还是选中状态的，右击它，在弹出的快捷菜单中选择“分散到图层”命令，删除“图层1”图层。

（6）单击“时间轴”中“兔子2.png”图层的第1帧，光标指向第1帧，当光标图标显示为有矩形框时，拖动第1帧到第2帧；同样操作，将“兔子3.png”图层的第1帧拖动第3帧；将“兔子4.png”图层的第1帧拖动第4帧；将“兔子5.png”图层的第1帧拖动第5帧；将“兔子6.png”图层的第1帧拖动第6帧；将“兔子7.png”图层的第1帧拖动第7帧；将“兔子8.png”图层的第1帧拖动第8帧。此时，“兔子奔跑”元件制作完毕，如图6.41所示。

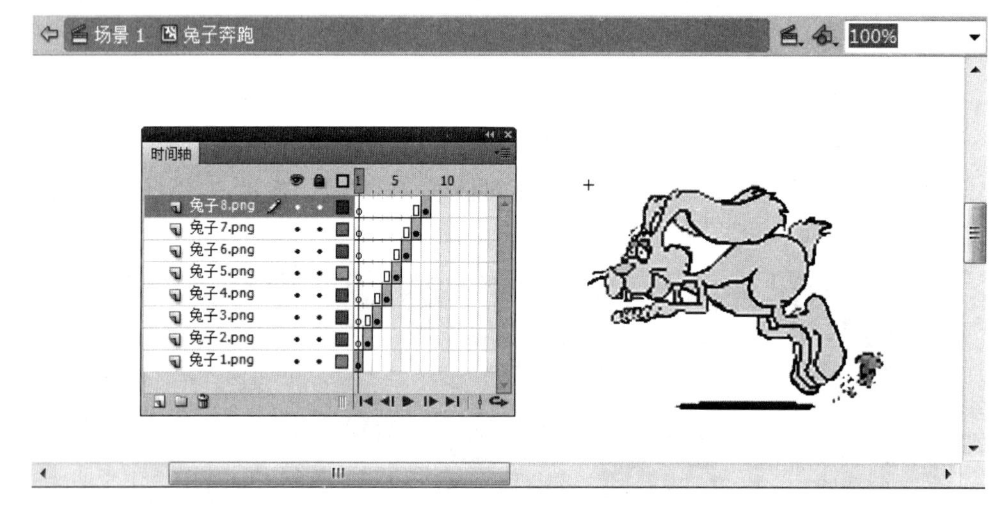

图6.41 “兔子奔跑”元件制作

2. 创建补间动画

（1）单击“场景1”回到舞台。新建“图层2”图层，拖动“兔子奔跑”元件到舞台右边适当位置，并用变形工具变小到适当大小。单击“图层1”第90帧，按F5键插入帧。右击“图层2”第1帧，在出现的快捷菜单中选择“创建补间动画”命令，将光标指向第24帧，拖动到第40帧，将补间动画延长到40帧。此时当前帧应该是第40帧，拖动兔子移动到舞台最左边，如图6.42所示，自动在舞台上生成了运动轨迹。

（2）光标指向“图层2”第41帧，按F6键插入关键帧。单击打开时间轴右边的“动画编辑器”，设置“旋转Z”为－90°，如图6.43所示，设置完成后，兔子也跟着旋转了。

（3）单击“图层2”第50帧，按F6键插入关键帧。往下拖动兔子，使兔子处于两根白线之间离我们最近的跑道中（接下来返回舞台右边的操作也可以使用类似的方法完成，下面介绍用另一种方法来完成）。

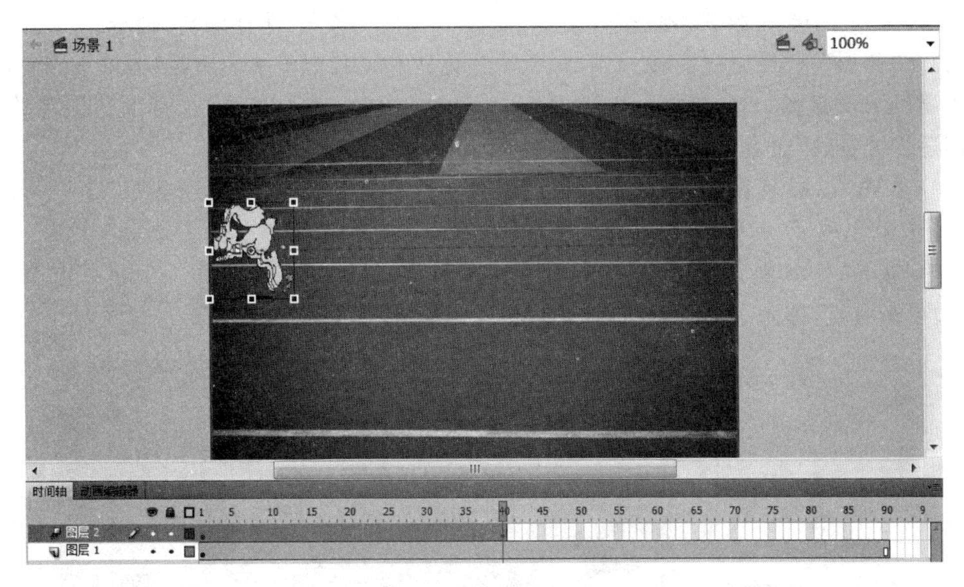

图 6.42　创建补间动画

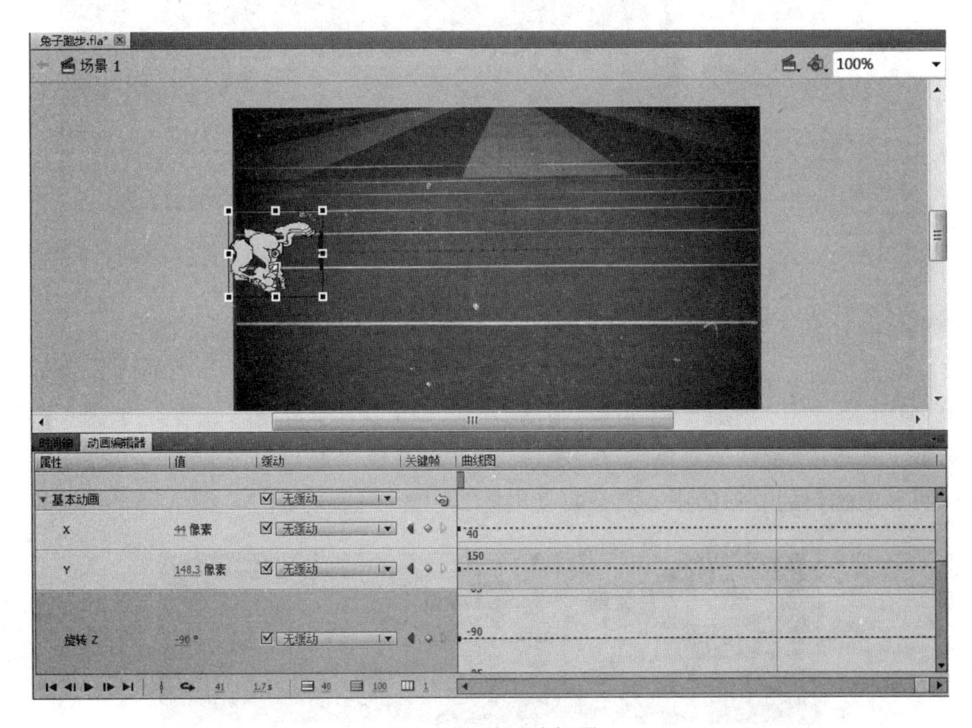

图 6.43　动画编辑器

3. 创建引导动画

(1) 新建“图层 3”图层；光标指向“图层 2”第 50 帧，当光标为空心箭头时右击它，在出现的快捷菜单中选择“复制帧”命令；右击“图层 3”第 51 帧，在出现的快捷菜单中选择“粘贴帧”命令；右击“图层 3”第 51 帧到第 90 帧任意一帧，在出现的快捷菜单中选择“删除补间”命令。

(2) 单击“图层 3”第 51 帧,执行菜单“修改”→“变形”→“垂直翻转”命令,再执行菜单“修改”→“变形”→“顺时针旋转 90°”,将兔子感觉从左往右跑步了。单击“图层 3”第 90 帧,按 F6 键插入关键帧,右击“图层 3”第 51 帧到 90 帧中的任意一帧,在出现的快捷菜单中选择“创建传统补间”命令。

(3) 右击“图层 3”图层,在出现的快捷菜单中选择“添加传统运动引导层”命令。在“图层 3”上方就出现了“引导层: 图层 3”图层。

(4) 单击“引导层: 图层 3”第 51 帧,选择“钢笔工具”,单击兔子图片中心一点,再在跑道右边单击一点,即画了一条直线,这条直线就是引导线,如图 6.44 所示。

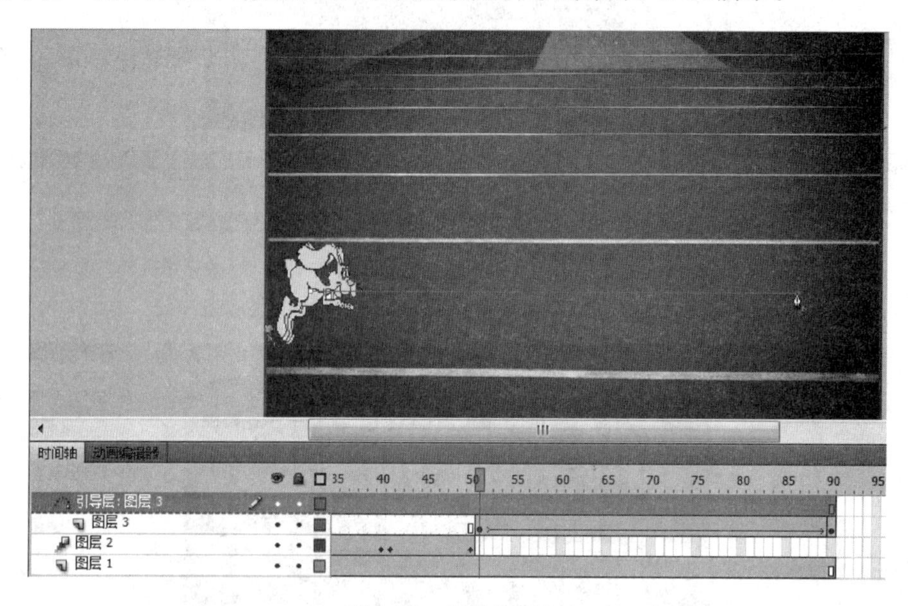

图 6.44　引导层制作

(5) 单击“选择工具”,单击“图层 3”第 51 帧,拖动兔子图片正好从引导线左端开始,如图 6.45(a)所示;单击“图层 3”第 90 帧,拖动兔子图片正好在引导线右端结束,如图 6.45(b)所示。选中工具箱中“紧贴至对象”工具 ,可以更容易地将对象对齐到引导线的端点,移动时可以明显地感觉到对象的中心点会自动吸附到引导线的端点上。

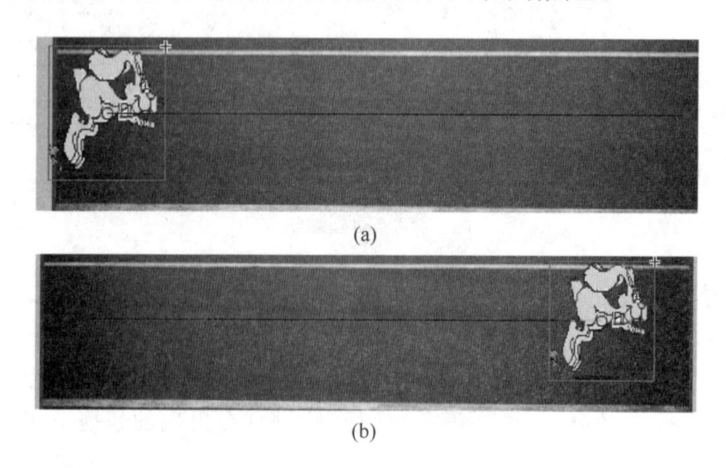

(a)

(b)

图 6.45　引导动画

(6) 按 Ctrl+Enter 键测试影片，此时兔子在跑道上跑步跑的是三段直线。保存影片为“兔子跑步.fla”。

(7) 单击时间轴上不同的补间区域，用选择工具调整运动路径使原来的直线变为曲线，如图 6.46 所示，再测试影片，观察效果，另存影片为“兔子跑步(弯线).fla”。

图 6.46　调整运动路径为曲线

6.8　案例六　移动的球

要求：通过“移动的球”的制作，熟悉和掌握椭圆工具、投影效果、发光效果、色彩效果等的应用，进一步掌握创建引导动画、元件、时间轴、图层、变形等应用。最终效果如图 6.47 所示。

图 6.47　移动的球效果

(1) 创建 Flash 新文档，将“图层 1”改名为“背景 1”，用椭圆工具绘制一个无填充色、笔触颜色红色、笔触为 5 的长椭圆，使用对齐工具使椭圆居中于舞台。复制“背景 1”图层，改名为“引导层 1”。选中“背景 1”图层，新建一个“球 1”图层，在该层绘制一个无笔触色的正圆，填充为渐变色。

(2) 右击“引导层 1”图层，在弹出的菜单中选择“引导层”命令，此时引导层 1 为 引导层 1，拖动“球 1”图层到“引导层 1”图层下方，使引导层 1 变成 引导层 1，表示引导设置成功。

(3) 右击“引导层 1”图层，在弹出的快捷菜单中选择“隐藏其他图层”命令，只显示“引导层 1”图层，用橡皮擦在椭圆上单击擦去一小部分。只显示“球 1”图层，选中并右击球，在弹出的菜单中选择“转换为元件”命令，转换成类型为“影片剪辑”的“球”元件。只显示“背景 1”图层，选中并右击椭圆，在弹出的菜单中选择“转换为元件”命令，转换成类型为“影片剪辑”的“椭圆”元件。转换成元件的目的是可以设置滤镜等效果。

(4) 按 Ctrl 键并单击一起选中“引导层 1”、“球 1”、“背景 1”图层，右击选中图层，在弹出的菜单中选择“复制图层”；将新复制的图层命名为引导层 2、球 2、背景 2。再复制引导层 2、球 2、背景 2，将新复制的图层命名为引导层 3、球 3、背景 3。

(5) 只显示“背景 2”图层，选中椭圆，用“变形”面板使其旋转 60°，同样设置“引导层 2”图层。只显示“背景 3”图层，选中椭圆，用“变形”面板使其旋转 120°，同样设置“引导层 3”图层。

(6) 只显示“球 1”和“引导层 1”图层，单击“球 1”第 50 帧，按 F6 键；单击“引导层 1”第 50 帧，按 F5 键；单击“背景 1”第 50 帧，按 F5 键。右击“球 1”层 1～50 的任意帧，选“创建传统补间”。单击“球 1”第 1 帧，移动球到椭圆缺口的一端；单击“球 1”第 50 帧，移动球到椭圆缺口的另一端。至此，一个球能沿着椭圆顺利移动了。

(7) 设置“背景 2”投影效果，设置“背景 3”发光效果，具体自己设置。设置“球 2”、“球 3”色彩效果的色调、高级等样式，具体自己调整，几个球的颜色最好能很好区分。参考第(6)步，使球 2、球 3 也能沿着椭圆移动。设计完时间轴和其中一帧的效果如图 6.48 所示。

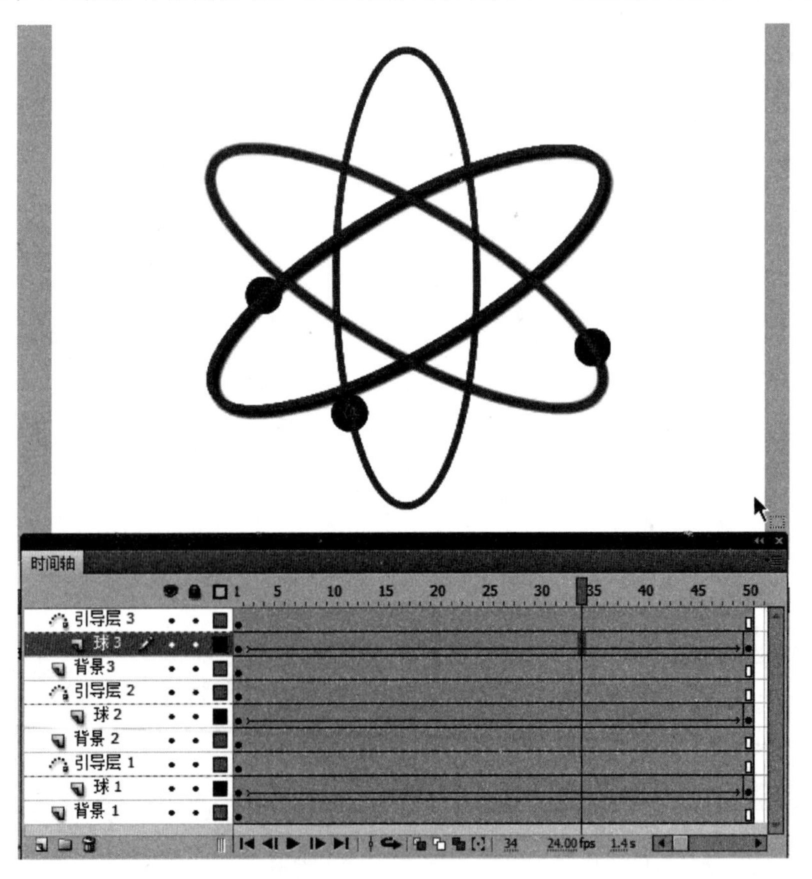

图 6.48　移动的球设计

(8) 保存影片为“移动的球.fla”,测试影片效果。

6.9 案例七 文字特效

要求:通过“文字特效”的制作,熟悉和掌握复制动画、预设动画、分散到图层等的应用,进一步掌握文本工具、创建传统补间动画、时间轴、图层、变形等应用。最终效果如图 6.49 所示。

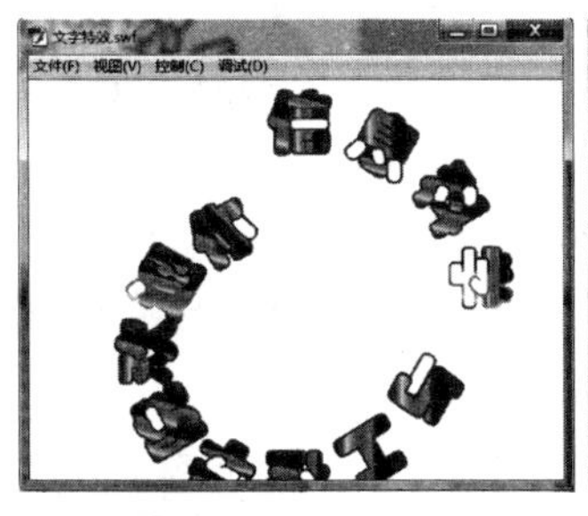
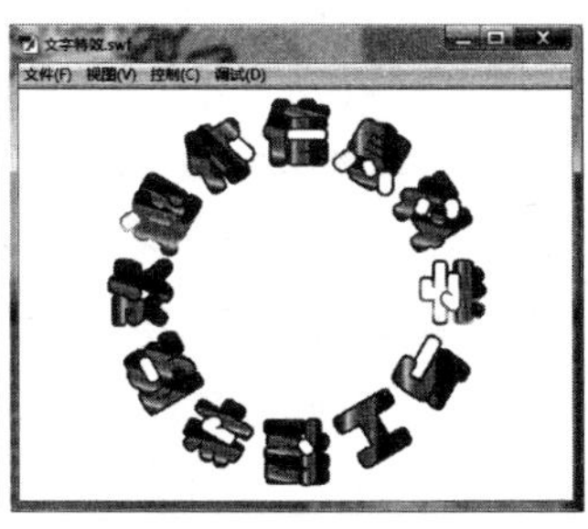
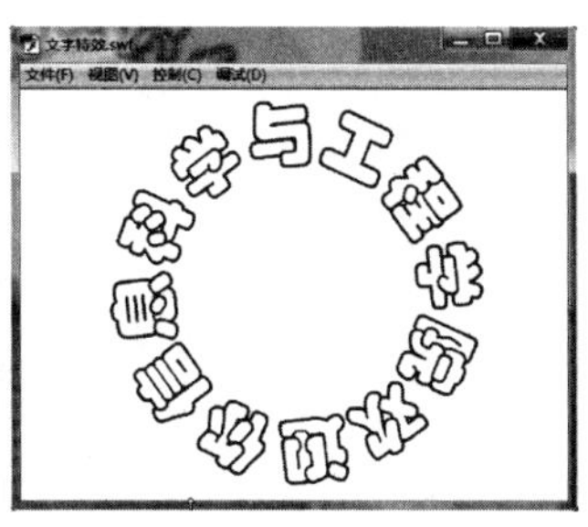

图 6.49 文字特效效果图

(1) 新建一个 Flash 文档,单击“文本工具”,设置“华文彩云、70 点”,在舞台上方中部位置输入一个“信”。用选择工具选择文字,再单击“任意变形工具”,拖动文字注册点到舞台中央位置。

(2) 打开“变形”面板,单击“重置选区和变形”1 次,此时看起来没什么反应;设置旋转为 30°单击“重置选区和变形”10 次。单击“文本工具”,光标指向要修改的文字单击,然后修改文字,原来所有字都是“信”,现在改成“信息科学与工程学院欢迎你”,如图 6.50 所示。

(3) 复制“图层 1”后,锁定“图层 1”图层。单击“图层 1 复制”图层,所有文字选中,右击选中的文字,在弹出的快捷菜单中选择“分散到图层”命令,删除“图层 1 复制”图层。按 Ctrl+A 键,选中所有文字,按 Ctrl+B 键分离文字,在“属性”面板中设置填充色为多彩色,使用“颜料桶工具”将文字填充成适合的颜色,如图 6.51 所示。

图 6.50 圆形文字

图 6.51 文字填充后

(4) 单击“信”图层,执行菜单“窗口”→“动画预设”命令,在“动画预设”面板中选择“从右边飞出”选项,如图 6.52 所示。单击“应用”按钮。右击“信”图层第 1 帧,在弹出的快捷菜单中选择“复制动画”命令；分别右击“息”、“科”、“学”图层第1帧，在弹出的快捷菜单中选择“粘贴动画”命令。这样“信”、“息”、“科”、“学”文字都应用了“从右边飞出”动画效果。

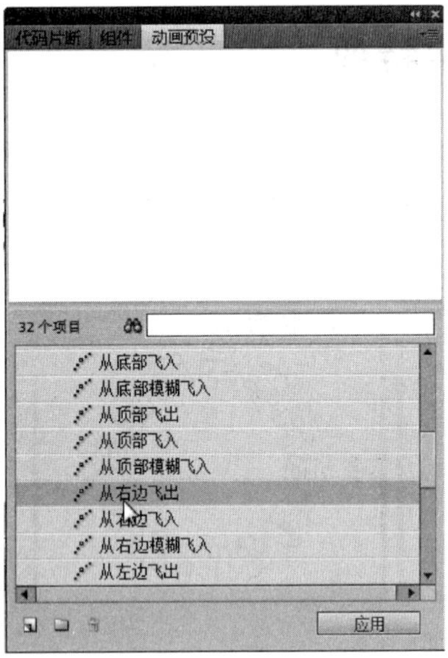

图 6.52 动画预设选择

(5) 将“与”、“工”、“程”、“学”、“院”文字都应用“从底部飞出”动画。将“欢”、“迎”、“你”文字也应用“从底部飞出”动画效果。

(6) 分别右击除“图层 1”图层外的所有图层第1帧，在弹出的快捷菜单中选择“翻转关键帧”命令。

(7) 单击“息”图层，将光标指向图层第1帧，拖动鼠标到第2帧，这样这一层动画从第2帧开始了。单击“学”图层，光标指向图层第1帧，拖动鼠标到第3帧，这样这一层动画从第3帧开始了，同样处理其他图层，使得各图层动画可依次出现。

(8) 选中所有图层第60帧，按F6键。拖动“图层 1”第1帧到第60帧，单击第80帧，按F6键，在第60～80帧之间创建传统补间。时间轴设计如图6.53所示。

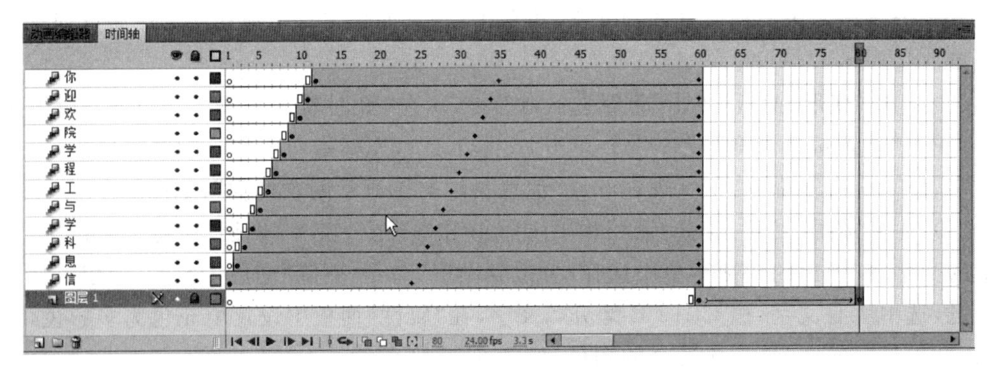

图 6.53 文字特效时间轴设计

(9) 保存影片为“文字特效.fla”，测试影片效果。

习 题 六

一、判断题

1. MP3 格式的声音文件不可以被导入到 Flash 中。

2. Flash 中 3 种元件分别是影片剪辑、图形和按钮。

3. 设置帧频就是设置动画的播放速度，帧频越大，播放速度越慢，帧频越小，播放速度越快。

4. 帧的类型有 3 种普通帧、空白关键帧和关键帧。

5. 按 F5 键可创建关键帧，按 F6 键可创建空白关键帧，按 F7 键可创建普通帧。

6. 如果想让一个图形元件从可见到不可见，应将其 Alpha 值从 0 调节到 100。

二、选择题

1. 在 Flash 时间轴上，选取连续的多帧或选取不连续的多帧时，分别需要按下什么键后，再使用鼠标进行选取？________。

A. SHIFT、ALT　　B. SHIFT、CTRL
C. CTRL、SHIFT　　D. ESC、TAB

2. 以下各种关于图形元件的叙述中，正确的是________。

A. 图形元件可重复使用　　B. 图形元件不可重复使用
C. 可以在图形元件中使用声音　　D. 可以在图形元件中使用交互式控件

3. 以下关于使用元件的优点的叙述中，不正确的是________

A. 使用元件可以使电影的编辑更加简单化
B. 使用元件可以使发布文件的大小显著地缩减
C. 使用元件可以使电影的播放速度加快
D. 使用电影可以使动画更加的漂亮

4. 以下关于逐帧动画和补间动画的说法中，正确的是________。

A. 两种动画模式 Flash 都必须记录完整的各帧信息
B. 前者必须记录各帧的完整记录，而后者不用
C. 前者不必记录各帧的完整记录，而后者必须记录完整的各帧记录
D. 以上说法均不对

5. 计算机显示器所用的三原色指的是________。

A. RGB(红色、绿色、蓝色)　　B. CMY(青色、洋红、黄色)
C. CMYK(青色、洋红、黄色、黑)　　D. HSB(色泽、饱和度、亮度)

6. 在 Flash 中，如果要对字符设置形状补间，必须按________键将字符打散？

A. Ctrl+J　　B. Ctrl+O　　C. Ctrl+B　　D. Ctrl+S

7. Flash 现在属于哪家公司？________

A. MacroMedia　　B. Sun　　C. Adobe　　D. MicroSoft

8. 关于矢量图形和位图图像，下面说法正确的是________。

A. 位图图像通过图形的轮廓及内部区域的形状和颜色信息来描述图形对象
B. 矢量图形比位图图像优越
C. 矢量图形适合表达具有丰富细节的内容
D. 矢量图形具有放大仍然保持清晰的特性，但位图图像却不具备这样的特性

9. 在 Flash 中，帧频率表示________。

A. 每秒钟显示的帧数　　B. 每帧显示的秒数
C. 每分钟显示的帧数　　D. 动画的总时长

10. Flash 作品之所以在 Internet 上广为流传，是因为采用了________技术。

A. 矢量图形和流式播放　　B. 音乐、动画、声效、交互
C. 多图层混合　　D. 多任务

11. 下列关于矢量图的叙述中，不正确的是________。

A. 矢量图是使用数学运算的方式显示各种形状对象

B. 矢量图中改变对象的大小，不会影响图片质量

C. Flash 动画之所以小巧玲珑与其大量使用矢量图形是分不开的

D. 矢量图文件在真实感上与位图不分上下

12. 下列有关位图(点阵图)的说法中，不正确的是________。

A. 位图是用系列彩色像素来描述图像

B. 将位图放大后，会看到马赛克方格，边缘出现锯齿

C. 位图尺寸愈大，使用的像素越多，相应的文件也愈大

D. 位图的优点是放大后不失真，缺点是不容易表现图片的颜色和光线效果

13. 下列关于工作区、舞台的说法中，不正确的是________。

A. 舞台是编辑动画的地方

B. 影片生成发布后，观众看到的内容只局限于舞台上的内容

C. 工作区和舞台上内容，影片发布后均可见

D. 工作区是指舞台周围的区域

14. 下列关于元件和元件库的叙述中，不正确的是________。

A. Flash 中的元件有三种类型

B. 元件从元件库拖到工作区就成了实例，实例可以复制、缩放等各种操作

C. 对实例的操作，元件库中的元件会同步变更

D. 对元件的修改，舞台上的实例会同步变更

15. Flash 源文件和影片文件的扩展名分别为________。

A. *.FLA、*.FLV　　B. *.FLA、*.SWF

C. *.FLV、*.SWF　　D. *.DOC、*.GIF

16. 时间轴上用空心小圆点表示的帧是________。

A. 普通帧　　B. 关键帧　　C. 空白关键帧　　D. 过渡帧

17. 测试影片的快捷键是________。

A. Ctrl+Enter　　B. Ctrl+Alt+Enter

C. Ctrl+Shift+Enter　　D. Alt+Shift+Enter

三、实践练习

1. 制作一个红色的五角星逐渐变形成为一朵黄色的花朵图形，再由花朵逐渐变回五角星的动画。

2. 使用补间动画制作汽车在崎岖道路上行驶的动画，使用缓动功能实现汽车慢慢加速的运动效果。

3. 使用引导层动画原理制作“庄周梦蝶”动画场景，多只蝴蝶在庄子周围飞舞。

4. 考题题目：

(1) 设置电影舞台的大小为 300×300 像素，背景色为淡黄色(颜色值为#FFFFCC)；

(2) 整个动画共占 30 帧；在舞台正中央绘制一个等边三角形 ABC；要求：

① 将等边三角形所在图层命名为“图形”层；

② 等边三角形的边长为 200 像素，底边 BC 水平，边线的颜色为蓝色、线宽为 2 像素，类型为实线，填充类型为无。

(3) 制作一个画出等边三角形底边上的高 AD 的形变动画；要求：

① 高单独占一层，名称为“高”层；

② 高的颜色为红色、线宽为 2 像素，类型为实线；

③ 高由长度为 1 像素的线段逐渐伸长得到，并以 A 点为起点。

(4) 标注字母 ABCD；要求：

① 所有标注字母单独占一层，并命名为“文字”层；

② 标注字母字体为隶书、颜色为红色、字号为 20、位置适当。

第7章 音频编辑与处理——Audition CS6

7.1 音频基础知识

声音是携带信息的重要媒体，自然界中存在各种各样的声音，也是多媒体的重要组成部分。声音是人们传递信息、交流感情时最方便、最熟悉的方式之一，在多媒体作品中加入数字化声音，能唤起人们在听觉上的共鸣，增强多媒体作品的趣味性和表现力。通常所说的数字化声音是数字化语音、声响和音乐的总称。

7.1.1 音频的基本概念

1. 认识声音

声音是由物体振动产生，声音是一种机械纵波，波是能量的传递形式，它有能量，所以能产生效果，但是它不同于光，光有质量、有能量、有动量，声音在物理上只有压力，没有质量。一切声音都是由物体振动而产生，声源实际是一个振动源，它使周围的媒介如气体、液体、固体等产生振动，并以波的形式从声源向四周传播，人耳如果能感觉到这种传来的振动，再反映到大脑，就听到了声音。正常人耳能够听见20Hz到20 000Hz的声音，而老年人的高频声音减少到10 000Hz或6000Hz左右。人们把频率高于20 000Hz的声音称为超声波，低于20Hz的称为次声波。

音频是个专业术语，人类能够听到的所有声音都称之为音频。声音被录制下来以后，无论是说话声、歌声、乐器都可以通过数字音乐软件处理，或是把它制作成CD，音频是存储在计算机里的声音。

音频信息用数字信号表示，实际上人耳听不到数字信号，只有模拟信号才能被人耳感知，但模拟信号在录制和处理过程中损失很大，计算机一般采用数字信号来表示声音。计算机在输出音频文件时，一般首先利用数模转换器(D/A转换器)把数字格式的音频文件通过一次D/A转换成模拟信号进行输出，从而产生人耳听到的各种声音。

数字音频(Audio)可分为波形声音、语音和音乐。

- 波形声音实际上已经包含了所有的声音形式，它可以将任何声音都进行采样量化，相应的文件格式是WAV文件或VOC文件。
- 语音也是一种波形，所以和波形声音的文件格式相同。
- 音乐是符号化了的声音，乐谱可转变为符号媒体形式。对应的文件格式是MID或CMF文件。

2. 声音三要素

声音的三要素是音调、音色和音强。就听觉特性而言，这三者决定了声音的质量。

(1) 音调：代表声音的高低，也称音高。声音的高低由“频率”决定，频率越高音调越高，频率的单位是 Hz(赫兹)。人的耳朵所能感知的范围一般为 20Hz～20kHz。频率高的声音被称为高音，频率低的声音被称为低音。

(2) 音色：音色是指声音的感觉特性，具有特色的声音，表示声音的品质。两个声音的音调和音强相等的情况下，其声音有不同的感觉，音色是由声音中所包含的谐波成分所决定的，与声音的频谱、波形、声压等参数有关。声压是由声波使空气的大气压发生变化的幅度，单位是 Pa(帕)。声压变动的幅度越大，声音就越大。不同的发声体由于材料、结构不同，发出声音的音色也就不同，如二胡和笛子的音色就不同。

(3) 音强：声音的强度，声音的大小，有时也被称为声音的响度，也就是常说的音量，音强是声音信号中主音调的强弱程度，是判别乐音的基础。衡量声音强弱有一个标准尺度，就是表示声音强弱的单位，通常使用 dB(Decibel，分贝)单位来表示。

7.1.2 音频数字化

当物体在空气中震动时，便会发出连续波，叫声波，这种波传到人的耳朵，引起耳膜震动，这就是人们听到的声音。声波在时间上和幅度(振幅)上都是连续变化的模拟信号，可用模拟正弦波形表示。模拟声音的录制是将代表声音波形的电信号转换到适当的媒体上，如磁带或唱片。播放时将记录在媒体上的信号还原为波形。模拟音频技术应用广泛，使用方便。但模拟的声音信号在多次重复转录后，会使模拟信号衰弱，造成失真。

音频数字化就是将模拟的(连续的)声音波形数字化(离散化)，通过采样和量化两个过程把模拟量表示的音频信号转换成由二进制数 1 和 0 组成的数字音频文件。如图 7.1 所示。

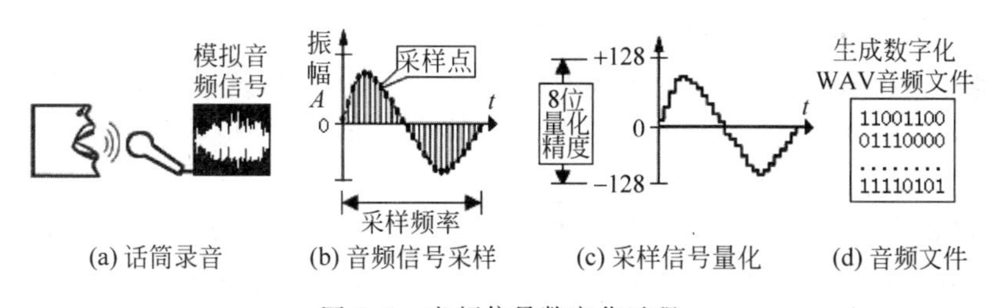

图 7.1 音频信号数字化过程

采样的目的是在时间轴上对信号数字化。量化的目的是在幅度轴上对信号数字化。

1. 采样

以适当的时间间隔观测模拟信号波形幅值的过程叫采样。采样频率是将模拟声音波形转换为数字时，每秒钟所抽取声波幅度样本的次数；也就是每秒钟对声音波形进行采样的次数，单位是 Hz(赫兹)。

当前常用的采样频率一般为 11.025kHz、22.05kHz、44.1kHz 和 48kHz 等。11.025kHz 的采样率获得的声音称为电话音质，基本上能让你分辨出通话人的声音；22.05kHz 称为广播音质；44.1kHz 称为 CD 音质。采样频率越高，声音失真越小、音频数据量也越大。

2. 量化

将采样时刻的信号幅值归整(四舍五入)到与其最接近的整数标度叫作量化。量化数据位数(也称量化级)是能够用来表示每个采样点的数据范围，经常采用的有 8 位、16 位、24 位和 32 位。

例如,8 位量化级表示每个采样点可以表示成 256 个(0～255)不同量化值,而 16 位量化级则是指每个采样点可表示成 65 536 个不同量化值。量化位数越高,表示区别声音的差别更细致,所以音质越好,数据量也越大。

3. 编码

量化后的整数,即存储在计算机中的数字化声音并不是声音的真正幅值,而是幅值代码。用一个二进制数码序列来表示量化后的整数称为编码。

4. 声道数

声道数是声音通道的个数,指一次采样的声音波形个数。记录声音时,如果每次生成一个声道波形数据,称为单声道;每次生成两个声波数据,称为立体声(双声道)。四声道环绕(4.1 声道)是为了适应三维音效技术而产生的,四声道环绕规定了 4 个发音点:前左、前右、后左、后右,并建议增加一个低音音箱,以加强对低频信号的回放处理。

5. 数字音频的存储量

可用以下公式估算声音数字化后每秒所需的存储量(未经压缩的)

存储数据量(B/s)=(采样频率×量化位数×声道数)/ 8

例如,数字激光唱盘(CD-DA)的标准采样频率为 44.1 kHz,量化位数为 16b,立体声。每秒钟 CD-DA 音乐所需的存储量为 44 100×16×2÷8 =176 400B(约合 172KB)。

7.1.3 音频文件格式

1. CD 格式

CD 是标准的激光唱片文件,文件扩展名为.cda。该格式的文件音质好,大多数音频播放软件都支持该格式。在播放软件的"打开文件类型"中,都可以看到"*.cda"格式,这就是 CD 音轨。标准 CD 格式是 44.1kHz 的采样频率,16 位量化位数,因此 CD 音轨近似无损,从而数据量很大。CD 音轨,通常被认为是具有最好音质的音频格式。

2. WAV 格式

WAV 格式是微软公司开发的一种声音文件格式,也称波形文件。文件扩展名为".wav",Windows 平台的音频信息资源都是 WAV 格式,几乎所有的音频软件都支持 WAV 格式。WAV 格式的声音文件质量和 CD 相差无几,但由于存储时不经过压缩,占用的存储空间也很大,因此,也不适合长时间记录高质量声音,但如果对声音质量要求不高,可降低频率采样,以减少存储空间。WAV 格式被称为"无损的音乐",它直接记录了真实声音的二进制采样数据。

3. MP3 格式

MP3 是对 MPEG Layer 3 的简称,是目前最热门的音乐文件。MP3 是 MPEG 标准中的音频部分,也就是 MPEG 音频层。根据压缩质量和编码处理的不同分为 3 层,分别对应*.mp1、*.mp2、*.mp3。MPEG 音频文件的压缩是一种有损压缩,MP3 音频编码具有 10:1～12:1 的高压缩率,同时基本保持低音频部分不失真,但是牺牲了声音文件中 12kHz 到 16kHz 高音频部分的质量来换取文件的尺寸,相同长度的音乐文件,用 MP3 格式来储存,一般只有 WAV 文件的 1/10,当然,音质要次于 CD 格式或 WAV 格式的声音文件。MP3 因为具有压缩比高、音质接近 CD、制作简单和便于交换等优点,非常适合在网上传播,是目前使用最多的音频格式文件。

4. MIDI 格式

MIDI 是 Musical Instrument Digital Interface(乐器数字接口)的缩写。它是由世界上主要电子乐器制造厂商建立起来的一个通信标准,并于 1988 年正式提交给 MIDI 制造商协会,已成为数字音乐的一个国际标准。MIDI 标准规定了电子乐器与计算机连接的电缆硬件以及电子乐器之间、乐器与计算机之间传送数据的通信协议等规范。MIDI 标准使不同厂家生产的电子合成乐器可以互相发送和接收音乐数据。

MIDI 记录的不是完整的声音波形,而是像记乐谱一样地记录下演奏的音乐特征,特别适合于记录电子乐器的演奏信息,通常称为电子音乐。最大优点是文件非常小,缺点是由于不是真正的记录数字化声音,因此只能播放简单的电子音乐。MIDI 文件主要用于原始乐器作品,流行歌曲的业余表演,游戏音轨以及电子贺卡等。

同样半小时的立体声音乐,MID 文件只有 200KB 左右,而 WAV 文件则要差不多 300MB。MIDI 格式的主要限制是:缺乏重现真实自然声音的能力。MIDI 只能记录标准所规定的有限种乐器的组合,而且回放质量受声卡上合成芯片的限制,难以产生真实的音乐演奏效果。

5. RM 格式

RM(Real Media)是 Real Networks 公司开发的网络流媒体文件格式。是目前在 Internet 上相当流行的跨平台的客户/服务器结构多媒体应用标准,它采用音视频流和同步回放技术来实现在 Intranet 上全带宽地提供最优质的多媒体,同时也能够在 Internet 上以 28.8Kbps 的传输速率提供立体声和连续视频。

RM 格式文件小但质量损失不大,适合在互联网上传输。这些文件格式是 Real 文件的主要格式,可以随网络带宽的不同而改变声音的质量,在保证大多数人听到流畅声音的前提下,令带宽较充裕的听众获得较好的音质。

6. APE 格式

APE 是目前流行的数字音乐文件格式之一。与 MP3 不同,APE 是一种无损压缩音频技术,庞大的 WAV 音频文件可以通过 Monkey's Audio 这个软件压缩为 APE,音频数据文件压缩成 APE 格式后,可以再还原,而还原后的音频文件与压缩前相比没有任何损失。APE 的文件大小大概为 CD 的一半,可以节约大量的资源,随着宽带的普及,APE 也成为最有前途的网络无损格式,因此,APE 格式受到了许多音乐爱好者的青睐。

7. VOF 格式

VQF 的音频压缩率比标准的 MPEG 音频压缩率高出近一倍,可以达到 18∶1 左右甚至更高。一首 4 分钟的 WAV 文件的歌曲压成 MP3,大约需要 4MB 左右的硬盘空间,使用 VQF 音频压缩技术,只需要 2MB 左右的硬盘空间。相同情况下压缩后 VQF 的文件体积比 MP3 小 30%~50%,更便利于网上传播,同时音质较好,接近 CD 音质。它是 YAMAHA 公司的专用音频格式。采用减少数据流量但保持音质的方法来达到更高的压缩比,该文件格式并不常见。

8. WMA 格式

WMA(Windows Media Audio),它和日本 YAMAHA 公司开发的 VQF 格式一样,是以减少数据流量但保持音质的方法来达到比 MP3 压缩率更高的目的,WMA 的压缩率一般都可以达到18∶1左右，WMA的另一个优点是内容提供商可以通过DRM(Digital Rights Management)方案，如Windows Media Rights Manager 7，加入防复制保护。这种内置了版权保护技术可以限制播放时间和播放次数，甚至播放的机器等。另外WMA还支持音频流(Stream)技术，适合在互联网上在线播放。

9. OGGVorbis格式

OGGVorbis是一种新的音频压缩格式，类似于MP3等现有的音乐格式。但有一点不同的是，它是完全免费、开放和没有专利限制的。OGGVorbis文件的扩展名是.ogg。OGGVorbis采用有损压缩，但通过使用更加先进的声学模型减少了损失，因此，相同码率编码的OGGVorbis比MP3音质更好一些，文件也更小一些。目前，OGGVorbis虽然还不普及，但在音乐软件、游戏音效、便携播放器、网络浏览器上已得到广泛支持。

10. AMR格式

自适应多速率宽带编码(Adaptive Multi-Rate)，采样频率为16kHz，是一种同时被国际标准化组织ITU-T和3GPP采用的宽带语音编码标准，也称为G722.2标准。AMR-WB提供语音带宽范围达到50～7000Hz，用户可主观感受到话音比以前更加自然、舒适和易于分辨。主要用于移动设备的音频，压缩比率较大，但相对于其他的压缩格式来说质量较差。

11. FLAC格式

FLAC(Free Lossless Audio Codec)，是一种自由音频压缩编码技术，是一种无损压缩技术。不同于其他有损压缩编码如MP3，它不会破坏任何原有的音频资讯，所以可以还原音乐光盘音质，现在它已被很多软件及硬件音频产品所支持。

7.1.4 常用声音编辑软件

声音数字化转换软件，把声音转换成数字化音频文件。代表性的软件有：

- Esay CD-DA Extractor——把光盘音轨转换成WAV格式的数字画音频文件。
- Exact Audio Copy——把多种格式的光盘音轨转换成WAV格式的数字化音频文件。
- Real Jukebox——在Internet互联网上录制、编辑、播放数字音频信号。

声音编辑处理软件。可对数字化声音进行剪辑、编辑、合成和处理，还可以对声音进行声道模式变换、频率范围调整、生成各种特殊效果、采样频率变换、文件格式转换等。典型的软件有：

- Adobe Audition(前身是Cool Edit Pro)——带有数字录音、编辑功能强大、系统庞大的声音处理软件。
- Gold wave——带有数字录音、编辑、合成等功能的声音处理软件。
- Acid WAV——声音编辑与合成器。

声音压缩软件。通过某种压缩算法，把普通的数字化声音进行压缩，在音质变化不大的前提下，大幅度减少数据量，以利于网络传输和保存。常见的软件有：

- L3Enc——将WAV格式的普通音频文件转换成MP3格式的文件。
- Xingmp3 Encoder——把WAV格式的音频文件转换成MP3格式的文件。
- WinDAC32——把光盘音轨直接转换并压缩成MP3格式的文件。

7.2　Adobe Audition CS6 简介

Adobe 公司推出 Adobe Audition 软件，这是一个完整的、应用于运行 Windows 系统的 PC 上的多音轨唱片工作室。该产品此前叫作 Cool Edit Pro 2.1，在 2003 年 5 月从 Syntrillium Software 公司成功购买。Audition 是 Adobe 公司开发的一款功能强大、效果出色的多轨录音和音频处理软件。它是一个非常出色的数字音乐编辑器和 MP3 制作软件。不少人把它形容为音频“绘画”程序。

Adobe Audition 提供了高级混音、编辑、控制和特效处理能力，是一个专业级的音频工具，允许用户编辑个性化的音频文件、创建循环、引进了 45 个以上的 DSP 特效以及高达 128 个音轨。拥有集成的多音轨和编辑视图、实时特效、环绕支持、分析工具、恢复特性和视频支持等功能，为音乐、视频、音频和声音设计专业人员提供全面集成的音频编辑和混音解决方案。它包括了灵活的循环工具和数千个高质量、免除专利使用费(royalty-free)的音乐循环，有助于音乐跟踪和音乐创作。提供了直觉的、客户化的界面，允许用户删减和调整窗口的大小，创建一个高效率的音频工作范围。一个窗口管理器能够利用跳跃跟踪打开文件的特效和各种爱好，批处理工具可以高效率处理诸如对多个文件的所有声音进行匹配、把它们转化为标准文件格式之类的日常工作。

Adobe Audition 为视频项目提供了高品质的音频，允许用户对能够观看影片重放的 AVI 声音音轨进行编辑、混合和增加特效。广泛支持工业标准音频文件格式，包括 WAV、AIFF、MP3、MP3PRO 和 WMA，还能够利用达 32 位的位深度来处理文件，取样速度超过 192 kHz，从而能够以最高品质的声音输出磁带、CD、DVD 或 DVD 音频。

Adobe Audition 的最新版本是 Adobe Audition CS6，本书以 Adobe Audition CS6 为例进行讲解。

7.3　案例　古诗录制编辑配乐

要求：熟悉 Adobe Audition CS6 软件，录制《明日歌》古诗的配音，进行简单编辑，并进行人声处理，最后给古诗配乐。

1. 录音

录制《明日歌》古诗，将录音文件分别保存为“明日歌.wav”和“明日歌.mp3”。

(1) 录音准备：请将自备带麦克风的耳机(一般手机自带的耳麦即可)连接计算机，戴上耳机；将计算机系统音量调到最大。

(2) 启动 Adobe Audition CS6，执行菜单“文件”→“新建”→“音频文件”命令，打开“新建音频文件”对话框，如图 7.2 所示，单击“确定”按钮，进入“波形编辑”视图。

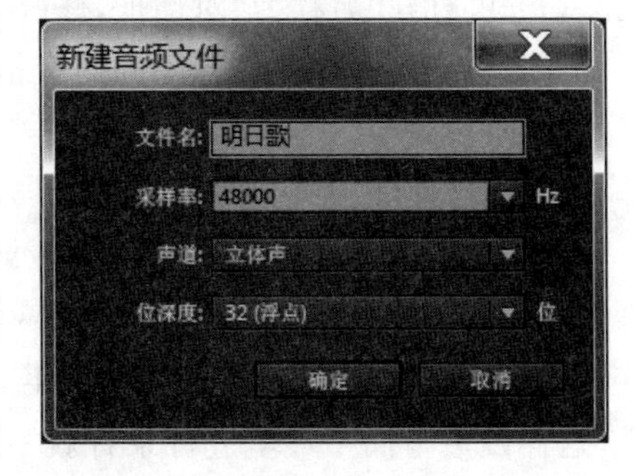

图 7.2　“新建音频文件”对话框

(3) 单击“编辑器”面板控制中的“录制”按钮 ■，为了以后给声音进行降噪处理，过几秒钟后才开始正式录音。录音文字如下：

明日歌

明日复明日，明日何其多。

我生待明日，万事成蹉跎。

世人苦被明日累，春去秋来老将至。

朝看水东流，暮看日西坠。

百年明日能几何？请君听我明日歌。

(4) 如果硬件和软件设置正常，在波形编辑视图中，编辑器会显示出录制的声音波形。录音完成后音频波形如图 7.3 所示。

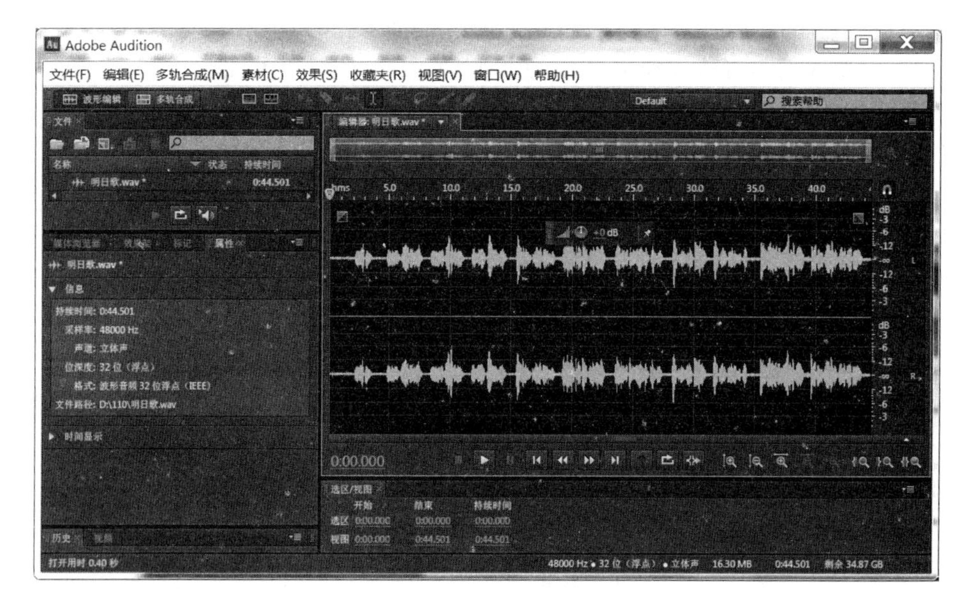

图 7.3　波形编辑器

(5) 录音结束时再次单击“录制”按钮即可停止录音。如果录制不理想，可以不保存文件，或者，利用 Ctrl＋A 快捷键全选后，单击 Delete 键删除后重新开始录音。

(6) 执行菜单“文件”→“另存为”命令，打开如图 7.4 所示的“另存为”对话框，选择文件存储位置，输入文件名“明日歌”，单击“确定”按钮。将录制好的声音保存为声音文件，默认将声音波形存储为 WAV 波形文件。

(7) 再打开“另存为”对话框，修改文件格式为“MP3 音频”，如图 7.5 所示，保存为“明日歌(原来).mp3”文件。比较不同声音格式的文件大小。

2. 人声处理

1) 降噪处理

拖动选择部分录制前的环境噪声波形，执行菜单“效果”→“降噪/修复”→“降噪(破坏性处理)”命令，打开“效果-降噪”对话框，如图 7.6 所示，降噪参数采用默认值，单击“采集噪声样本”按钮，采集当前选区为噪声样本。单击“保存”按钮，把噪音样本保存到指定的文件，这样以后再同一环境进行录音就不需要再采集噪声样本了，通过“加载”按钮，加载硬盘中的噪声样本。

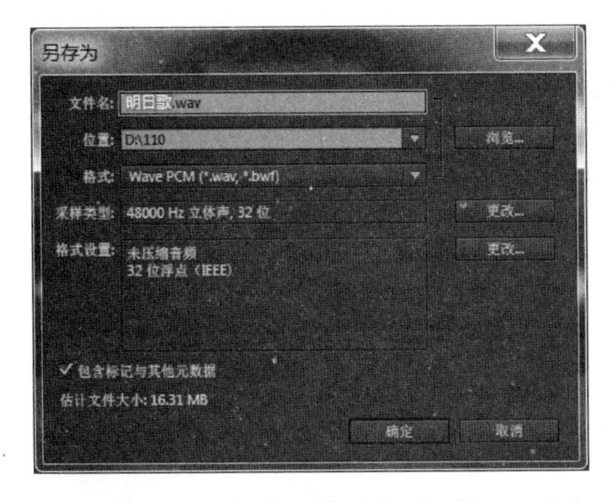

图 7.4　以 WAV 格式保存

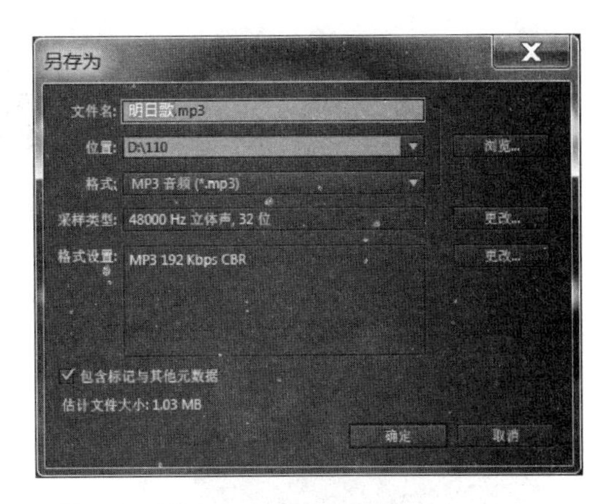

图 7.5　以 MP3 格式保存

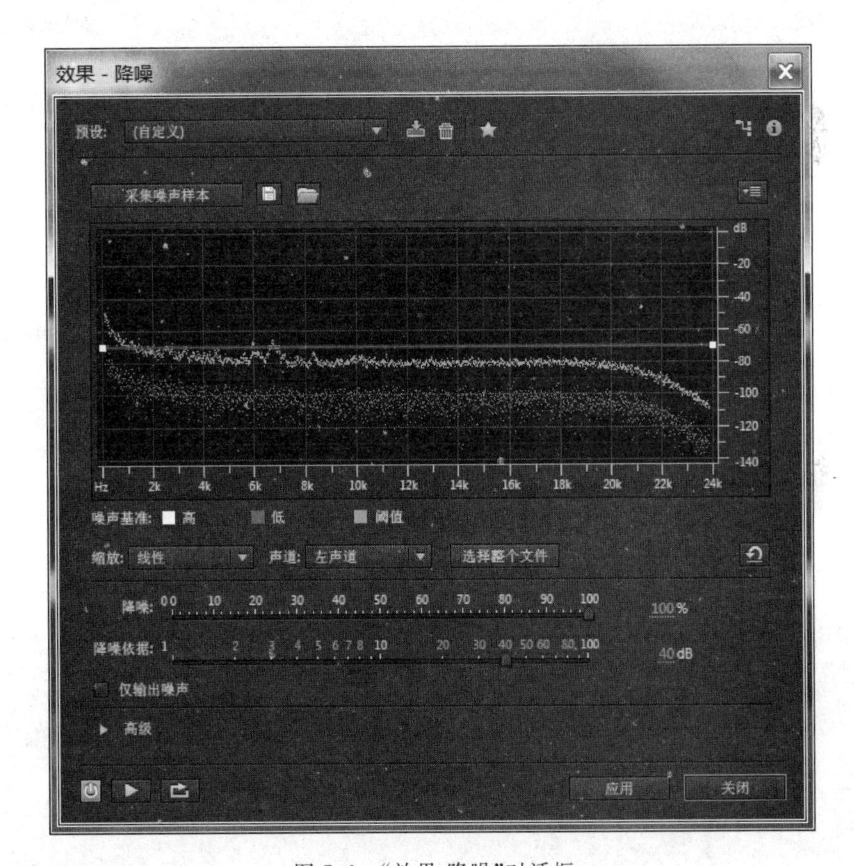

图 7.6　“效果-降噪”对话框

单击“选择整个文件”按钮，将需要降噪的整个波形选中，然后单击“应用”按钮开始降噪处理。降噪后波形如图 7.7 所示。

2）标准化处理

标准化属于幅度类效果器，用于将声音提升到最大不失真的音量。执行菜单“效果”→“振幅与压限”→“标准化(破坏性处理)”命令，打开如图 7.8 所示的“标准化”对话框，单击“确定”按钮即可标准化波形振幅。

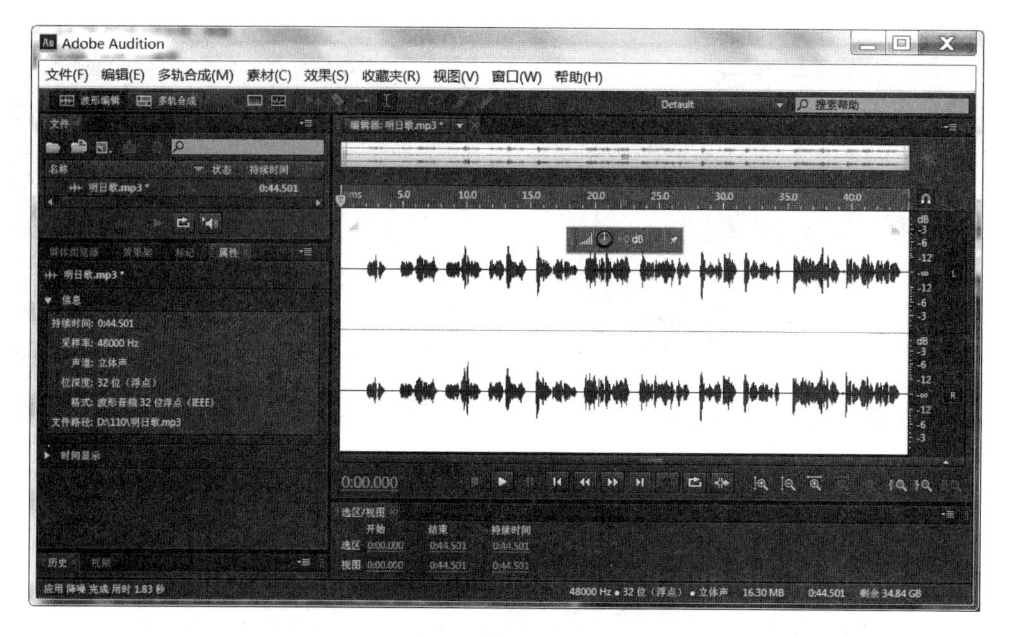

图 7.7　降噪后波形

标准化后波形如图 7.9 所示。

3）压限处理

压限处理是使声音幅度的变化更加平滑，避免声音的忽高忽低，调节某个范围内的声音电平的大小。把振幅很高的波形降低，振幅较低的则进行适当提升。执行菜单“效果”→“振幅与压限”→“动态处理”命令，打开如图 7.10 所示的“效果-动态处理”对话框。

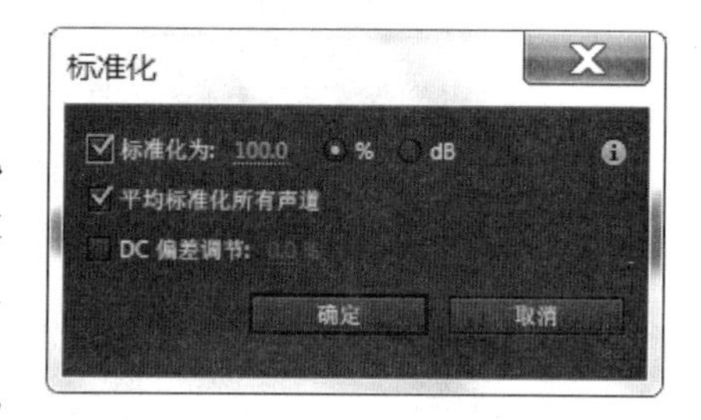

图 7.8　“标准化”对话框

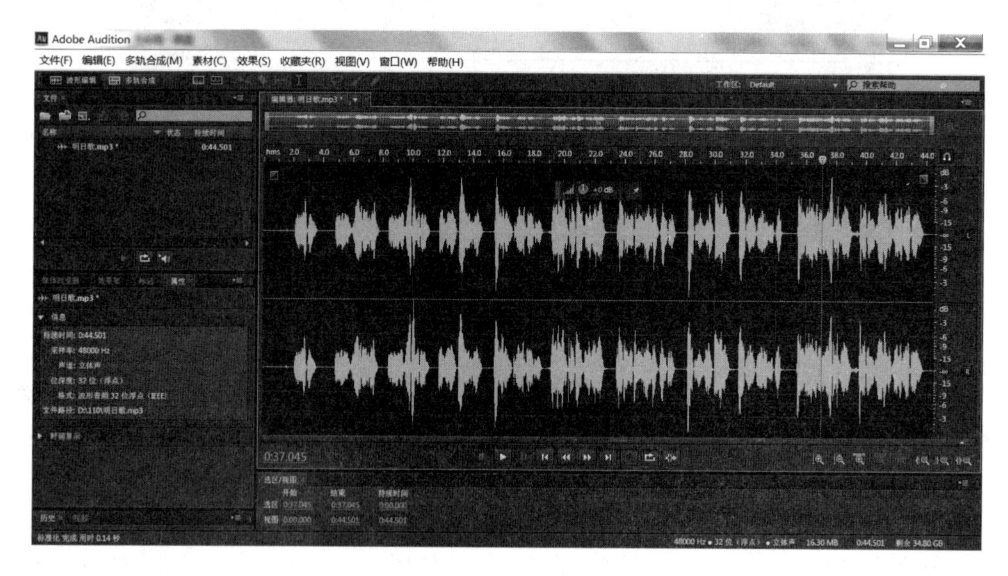

图 7.9　标准化后波形

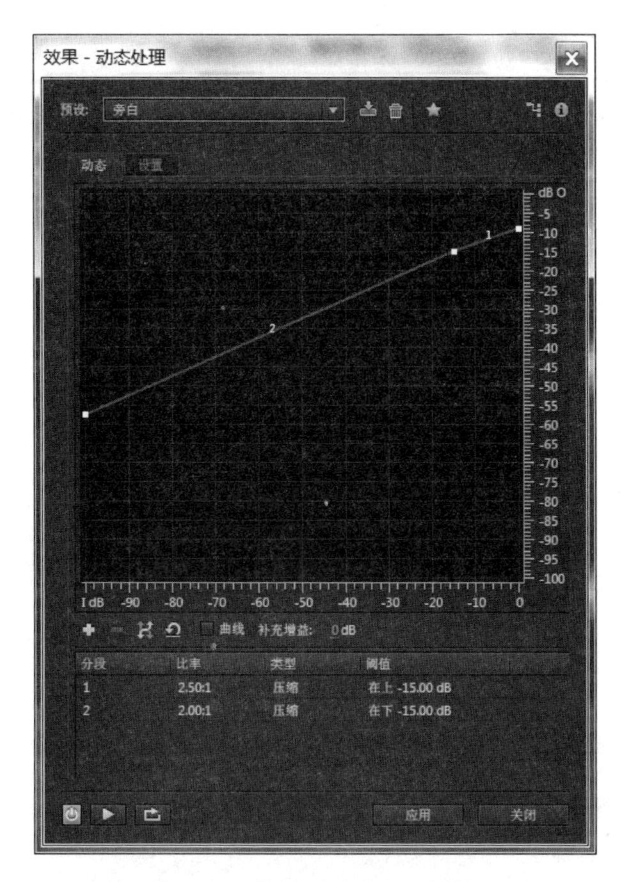

图 7.10 "效果-动态处理"对话框

横坐标表示输入音量的大小,从左到右递增,纵坐标表示经过效果处理器后的声音大小,从下往上递增,默认为一根斜线,表示输入与输出一样。可以在曲线上单击增加控制点,用鼠标拖动控制点可以改变动态处理曲线的形状,来实现所需要的处理效果。这里在"预设"下拉列表框中选择"旁白"选项。单击"应用"按钮即可使声音变化更加平缓。另保存文件为"明日歌(已处理).mp3"。

4) 声音的变速与变调处理

声音的变速用于处理声音的速度与持续的时间变化。变调用于对声音进行特殊的声音效果处理,比如效果有男声变女声、女声变男声、童声处理等。主要效果选项有:

- Speed Up——声音加快。
- Slow Down——声音变慢。
- Raise Pitch——男声变女声。
- Lower Pitch——女声变男声。
- Helium——童声。

执行菜单"效果"→"时间与变调"→"伸缩与变调(破坏性处理)"命令,打开如图 7.11 所示的"效果-伸缩与变调"对话框。

这里在"预设"下拉列表框中选择 Helium 选项。

单击"预演播放"▶按钮可以预听声音变调效果,单击"确定"按钮可实现声音变调处

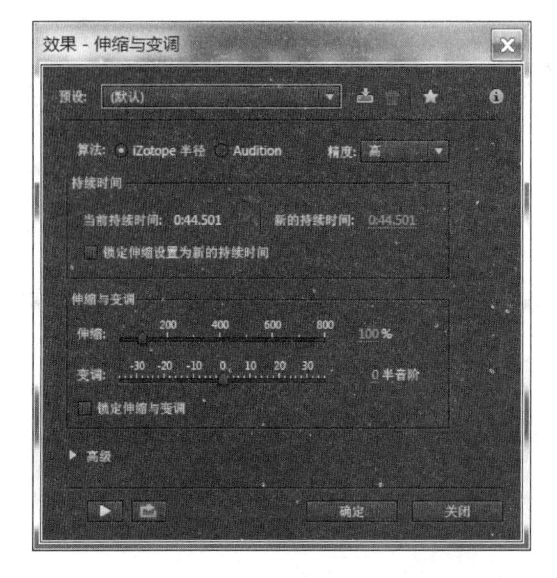

图 7.11 “效果-伸缩与变调”对话框

理。另存声音文件为“明日歌(变).mp3”。

3. 配乐

1) 导入背景音乐并裁剪

(1) 执行菜单“文件”→“导入”→“文件”命令,打开“导入文件”对话框,选择相应的背景音乐(比如“时间都去哪了.mp3”)文件。

(2) 双击打开该文件,在单轨编辑状态下,利用选区/视图窗口选取 3:16~4:06 秒,如图 7.12 所示。右击选区,在弹出的快捷菜单中选择“裁剪”命令。另存已裁剪的声音文件为“时间都去哪了(裁剪).mp3”。

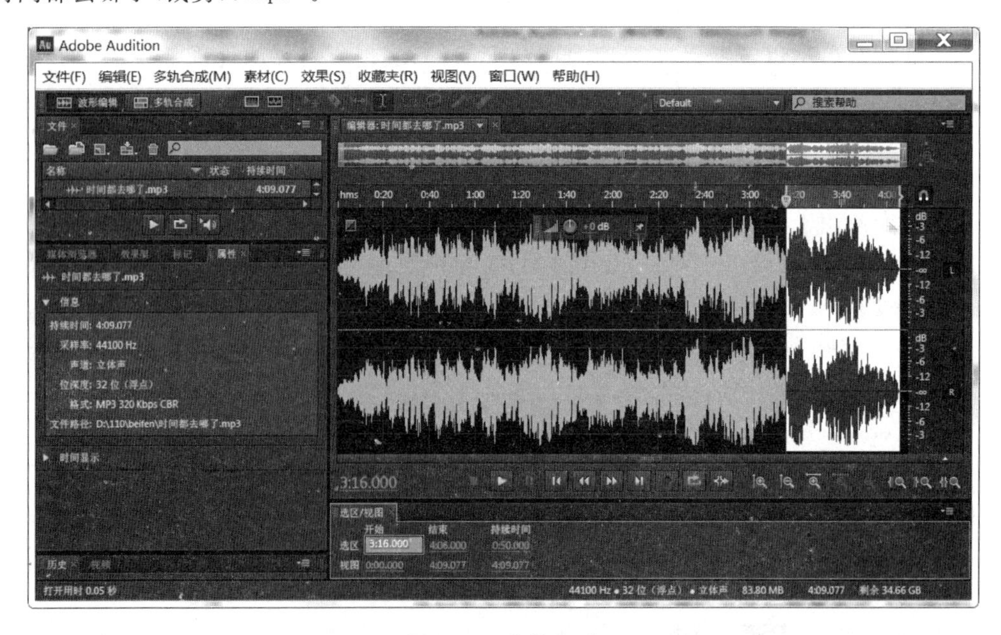

图 7.12 裁剪音乐

2）多轨编排

(1) 执行菜单“视图”→“多轨编辑器”命令，打开“新建多轨项目”对话框，选择相应的文件夹保存位置，项目名称为“明日歌朗诵”。如图 7.13 所示。

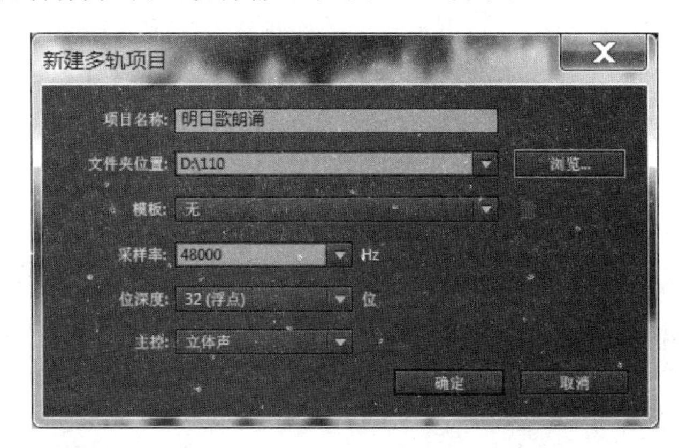

图 7.13 “新建多轨项目”对话框

(2) 右击背景音乐“时间都去哪了(裁剪)”，在弹出的快捷菜单中选择“插入到多轨合成”→“明日歌朗诵”命令。右击“明日歌(变)”，同样插入到多轨。如图 7.14 所示。使背景音乐在轨道 1，诗歌朗诵在轨道 2。

图 7.14 多轨合成

(3) 向右拖动轨道 2 中的明日歌(变)最开始位置，使其从 2s 处开始。

3）音量包络编辑

包络是指某个参数随时间的变化。音量包络是指音频波形随时间变化而产生的音量变化，也就是音量变化的走势曲线。通过控制音量包络曲线来改变某个音轨上音频信号的音量大小，是非常直观的方法。

多轨编辑状态下，每个音频轨道波形上有一根黄褐色的音量包络控制线，光标指向它时显示为“音量”。直接往上拖曳该包络线，可以使音量提升，往下拖曳可以降低音量，单击它可添加控制点，拖曳这些控制点可以改变音量的大小。

淡化是指音量的逐渐变化，音量由小到大的变化称为淡入，音量由大到小的变化称为淡出。针对选中激活的波形，在左上方有一个“淡入”图标，往右拖曳该图标即可快速拉出一根淡入包络线。在右上方有一个“淡出”图标，往左拖曳该图标即可快速拉出一根淡出包络线。

参照图 7.15，试着拖动音量包络线，并设置淡入淡出效果。

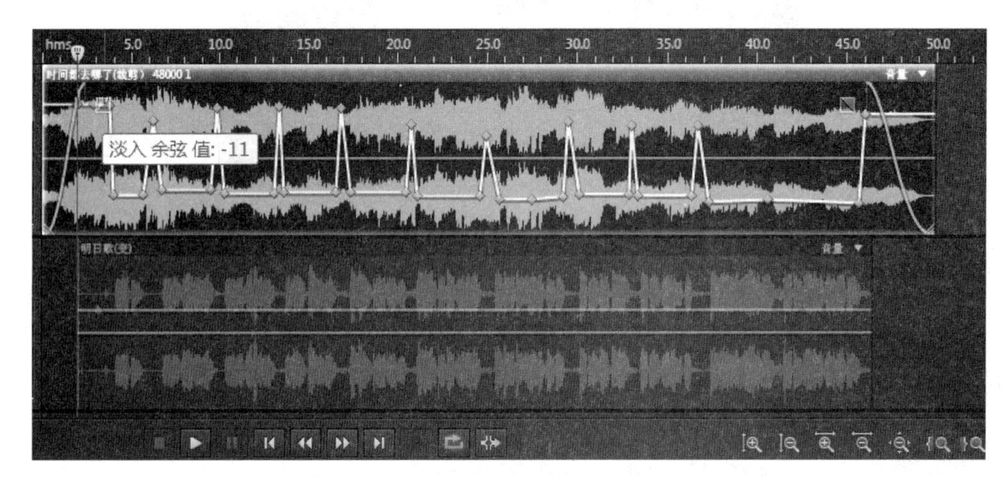

图 7.15　音量包络线

4）将诗歌和背景音乐混缩到新文件

执行菜单“文件”→“导出”→“多轨混缩”→“整个项目”命令，打开“导出多轨缩混”对话框，选择相应的文件夹位置，选择 MP3 格式，文件名为“明日歌朗诵_缩混”，如图 7.16 所示。单击“确定”按钮即可完成混缩输出。

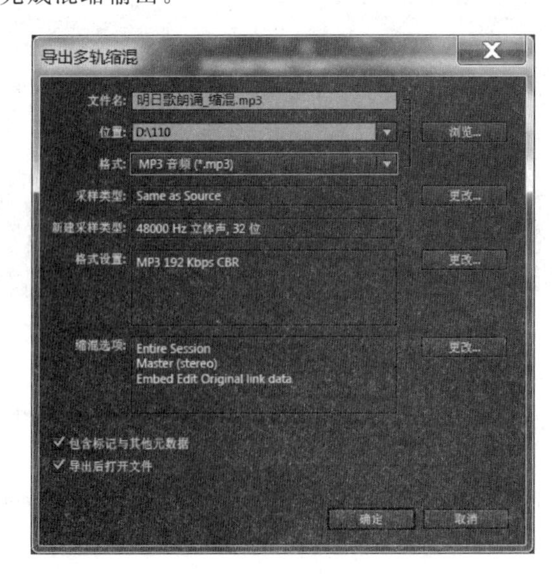

图 7.16　混缩输出

5）为混缩文件添加混响效果

关闭 Adobe Audition 应用程序。然后将“明日歌朗诵_缩混.mp3”文件用 Adobe Audition 应用程序打开，在单轨编辑界面，执行菜单“效果”→“混响”→“完整混响”命令，打开“效果-完整混响”对话框，在“预设”下拉列表框中选择“Lecture Hall”，如图 7.17 所示，单击“应用”按钮。利用“文件”→“另存为”菜单，保存声音文件名为“明日歌朗诵_完成”。

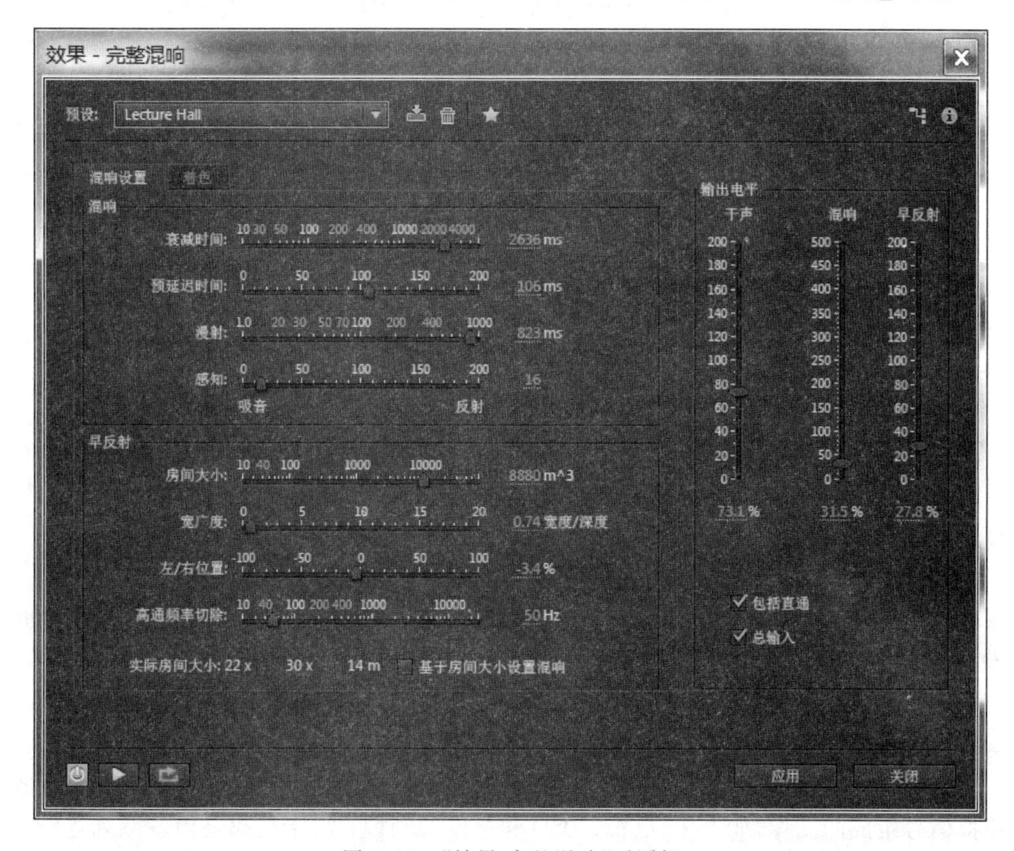

图 7.17 “效果-完整混响”对话框

习 题 七

1. 任选一些音频素材，通过 Adobe Audition 进行编辑并添加一定效果，制作一段有个性的手机铃声。

2. 下载自己喜欢的歌曲伴奏，用 Adobe Audition 录制并合成一首音乐作品。

第8章 视频编辑与集成——Premiere Pro CS6

8.1 视频基础知识

动画一般是由绘制的画面组成的，视频一般是由摄像机摄制的画面组成的。视频来源于数字摄像机、数字化的模拟摄像资料、视频素材库等。

8.1.1 视频概述

1. 视频的定义

视频(video)是一组连续画面信息的集合，连续的图像变化每秒超过24帧(frame)画面以上时，根据视觉暂留原理，人眼无法辨别单幅的静态画面，看上去是平滑连续的视觉效果，这样连续的画面叫作视频。

视频是由一系列静态图像按一定顺序排列组成，每一幅称为一帧。当这些图像以一定速率连续地投射到屏幕上时，由于人眼视觉滞留效应，便产生了运动的效果。当速率达到12帧/秒(12fps)以上时，就可以产生连续视频效果，典型的帧速率从24～30p/s(帧/秒)，这样的视频图像看起来既是连续的又是平滑的。

2. 视频的分类

按照信号组成和存储方式的不同，视频分为模拟视频和数字视频。模拟视频是由连续的模拟信号组成的图像，如电影、电视、VCD和录像的画面；数字视频是由一系列连续的数字图像和一段同时播放的数字伴音共同组成的多媒体文件。NTSC、PAL和SECAM制式的电视信号均是模拟视频信号，用普通摄像机摄制的视频信号也是模拟视频信号。HDTV制式的电视信号和用数字摄像机摄制的视频信号是数字视频信号。

视频可分为全屏幕视频和全运动视频，全屏幕视频是指显示的视频图像充满整个屏幕，因此它与显示分辨率有关；全运动视频是指以每秒30帧的画面刷新速度进行播放，这样可以消除闪烁感，使画面连贯。

3. 电视制式

电视制式即电视的播放标准。不同的电视制式，对电视信号的编码、解码、扫描频率以及画面的分辨率均不相同。在计算机系统中，要求计算机处理的视频信号应与和计算机连接的视频设备的电视制式相同。常见的电视制式有如下几种：

NTSC(全国电视系统委员会)制式：美国研制的一种与黑白电视兼容的彩色电视制式，它规定每秒钟播放30帧画面，每帧图像有526行像素，场扫描频率为60Hz，隔行扫描，屏幕的宽高比为4∶3。美国、加拿大和日本采用这种制式。

PAL(逐行倒相)制式：前联邦德国研制的一种与黑白电视兼容的彩色电视制式，它规定每秒钟播放 25 帧画面，每帧图像有 625 行像素，场扫描频率为 50Hz，隔行扫描，屏幕的宽高比为 4∶3。中国和欧洲的多数国家采用这种制式。

SECAM(顺序与存储彩色电视系统)制式：法国研制的一种与黑白电视兼容的彩色电视制式，它规定每秒钟播放 25 帧画面，每帧图像有 625 行像素，场扫描频率为 50Hz，隔行扫描，屏幕的宽高比为 4∶3。它采用的编码和解码方式与 PAL 制式完全不同。法国、俄罗斯和东欧的一些国家都采用这种制式。

HDTV(高清晰度电视)制式：HDTV 制式的电视信号和用数字摄像机摄制的视频信号都是数字视频信号。数字视频信号也可以通过对模拟视频信号进行采样、模/数转换、色彩空间变换等处理后转换为数字视频信号。它规定，传输的信号全部数字化，每帧的扫描行数在 1000 行以上，逐行扫描，屏幕的宽高比为 16∶9。它是正在发展的电视制式。

8.1.2 视频的采集和处理

视频动态图像是由多幅连续的单帧图像序列构成的。当每一帧图像为实时获取的自然景物或活动对象时，称之为动态影像视频，简称动态视频或视频(Video)。视频同动画媒体相比，视频是对现实世界的真实记录。借助计算机对多媒体的控制能力，可以实现视频的播放、暂停、快速播放、反序播放、单帧播放等功能。

视频卡是视频信号采集中的重要设备，是 PC 上用于处理视频信息的设备卡。其主要功能是将模拟视频信号转换成数字化视频信号或将数字信号转换成模拟信号。视频卡根据功能不同可分为多种类型。

(1) 视频采集卡：用于将摄像机、录像机等设备播放的模拟视频信号经过数字化采集到计算机中。

(2) 压缩/解压缩卡：用于将静止和动态的图像按照 JPEG/MPEG 标准进行压缩或还原。

(3) 视频输出卡：用于将计算机中加工处理的视频信息转换编码，并输出到电视机等设备上。

(4) 电视接收卡：用于将电视机中的节目通过该设备卡的转换处理，在计算机的显示器上播放。

8.1.3 视频信息表示

要想使用计算机对视频信息进行处理，必须将模拟视频图像数字化。视频数字化过程同音频相似，在一定时间内以一定速度对单帧视频图像进行采样、量化和编码等过程，实现模数转换、彩色空间变换和编码压缩等，这些通过视频捕捉卡和相应软件来实现。在数字化后，如果视频信息不加以压缩，其数据量为：

数据量＝帧速率×每幅图像的数据量

例如，要在计算机连续显示分辨率为 1280×1024 的 24 位真彩色高质量电视图像，按每秒 30 帧计算，显示 1 秒钟，则需要：

1280(列)×1024(行)×24÷8(B)×30(帧/s)≈112.6(MB)

一张 650MB 光盘只能存放 6 秒钟左右的电视图像，可见在所有媒体中，数字视频数据量最大，而且视频捕捉和回放要求很高的数据传输率，因此视频压缩和解压缩是需要解决的关键技术之一。数字视频数据量巨大,通常采用特定的算法对数据进行压缩,根据压缩算法的不同,保存数字视频信息的文件格式也不同。

8.1.4 视频文件格式

1. MPEG 文件格式

MPEG(Moving Pictures Experts Group)即活动图像专家组,始建于1988年,专门负责为CD建立视频和音频标准,其成员均为视频、音频及系统领域的技术专家。目前MPEG已完成MPEG-1、MPEG-2、MPEG-4、MPEG-7以及MPEG-21等多个标准版本的制定,适用于不同带宽和数字影像质量的要求。

MPEG文件格式是运动图像压缩算法的国际标准,它采用有损压缩方法减少运动图像中的冗余信息,同时保证每秒30帧的图像动态刷新率,已被几乎所有的计算机平台共同支持。MPEG标准包括MPEG视频、MPEG音频和MPEG系统(视频、音频同步)三个部分,MP3音频文件就是MPEG音频的一个典型应用,而Video CD(VCD)、Super VCD(SVCD)、DVD(Digital Versatile Disk)则是全面由MPEG技术所产生的新型消费类电子产品。

使用MPEG方法进行压缩的全运动视频图像,在适当的条件下,可在1024×768的分辨率下以每秒24、25或30帧的速率播放有128 000种颜色的全运动视频图像和同步CD音质的伴音。大多数视频处理软件都支持MPG格式的视频文件。

MPEG4格式是一种非常先进的多媒体文件格式,能够在不损失画质的前提下大大缩小文件的尺寸,将DVD格式压缩为MPEG-4以后,体积缩小到只有原来的四分之一,但是画质没有任何损害。

MPG格式文件扩展名是.mpg。MPG还有两个变种:MPV和MPA。MPV只有视频不含音频,MPA是不包含视频的音频。

2. AVI 文件格式

AVI是音频视频交错(Audio Video Interleaved)的英文缩写,它是Microsoft公司开发的一种符合RIFF文件规范的数字音频与视频文件格式,最早用于Microsoft Video for Windows,现在Windows、OS/2等多数操作系统都直接支持该格式。

AVI是由Microsoft公司开发的一种数字音、视频文件格式,音频视频交错是它专业的称呼。该格式文件是一种不需要专门硬件支持就能实现音频与视频压缩处理、播放和存储的文件,AVI格式文件的扩展名是.avi。AVI文件将视频和音频信号混合交错地存储在一起,较好地解决了音频信息与视频信息同步的问题。一般可实现软回放每秒播放15帧,具有从硬盘或光盘播放、在内存容量有限的计算机上播放、快速加载和播放以及高压缩比、高视频序列质量等特点。

AVI实际上包括两个工具:视频捕获工具和视频编辑、播放工具,一般软件中大都只包含播放工具。AVI文件使用的压缩方法有好几种,主要使用有损压缩方法,压缩比较高。文件结构通用、开放,调用、编辑该类文件十分方便,视频的画面图像质量好,是目前PC上最常用的视频格式。

3. RM/RMVB 文件格式

Real Media格式文件是Real Networks公司开发的流式视频文件格式,它包括RA(Real Audio)、RM(Real Video)和RF(Real Flash)三类文件。它包含在Real Networks公

司所制定的音频视频压缩规范 Real Media 中，主要用来在低速率的广域网上实时传输活动视频影像，可以根据网络数据传输速率的不同而采用不同的压缩比率，从而实现影像数据的实时传送和实时播放。

其中，RA 用来传输接近 CD 音质的音频数据从而实现音频的流式播放；RM 主要用来在低速率的网络上实时传播活动视频影像，在数据传输过程中边下载，边播放视频影像。RF 是 Real Networks 公司与 Macromedia 公司新近推出的一种高压缩比的动画格式，主要工作原理基本上和 RM 相同。它在网络上提供实时观看，有着压缩比大，文件小，属于网络上较新的流技术。当然，它也有缺点，由于采用了较高的压缩比，它的声音和视频都有一些粗糙的感觉。

4. MOV 文件格式

MOV 是 Apple 计算机公司开发的一种音频、视频文件格式，是数字媒体领域事实上的工业标准，是创建 3D 动画、实时效果、虚拟现实、音频、视频和其他数字流媒体的重要基础。用于保存音频和视频信息，具有先进的视频和音频功能，被包括 Apple Mac OS、Microsoft Windows 在内的所有主流计算机平台支持，使用 QuickTime 播放器播放。

MOV 流媒体视频格式采用十分优良的视频编码技术，支持 25 位彩色。在保持视频质量的同时具有很高的压缩比。MOV 格式文件扩展名是.mov，可以合成视频、音频、动画和静止图像等多种素材。也采用有损压缩算法，在相同版本的压缩算法下，MOV 格式的画面质量要好于 AVI 格式的画面质量。

5. ASF/WMV 流媒体文件格式

Microsoft 公司推出的 Advanced Streaming Format（ASF，高级流格式），也是一个在 Internet 上实时传播多媒体的技术标准，ASF 的主要优点包括可本地或网络回放、可扩充的媒体类型、部件下载等。

ASF 是网上实时观看的视频文件压缩格式，属于 Windows Media 流媒体系统。由 Microsoft 公司推出的一种可以直接在网上实时观看的视频文件压缩格式，使用的是 MPEG-4 压缩算法。

WMV 的主要优点是本地或网络回放、可扩充的媒体类型、部件下载、可伸缩的媒体类型、流的优先级化、多语言支持、环境独立性、丰富的流间关系以及扩展性等。

6. DivX

DIVX 视频编码技术是一种新生视频压缩格式，是由 MPEG-4 衍生出的另一种视频编码（压缩）标准，也即通常所说的 DVDrip 格式，它采用了 MPEG-4 的压缩算法同时又综合了 MPEG-4 与 MP3 各方面的技术，这种标准使用 DivX 压缩技术对 DVD 盘片的视频图像进行高质量压缩，同时用 MP3 或 AC3 对音频进行压缩，然后再将视频与音频合成并加上相应的外挂字幕文件而形成的视频格式。其画质直逼 DVD 并且容量只有 DVD 的数分之一。这种编码对机器的要求也不高，所以 DivX 视频编码技术可以说是一种对 DVD 造成威胁最大的新生视频压缩格式，号称 DVD 杀手或 DVD 终结者。

7. FLV

FLV 就是随着 Flash 的推出发展而来的新的视频格式，其全称为 Flash video。是在 Sorenson 公司的压缩算法的基础上开发出来的。由于它形成的文件极小、加载速度极快，使得网络观看视频文件成为可能，它的出现有效地解决了视频文件导入 Flash 后，再导出的

SWF 文件体积庞大、不能在网络上很好的使用等缺点。目前各在线视频网站均采用此视频格式。

8. DAT 格式

DAT 格式文件是 VCD 影碟使用的视频文件格式,也是采用 MPEG 方法压缩而成。是 VCD 专用的格式文件,文件结构与 MPG 文件格式基本相同,DAT 格式文件扩展名是.dat。

8.1.5 常用的视频编辑软件

视频处理技术在视频后期合成、特效制作等方面发挥着巨大作用,利用各种视频处理软件可以实现对视频的编辑处理。以下列举比较常用的视频编辑软件。

Premiere 是 Adobe 公司推出的产品,它是非常优秀的视频编辑软件,能对视频、声音、动画、图片、文本进行编辑加工,并最终生成电影文件。它是 Adobe System 公司开发的一款专业级数字视频,可以配合硬件进行视频信号的捕捉、编辑和输出。

Video Studio 是著名的多媒体软件公司友利资讯股份有限公司推出的一款面向普通家庭用户、简单易学的数码声像编辑软件。

Power VCR 软件继承了 CyberLink 系列软件的一贯风格,界面华丽,操作简洁。除了可以编辑 MPEG 文件,还能实时采集通过显卡或视频卡影像,并实时压缩成 MPEG 文件。

豪杰超级解霸是一款非常好的 VCD 播放器,它也提供了音频解霸、音频压缩、CD 压缩这三款制作和播放 MP3 的工具。利用这些工具,可以方便地把 VCD、录音和 CD 文件转成 MP3。

HyperCam 是一个影像截取工具软件。它不仅截取方便,而且能将截获的影像自动转换为 AVI 动画文件格式。

Video For Windows 是一套用于视频简单编辑和播放 AVI 格式视频文件的软件。

QuitTime 是 Apple 公司推出的,用于播放 Macintosh 计算机使用的视频文件的软件。

Ulead MediaStudio Pro 是 Ulead 公司开发的一款专业级数字视频和音频处理软件,可以配合硬件进行视频信号的捕捉、编辑和输出,进行数字音频的编辑。

绘声绘影:它是 Ulead 公司开发的一款业余的数字视频处理软件,界面简洁,操作简单。

8.2 Adobe Premiere CS6 简介

Adobe Premiere 是 Adobe System 公司推出的一种专业化数字视频处理软件。在视频、音频编辑的非线性编辑软件中,Premiere 是一个佼佼者,由它首创的时间线编辑、剪辑项目管理等概念,已经成为事实上的工业标准。Adobe Premiere 除了用于非线性编辑外,还可以用来建立 Video for Windows 或 Quick Time 影片,用于演示或制作 CD-ROM。

Premiere 给出了改变从一个剪辑到另一个剪辑变化的多种选择,可提供纹理、渐变和特殊效果。Premiere 融视音频处理于一身,功能强大。其核心技术是将视频文件逐帧展开,以帧为精度进行编辑,并与音频文件精确同步。它可以配合多种硬件进行视频捕捉和输出,能产生广播级质量的视频文件。

Adobe Premiere 的主要特点包括:

- 广泛的兼容性。Adobe Premiere 支持众多的文件格式，如 JPG、TGA、TIF、FLC、WAV 等，这使得 Adobe Premiere 可以和许多软件配合使用。
- 视音频实施采集 Premiere 配合计算机上的视频卡，实现对模拟视音频的实施采集，同时对于记录在磁带上的视音频可以实现几倍速的上载，在采集过程中，可以视音频信号进行调整，如果丢帧，可以指示出丢帧率。
- 非线性编辑及后期处理。Premiere 具有 99 道视频轨道和 99 道音频轨道，可以精确实现声、画同步，并以帧的精度进行编辑。
- 叠加和字幕创作 Premiere 提供了多种叠加方式，已实现多层画面的同屏显示，而传统方式只有色键和亮度键两种。

8.3 案例一 十二生肖视频制作

熟悉 Adobe Premiere Pro CS6，利用十二生肖图制作视频，并应用特效控制，加入背景音乐、字幕等。主要涉及的功能还有时间线面板应用、特效控制台应用、视频特效处理、视频切换、渲染输出等。

1. 新建项目，导入图片

(1) 启动 Adobe Premiere Pro CS6，在欢迎窗口中“新建项目”按钮，如图 8.1 所示。

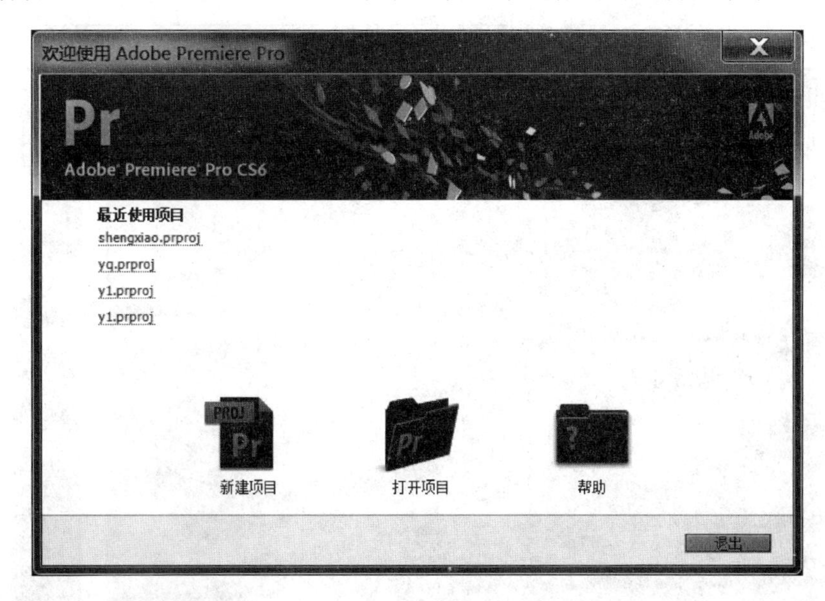

图 8.1 Premiere Pro CS6 欢迎界面

(2) 打开“新建项目”对话框，如图 8.2 所示，指定文件保存的位置(比如“d:\110shipin”)和名称(比如“生肖视频”)，也可以设置其他常规选项，这里采用默认设置，单击“确定”按钮。

(3) 打开“新建序列”对话框，如图 8.3 所示，选择“标准 32kHz”，单击“确定”按钮。

(4) 进入 Adobe Premiere Pro CS6 主界面。Premiere 的默认操作界面主要分为源监视器、节目监视器、项目面板、时间线面板和工具箱等主要部分。在源素材预览区域，通过选择不同的选项卡，可以显示特效控制台、调音台和元数据等面板。在项目面板区域，通过选择

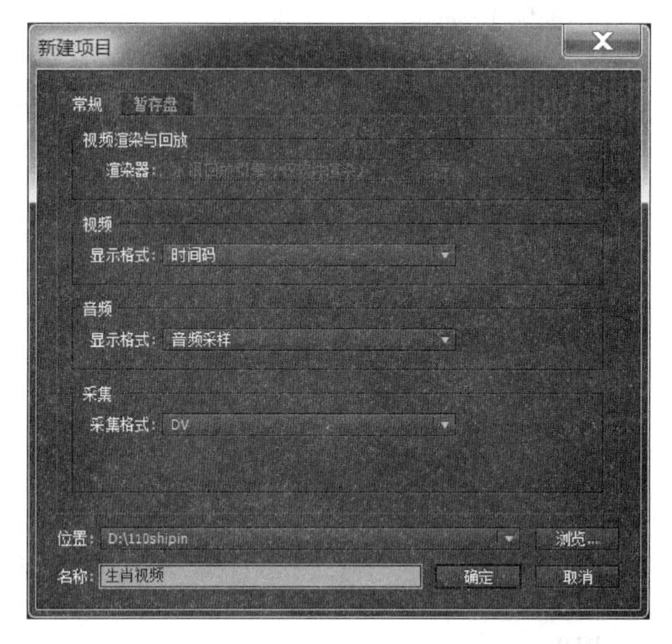

图 8.2 “新建项目”对话框

图 8.3 “新建序列”对话框

不同的选项卡，可以显示媒体浏览器、信息、效果、标记和历史面板，如图 8.4 所示。

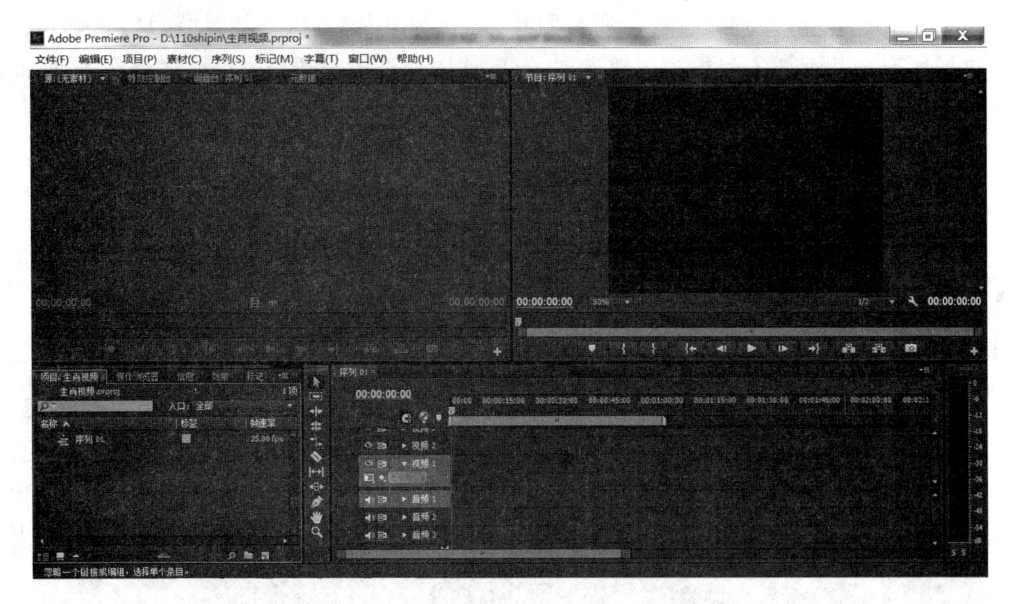

图 8.4 Premiere Pro CS6 主界面

(5) 执行菜单“文件”→“导入”命令，或者双击左下角“项目”面板，打开“导入”对话框。打开图片所在的文件夹，使用 Ctrl+A 键选择所有要导入的图片“01 鼠.jpg”、“02 牛.jpg”、“03 虎.jpg”……（图片文件名命名时汉字前最好有序号，以便自动排序），如图 8.5 所示，单击“打开”按钮。

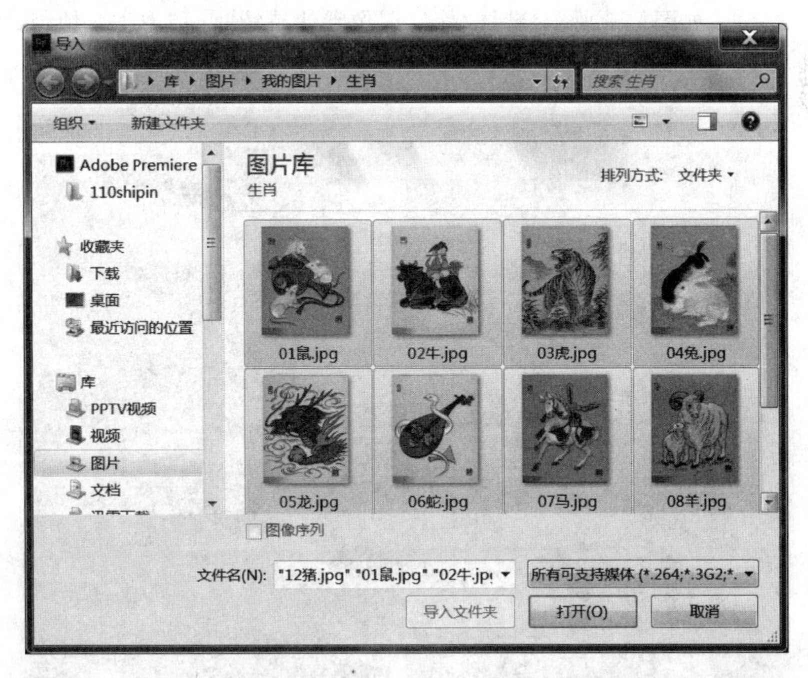

图 8.5 “导入”对话框

(6) 导入的图片都会显示在左下角“项目”面板中，按住 Shift 键，先单击“01 鼠.jpg”，再单击“12 猪.jpg”，这样就连续选择了所有图片，松开 Shift 键。执行菜单“素材”→“插入”命令。这样所有图片都插入到视频 1 轨道中了，默认图片将按照选择先后顺序依次排列，此时每张静态图片的持续时间都是 5 秒 1 帧，如图 8.6 所示。

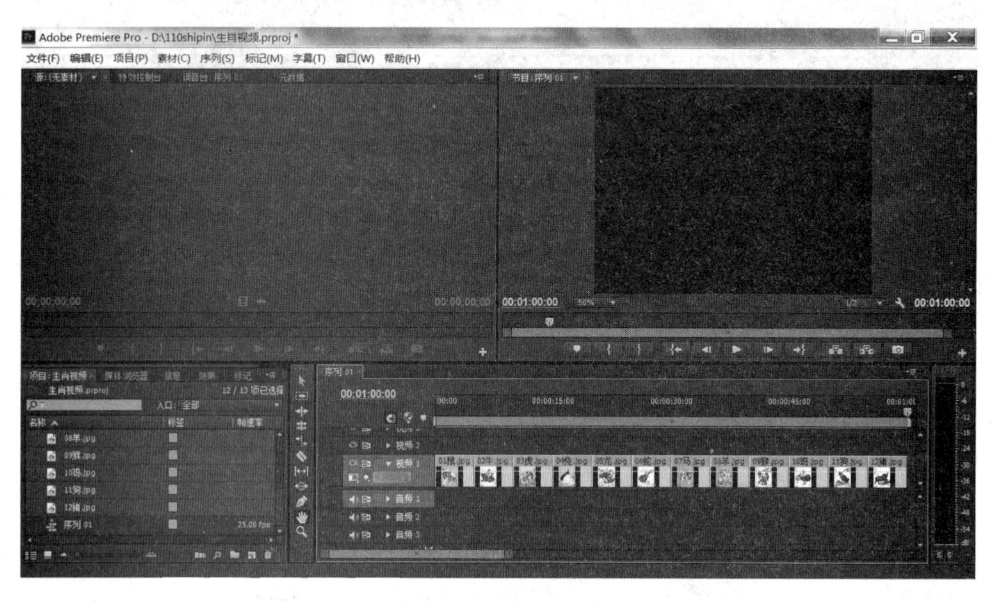

图 8.6　导入所有图片后

静态图像默认的持续时间设置方法为：执行菜单“编辑”→“首选项”→“常规”命令，打开“首选项”对话框，如图 8.7 所示，默认“静帧图像默认持续时间”为 125 帧，每秒 25 帧，所以持续时间 5 秒。

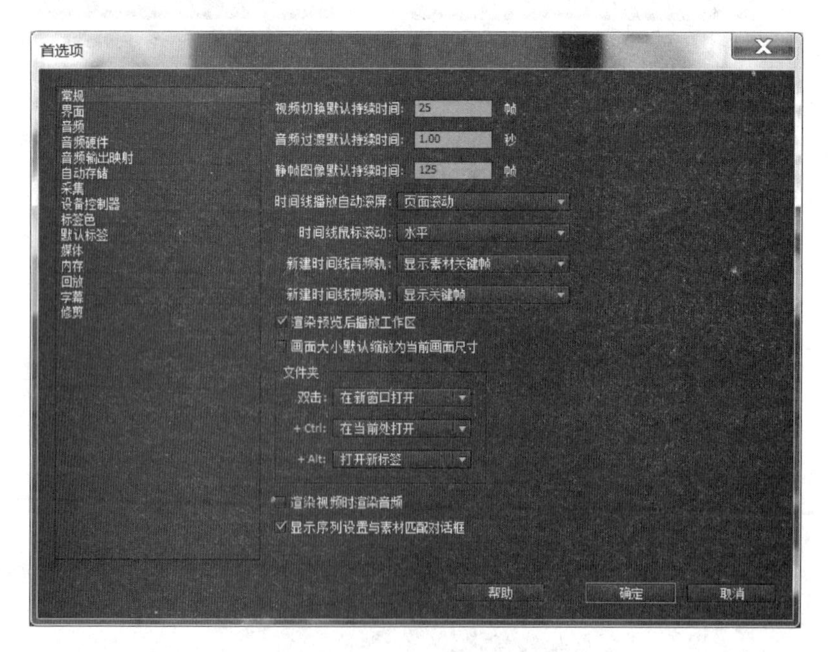

图 8.7　“首选项”对话框

2. 时间线面板

(1) “时间线”窗口主要由时间标尺、播放头、视频轨道、音频轨道和缩放时间标尺组成。在时间线序列 01 中,拖动黄色的播放头 到最左边位置。也可以单击时间线面板中左上角显示的时间显示框 00:01:00:00 (默认时间码格式为“小时:分钟:秒钟:帧”),直接修改可进行精确定位,修改成 00:00:00:00 ,如图 8.8 所示。这时播放头也会跟过来。

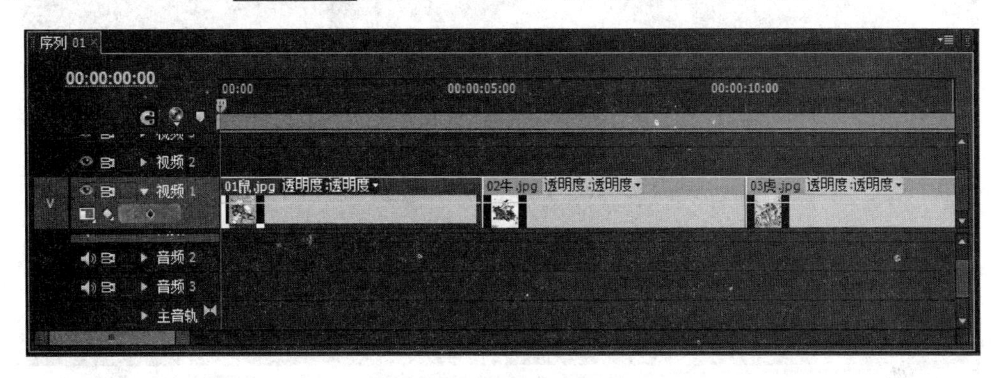

图 8.8　时间线面板

(2) 移动时间线面板最下方的缩放时间标尺左右的滑块可以调节缩放比例。比如 和 ,后者比前者放大素材细节。将标尺右边的滑块向左边移动是放大,可详细显示素材的细节,反之缩小。将光标放在标尺中间,此时拖动鼠标,就像滚动条,可改变工作区的范围。

(3) 时间线中,右击“01 鼠.jpg”,在弹出的快捷菜单中选择“速度/持续时间”命令,弹出“素材速度/持续时间”对话框,如图 8.9 所示。将持续时间改为 8 秒,选中“波纹编辑,移动后面的素材”复选框,单击“确定”按钮。

图 8.9　“素材速度/持续时间”对话框

3. 特效控制台

如果静态图片在屏幕上静止的时间偏长,这样的视频节目在播放时会引起视觉疲劳,通过特效控制台使静态图片动起来。特效控制台用于设置素材的运动效果、透明度控制和各种特效的关键帧动画的制作。

(1) 将时间线定位在 00:00:00:00,单击选中“01 鼠.jpg”图片,执行菜单“窗口”→“特效控制台”命令,或者直接单击主窗口左上角“特效控制台”选项卡,展开“运动”项,单击“缩放比例”前面的按钮 ,按钮变成 ,并设置比例为 50%。如图 8.10 所示。

(2) 再将时间线定位在 00:00:05:00,缩放比例改为 100;再将时间线定位在 00:00:08:00,缩放比例改为 80。

(3) 设置完毕后,播放头拖回到 00:00:00:00,在“节目:序列 1”窗口中,单击“播放-停止切换”按钮中的播放按钮 ,可以看到图片先放大再缩小的效果。单击停止按钮 停止播放。

(4) 右击第一张图片,在弹出的快捷菜单中选择“复制”命令,然后右击第 2 张图片,选

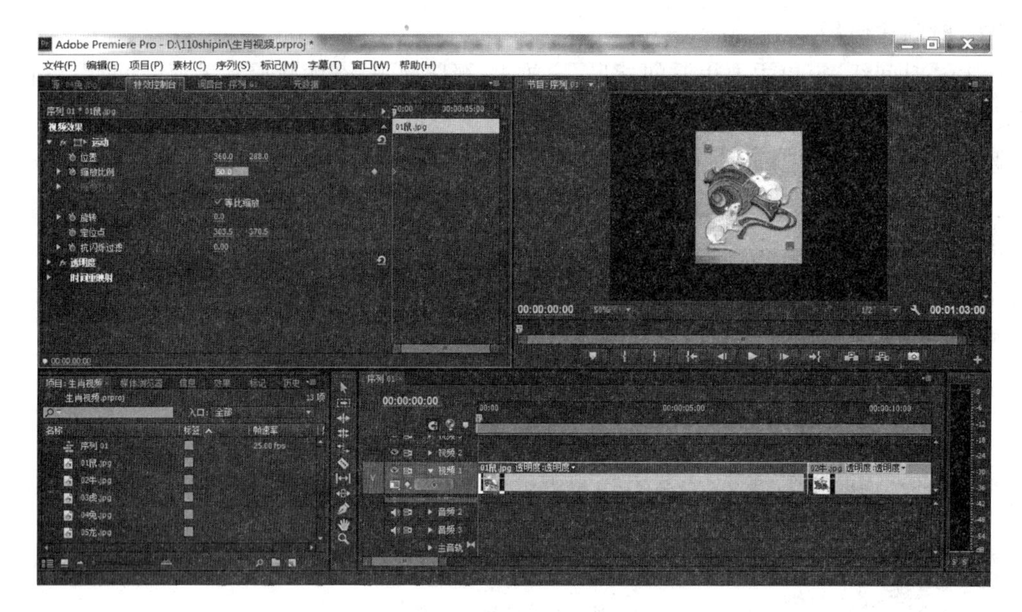

图 8.10　特效控制台设置

择"粘贴属性"命令，拖动播放头观察，可以发现第 2 张图片也实现了从 50%放大到了 100%。复制了前一图片的前 5 秒属性。

(5) 将时间线定位在 00:00:08:00，单击选中"02 牛.jpg"图片，"特效控制台"选项卡中，设置透明度为 30%；将时间线定位在 00:00:13:00，设置透明度为 100%。预览播放可以看到图片从暗到明的一个过程。

(6) 将序号为单号的图片的属性复制成和图片 1 一样，双号的图片复制图片 2 的属性。

4. 视频特效

视频特效可以看作是把静态图像处理变为图像的动态处理过程。

(1) 执行菜单"窗口"→"效果"命令，或者直接单击主窗口右上角"效果"选项卡，展开"视频特效"→ "图像控制"→"黑白"选项，拖动"黑白"到时间线上的"03 虎.jpg"图片。在特效控制台中出现了黑白项。拖动播放头，可以看到该图片变成了黑白图片。

(2) 将时间线定位在 00:00:15:12，"效果"选项卡中，展开"视频特效"→"过渡"→"百叶窗"选项，拖动该项到时间线上的"03 虎.jpg"图片。在特效控制台中出现了百叶窗选项，设置过渡完成为 0%，将时间线定位在 00:00:18:00，设置过渡完成为 80%。如图 8.11 所示。

(3) 复制"03 虎.jpg"图片属性到"05 龙.jpg"图片，右击"05 龙.jpg"图片后，在特效控制台中右击"黑白"选项，在弹出的快捷菜单中，选择"清除"命令将其删除。保留过渡效果。

5. 视频切换

前面一幅图像马上消失，后面一幅图像突然出现，这样的过渡称为硬切，在视觉上引起了一个突变。如果在前一张图片和后一张图片之间添加视频切换特效，让前面的图像慢慢消失，后面的图像慢慢出现，这样的过渡称为软切，在视觉变化上有一个缓冲。

(1) "效果"面板中，展开"视频切换"→ "3D 运动"→"立方体旋转"选项，拖动该项到时间线上的"07 马.jpg"和"08 羊.jpg"之间。

(2) 单击"工具"面板中"选择工具"，再单击时间线中插入的切换效果"立方体旋转”，移动光标到右边，拖动其边界，延长该效果时间线。拖动播放头到中间，节目监视器中可以看到效果，如图 8.12 所示。

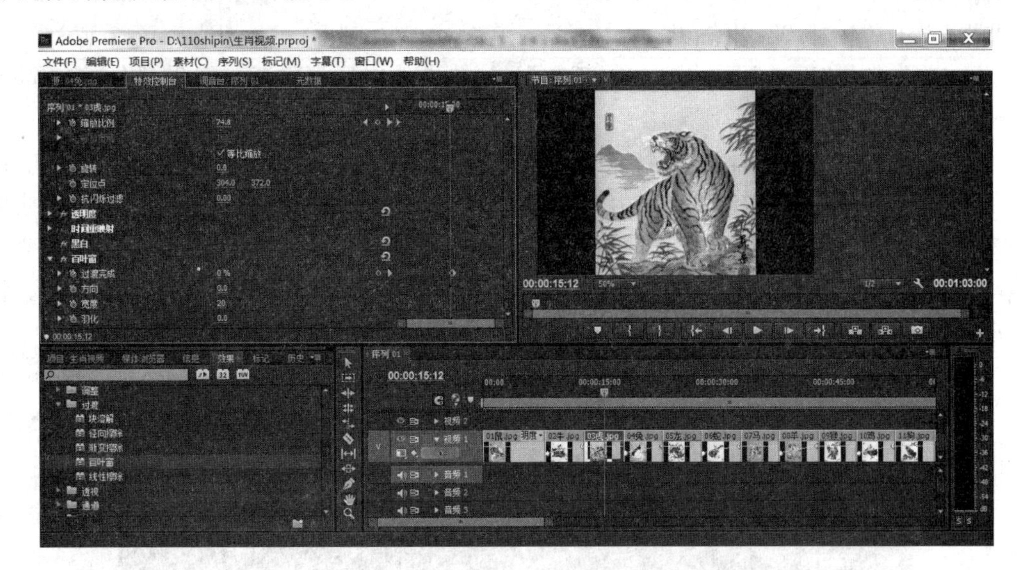

图 8.11 视频特效

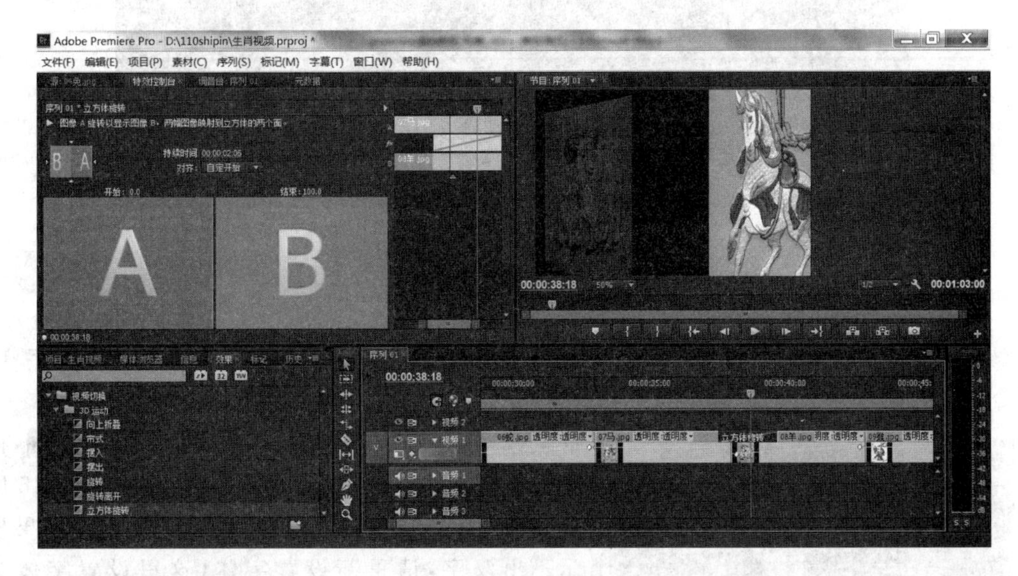

图 8.12 视频切换

(3) 在“08 羊.jpg”和“09 猴.jpg”之间添加“卷页”→“中心剥离”效果。在“10 鸡.jpg”和“11 狗.jpg”之间添加“叠化”→“交叉叠化(标准)”效果。

6. 背景音乐

视频一般都是有伴音的，这里导入背景音乐，并将音量降低，在开始处淡入，在结束出淡出。

(1) 执行菜单“文件”→“导入”命令，导入“背景音乐.mp3”，将时间线定位在 00:00:00:00，拖动背景音乐到音频 1 轨道的起始位置。

(2) 由于背景音乐的长度与图片素材持续的时间不一样，所以要将其多余的部分删除。将时间线定位在 00:01:03:00，单击选择“工具”面板中“剃刀工具”，再单击播放头位置，将背景音乐在 00:01:03:00 断开。

(3) 单击选择“工具”面板中“选择工具”，单击选中后面的背景音乐部分，按 Delete 键删除。

(4) 选中插入的背景音乐，在特效控制台展开“音量”，将时间线定位在 00:00:00:00，设置“级别”为“-50dB”；将时间线定位在 00:00:05:00，设置“级别”为“－10dB”。将时间线定位在 00:00:58:00，单击音量设置的右边按钮“添加/移除关键帧”，单击后该按钮变成，这样就添加了一个关键点，00:00:05:00～00:00:58:00 之间的级别均为“－10dB”。将时间线定位在 00:01:03:00 处，设置“级别”为“－50dB”，如图 8.13 所示。

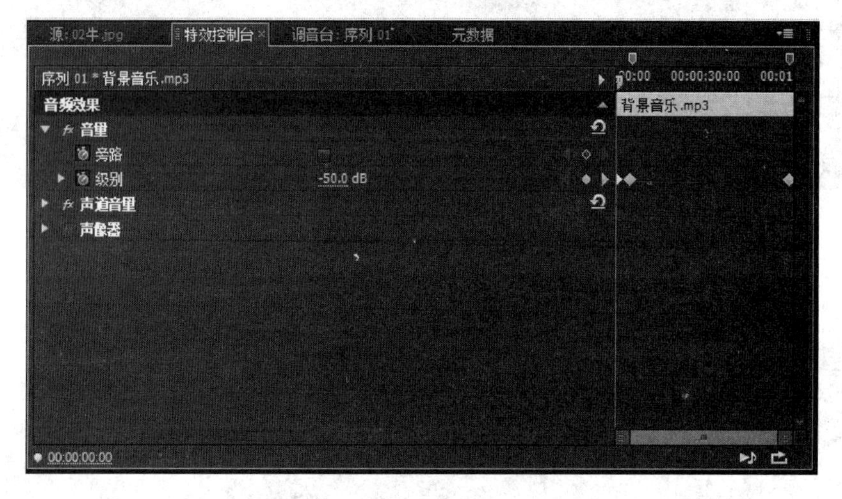

图 8.13　背景音乐音量设置

7. 字幕制作

(1) 将时间线定位在 00:00:00:00，执行菜单“字幕”→“新建字幕”→“默认静态字幕”命令，弹出“新建字幕”对话框，名称为“字幕 01”，如图 8.14 所示。单击“确定”按钮。

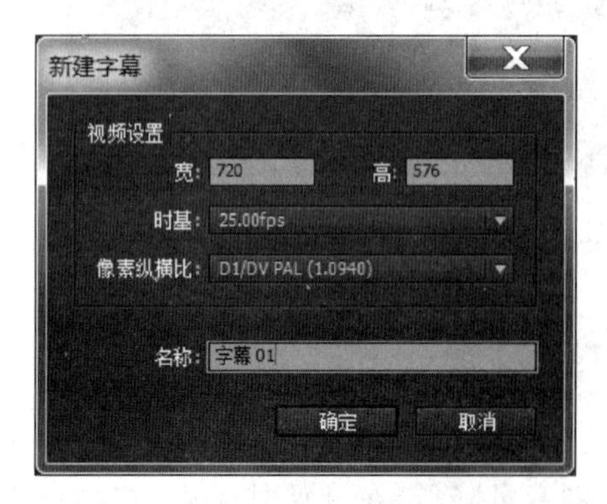

图 8.14　“新建字幕”对话框

(2) 打开字幕制作窗口，单击“输入工具”，再单击预览窗口右上角位置，输入“鼠”字，如图 8.15 所示。利用该窗口选择工具，可以移动文字。如果显示不出汉字，请重新设置字体(这里设置字体为“04b_21”)；设置字体颜色为红色；单击“关闭”按钮，这样“字幕 01”就制作好了。

(3) 拖动“项目”面板中的“字幕 01”到视频 2 轨道的开始处。利用“选择工具”，拖动延长字幕 01 的时间线，使字幕 01 正好延续到图片 1 播放结束。

(4) 将时间线定位在 00:00:08:00，制作“字幕 02”，在窗口右上角输入“牛”，参考以上步骤完成字幕制作。

(5) 右击“项目”面板中的“字幕 02”，在弹出的快捷菜单中选择“复制”，再右击“项目”面

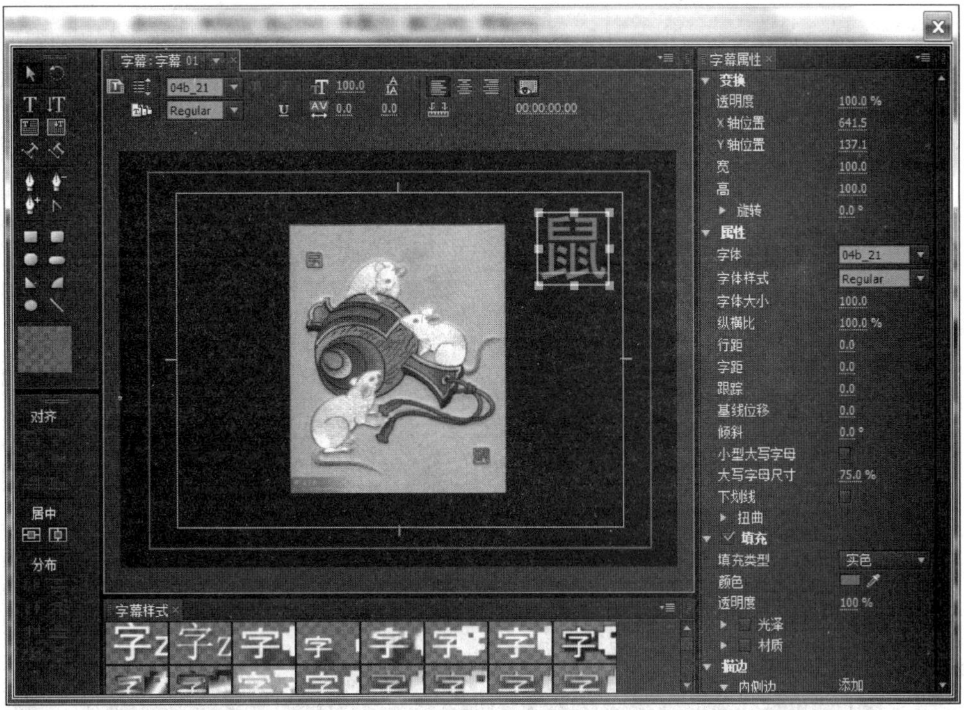

图 8.15　插入字幕

板中空白处，在弹出的快捷菜单中选择“粘贴”，单击新复制的“字幕 02”，将其改名为“字幕 03”，移动播放头到图片 3 开始处。同时拖动“字幕 03”到视频 2 轨道的该图片的开始处。双击“项目”面板中的“字幕 03”，修改文字“牛”为“虎”。

(6) 参照以上步骤，完成所有字幕制作，如图 8.16 所示。

图 8.16　字幕制作完成

8. 保存项目和渲染输出

(1) 保存项目：执行菜单“文件”→“存储”命令保存项目。

(2) 渲染输出：选中时间线序列 1，执行菜单“文件”→“导出”→“媒体”命令，弹出“导出设置”对话框，如图 8.17 所示。选择导出文件“格式”为 AVI，单击“输出名称”输入“十二生肖.avi”，单击“导出”按钮。导出过程如图 8.18 所示，结束后在项目所在文件夹会发现生成的视频文件。

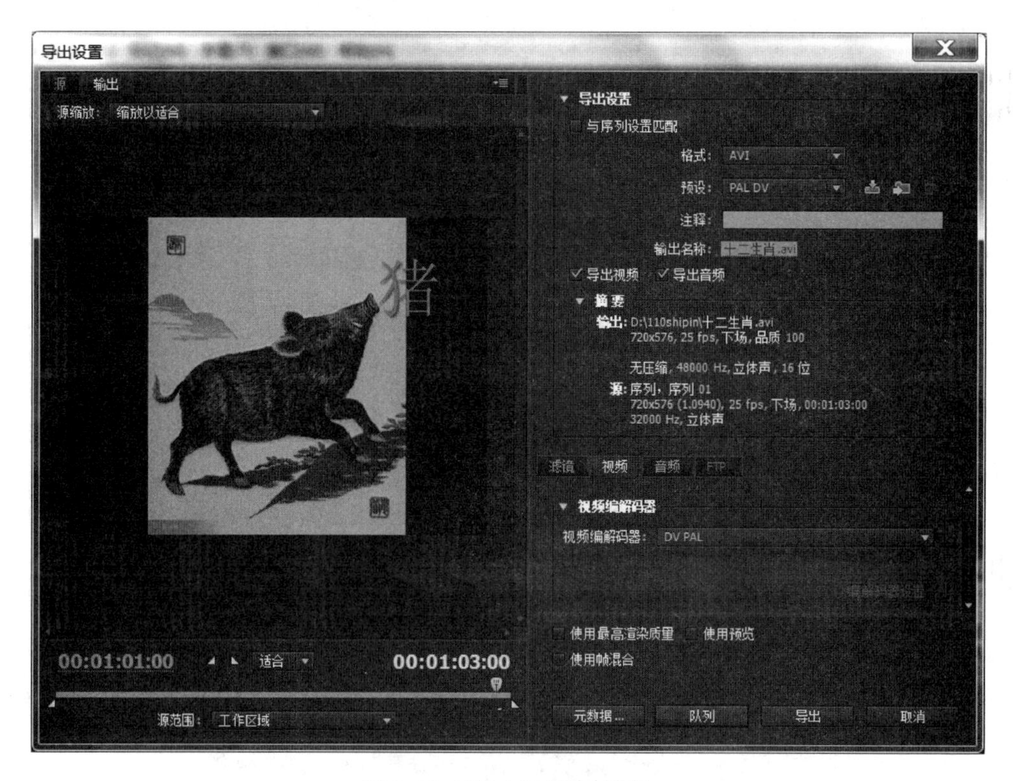

图 8.17 “导出设置”对话框

图 8.18 导出过程

8.4 案例二 微机组装

利用微机维护的多段视频(主板的安装、CPU 的安装、内存的安装……)剪辑、组合制作视频,并应用视频特效、视频切换效果,加入背景音乐、字幕、片头等。

1. 导入素材、添加片头

(1) 启动 Adobe Premiere Pro CS6,在欢迎窗口中“新建项目”按钮,新建“微机组装”项目,如图 8.19 所示。

(2) 导入素材:图片文件“微机组装片头.jpg”、视频文件“1 主板的安装.wmv”、“2CPU 的安装.wmv”……等。导入以后,项目面板如图 8.20 所示。

(3) 执行菜单“文件”→“新建”→“通用倒计时片头”命令,弹出“新建通用倒计时片头”对话框,如图 8.21 所示。单击“确定”按钮,弹出“通用倒计时设置”对话框,如图 8.22 所示,单击“确定”按钮，即在项目面板中新建了“通用倒计时片头(&U)”。

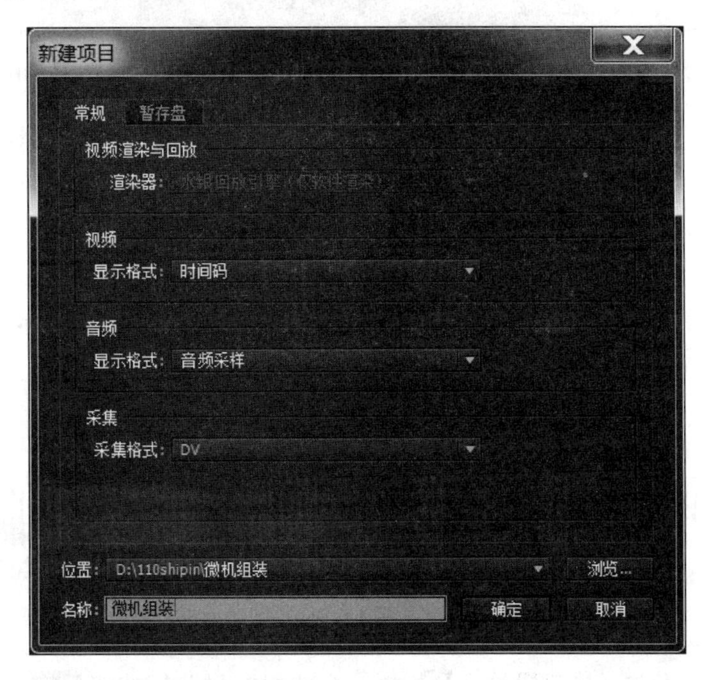

图 8.19　新建项目

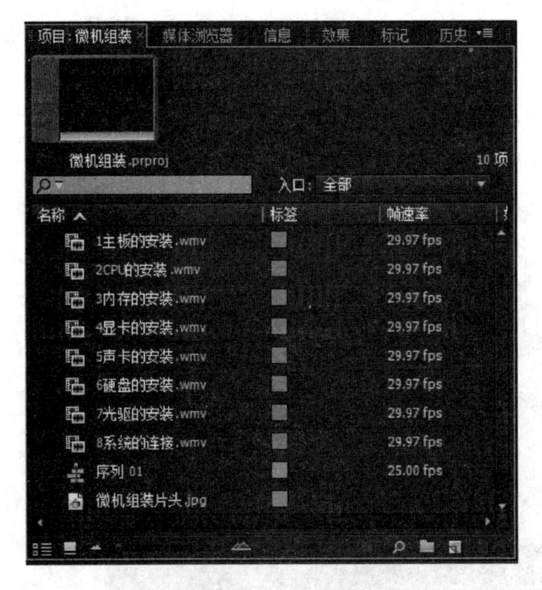

图 8.20　项目面板

图 8.21　“新建通用倒计时片头”对话框

(4) 将时间线定位在 00:00:00:00，右击“通用倒计时片头(&U)”，在出现的快捷菜单中选择“插入”命令，将倒计时片头插入到“视频 1”轨道。接着再插入“微机组装片头.jpg”。

2. 剪辑视频

(1) 在项目面板中，双击“1 主板的安装.wmv”，在源监视器中显示该视频。单击“播放-停止切换”按钮 ▶ 可以预览视频。

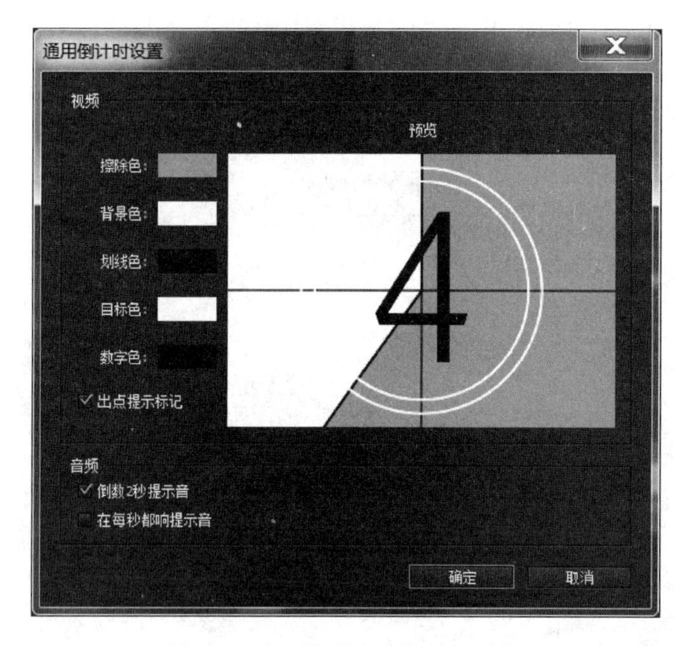

图 8.22 “通用倒计时设置”对话框

(2) 设置开始位置：拖动播放头，再结合使用“逐帧退”按钮和“逐帧进”按钮，或者滚动鼠标进行精确定位。当然如果已经知道要剪辑的位置的话，可以直接单击修改源监视器中的显示时间点，定位到 00:02:50:24；单击“标记入点”按钮设置视频起点位置。

(3) 设置结束位置：再次拖动播放头滑块，精确定位到 00:04:58:10；单击“标记出点”按钮。此时入点和出点标记如图 8.23 所示。

图 8.23 入点和出点标记

(4) 单击“插入”按钮，将标记范围内的视频插入到“视频 1”轨道中。此时“序列 01”时间线面板如图 8.24 所示。

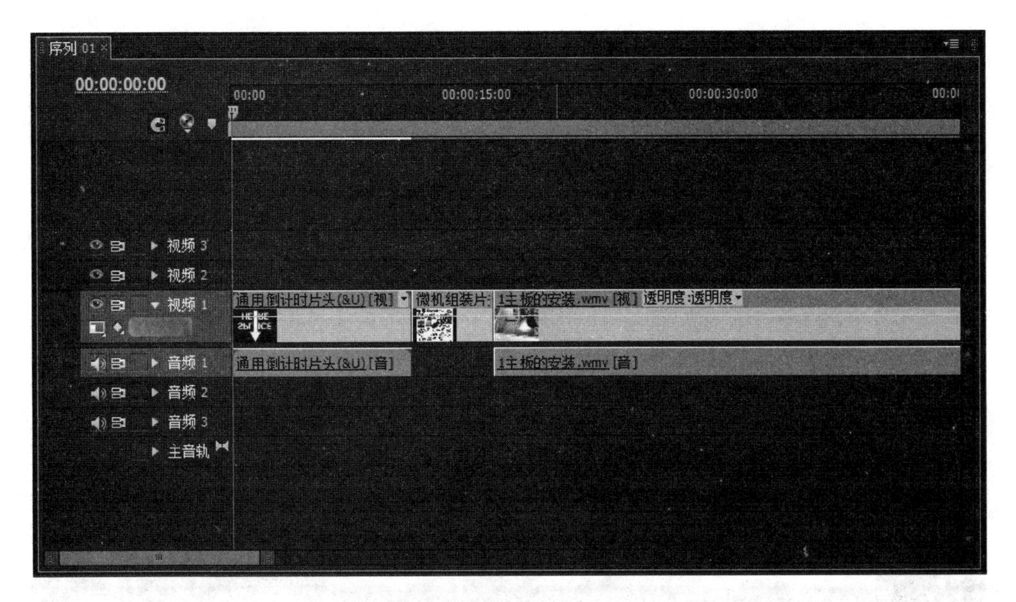

图 8.24　序列 1 时间线面板 1

(5) 插入其他视频文件,视频请参照(2),(3)步骤剪辑,剪辑的开始位置和结束位置请看各视频文件括号里的具体时间点:“2CPU 的安装.wmv”(00:01:32:14～00:02:55:04)、“3 内存的安装.wmv”(00:00:35:22～00:01:36:02)、“4 显卡的安装.wmv”(00:00:21:17～00:01:32:15)、“5 声卡的安装.wmv”(00:00:27:23～00:00:51:02)、“6 硬盘的安装.wmv”(00:00:36:01～00:01:34:17)、“7 光驱的安装.wmv”(00:00:51:29～00:01:51:09)、“8 系统的连接.wmv”(00:00:06:12～00:01:34:25)。导入以后,时间线面板如图 8.25 所示。

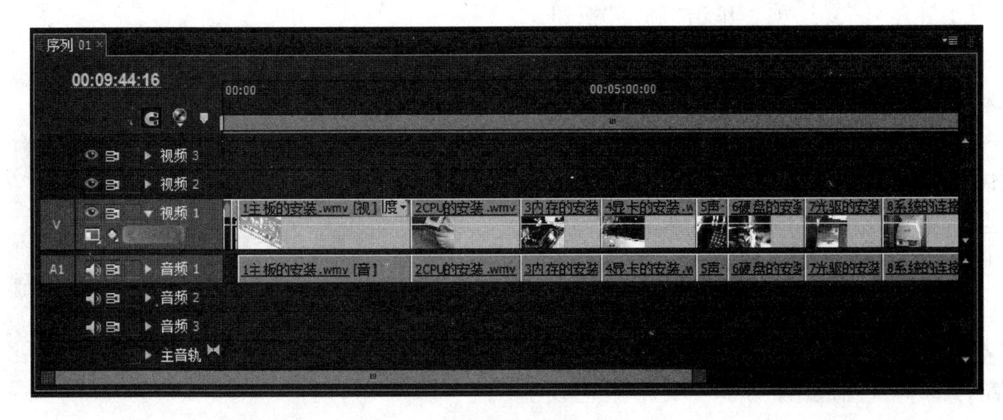

图 8.25　序列 1 时间线面板 2

3. 添加字幕

(1) 移动时间线标尺左右的滑块 [滑块图标] 。将光标定位在右边滑块中,向左拖动鼠标,放大显示轨道的细节。

(2) 将时间线定位在 00:00:11:00,执行菜单“字幕”→“新建字幕”→“默认滚动字幕”命令,新建“微机组装”字幕,“新建字幕”对话框如图 8.26 所示。其中,字体设置为 SimSun,字体大小设置为 150,X 轴位置为 400,Y 轴位置为 280,填充颜色设置为红色。

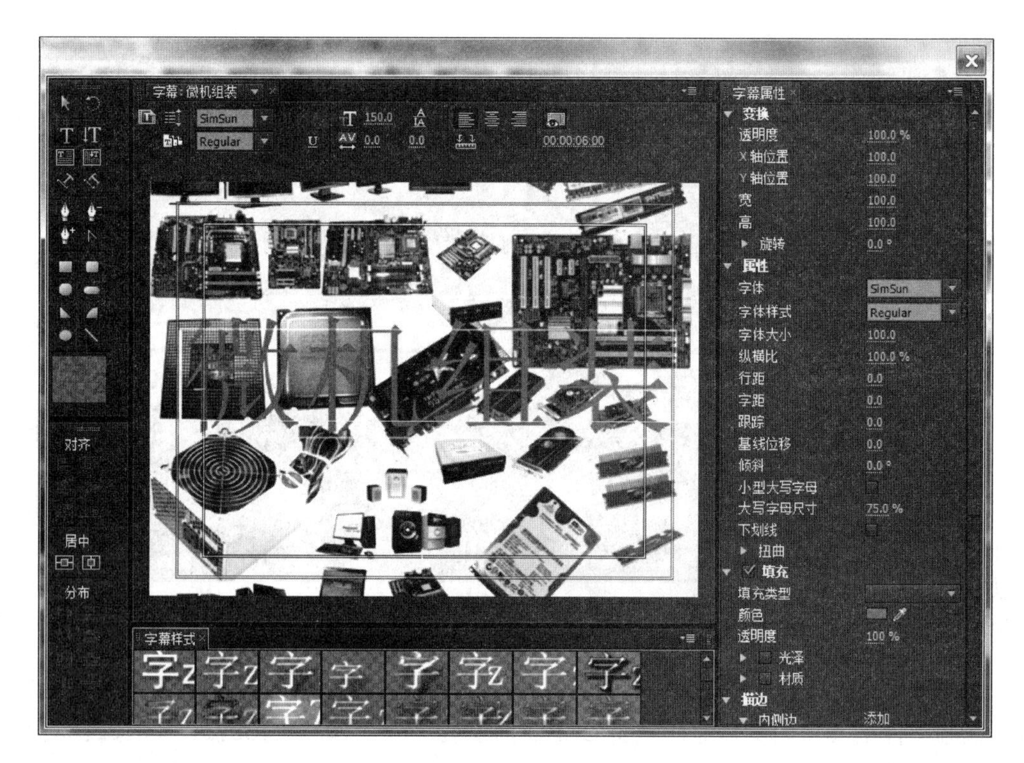

图 8.26　字幕插入

(3) 字幕对话框中，在字幕下方，单击“滚动/游动选项”按钮，打开“滚动/游动选项”对话框，如图 8.27 所示，设置相应内容，其中，字幕类型为“滚动”，选中“开始于屏幕外”和“结束于屏幕外”复选项。单击“确定”按钮。

(4) 拖动“项目”面板中的“微机组装”字幕到视频 2 轨道的播放头处。

(5) 将时间线定位在 00:00:16:00，选中轨道中“1 主板的安装.wmv”，在特效控制台中，设置运动/缩放比例为 250%，将原来小窗口放大。其他视频都要设置。

(6) 新建静态字幕“主板的安装”：其中，字体设置为“SimSun”，字体大小设置为 80，X 轴位置为 220，Y 轴位置为 50，填充颜色设置为蓝色。

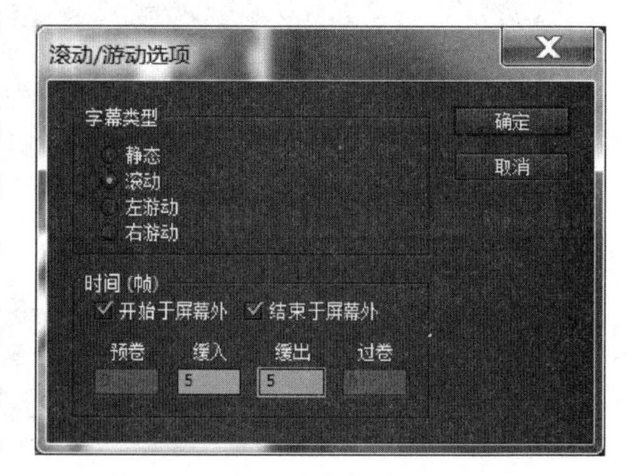

图 8.27　“滚动/游动选项”对话框

(7) 拖动“主板的安装”字幕到视频 2 轨道的播放头处，并适当拖动延长字幕的时间线，使字幕正好延续到“1 主板的安装.wmv”视频播放结束。时间线如图 8.28 所示。

(8) 通过项目面板中复制和修改“主板的安装”字幕，完成其他视频字幕。时间线如图 8.29 所示。

4. 完善视频，保存输出

(1) 为视频添加视频特效、视频切换效果、背景音乐等。

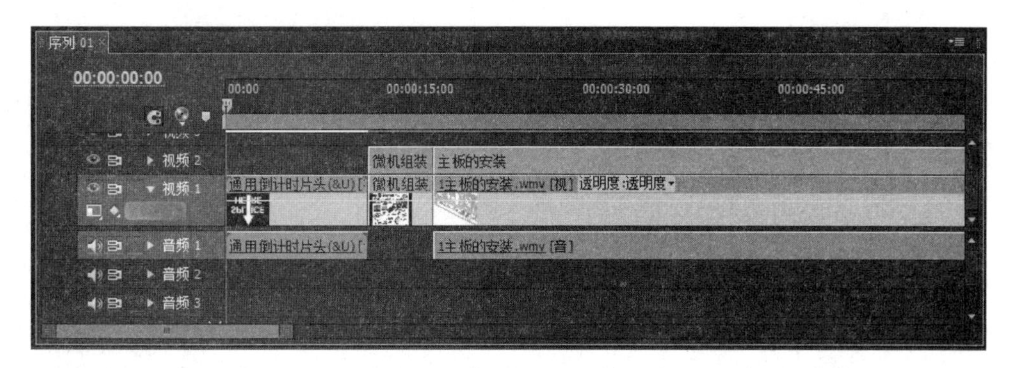

图 8.28　拖动延长字幕的时间线

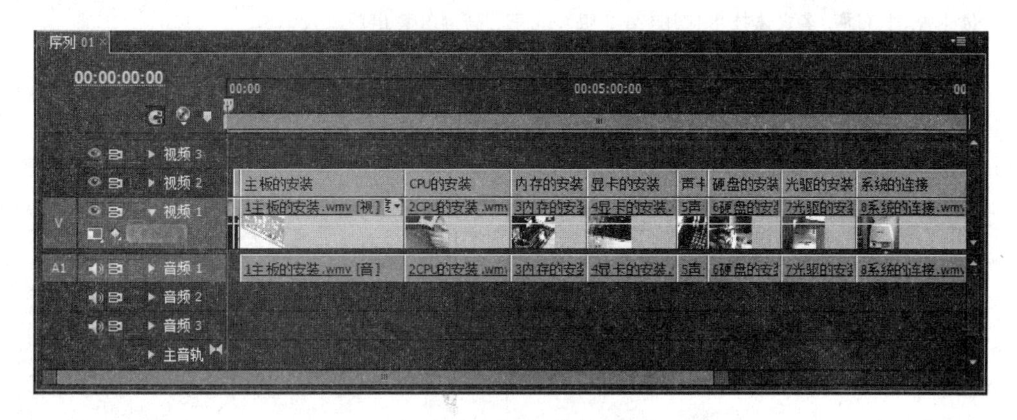

图 8.29　视频插入字幕制作等完成

(2) 模仿片头，制作片尾，插入制作人信息和制作日期。

(3) 选中时间线序列 1，执行菜单“文件”→“导出”→“媒体”命令，弹出“导出设置”对话框，选择导出文件格式 Windows Media，单击“输出名称”文本框，选择输出位置和文件名“微机组装.wmv”，单击“导出”按钮。

习　题　八

1. 设计与制作《校园活动剪影》电子相册或者视频短片。
2. 以环境保护为主题或自选主题，制作一个公益宣传片，包括片头、片尾。
3. 自选主题，设计制作一个 MTV。
4. 自选主题，制作一个视频专题片。

参考文献

[1] 吴建军.Office高级应用实用教程.杭州：浙江大学出版社，2013.
[2] 吴卿.办公软件高级应用考试指导 Office 2010.杭州：浙江大学出版社，2014.
[3] 陈宝明，骆红波，刘小军.办公软件高级应用与案例精选(第二版).北京：中国铁道出版社，2012.
[4] 吴卿.办公软件高级应用 Office 2010.杭州：浙江大学出版社，2012.
[5] 黄林国.大学计算机二级考试应试指导(办公软件高级应用)(第2版).北京：清华大学出版社，2013.
[6] 宣翠仙，邱晓华.多媒体技术应用案例教程.北京：高等教育出版社，2010.
[7] 龚沛曾，李湘梅.多媒体技术应用(第2版).北京：高等教育出版社，2013.
[8] 杨彦明.多媒体设计任务驱动教程.北京：清华大学出版社，2013.
[9] 洪小达，沈大林.多媒体技术与应用教程(第二版).北京：中国铁道出版社，2010.
[10] 崔振远.Photoshop CS5 案例教程与上机实训.北京：北京邮电大学出版社，2011.
[11] 创锐设计.Photoshop CS5 艺术设计从入门到精通.北京：科学出版社，2012.
[12] 张荣，马海燕. Flash 动画设计与制作.北京：清华大学出版社，2009.
[13] 崔丹丹，汪洋，缪亮，白香芳. Flash CS5 动画制作实用教程.北京：清华大学出版社，2012.
[14] 程霜梅，孙良军.Flash 动画设计课堂实录.北京：人民邮电出版社，2009.
[15] 李敏虹.Premiere CS5 入门与提高.北京：清华大学出版社，2012.
[16] 黎文锋.数码照片 PS 新主张.北京：清华大学出版社，2012.

图书资源支持

感谢您一直以来对清华版图书的支持和爱护。为了配合本书的使用，本书提供配套的资源，有需求的读者请扫描下方的“书圈”微信公众号二维码，在图书专区下载，也可以拨打电话或发送电子邮件咨询。

如果您在使用本书的过程中遇到了什么问题，或者有相关图书出版计划，也请您发邮件告诉我们，以便我们更好地为您服务。

我们的联系方式：

地　　址：北京海淀区双清路学研大厦 A 座 707

邮　　编：100084

电　　话：010－62770175－4604

资源下载：http://www.tup.com.cn

电子邮件：weijj@tup.tsinghua.edu.cn

QQ：883604(请写明您的单位和姓名)

资源下载、样书申请

书圈

用微信扫一扫右边的二维码，即可关注清华大学出版社公众号“书圈”。